21世纪高等教育土木工程系列教材

土木工程CAD

第③版

主　编　张同伟
副主编　张孝存　宋红英
参　编　姜　静　关大鹏　邱　洋　孟慧敏
　　　　倪玉寒　赵玉芬　张雪琪
主　审　张孝廉

机械工业出版社

本书以 AutoCAD 2020、天正建筑 T20、PKPM 2010 版 V5.1.3 和 HARD 2020 系列软件为蓝本，循序渐进地对土木工程 CAD 技术进行了系统的介绍。本书主要内容包括制图基础，AutoCAD 基本绘图命令，二维建筑图形的编辑，建筑图形的尺寸、文字标注与表格，天正建筑平面图、立面图及剖面图绘制，天正文字表格与尺寸标注，天正建筑工程绘图实例，PKPM 系列设计软件简介，结构建模软件 PMCAD，多层及高层建筑结构分析与设计软件 SATWE，地基基础建模与计算设计软件 JCCAD，公路优化设计系统 HARD，运用 HARD 进行路线设计。本书采用二维码集成了 23 个 AutoCAD、天正建筑、PKPM 的操作视频，以便读者学习。

本书应用性强，可作为高等学校土木工程专业 CAD 课程的教材，也可作为相关工程技术人员学习 AutoCAD 2020、天正建筑 T20、PKPM 2010 版 V5.1.3 和 HARD 2020 系列软件的参考教材。

图书在版编目（CIP）数据

土木工程 CAD/张同伟主编. —3 版. —北京：机械工业出版社，2022.3（2024.2 重印）
21 世纪高等教育土木工程系列教材
ISBN 978-7-111-70152-1

Ⅰ.①土… Ⅱ.①张… Ⅲ.①土木工程-建筑制图-计算机制图-AutoCAD 软件-高等学校-教材 Ⅳ.①TU204.1-39

中国版本图书馆 CIP 数据核字（2022）第 019794 号

机械工业出版社（北京市百万庄大街 22 号　邮政编码 100037）
策划编辑：马军平　　　　　责任编辑：马军平
责任校对：郑　婕　张　薇　封面设计：张　静
责任印制：刘　媛
涿州市般润文化传播有限公司印刷
2024 年 2 月第 3 版第 3 次印刷
184mm×260mm・24 印张・592 千字
标准书号：ISBN 978-7-111-70152-1
定价：69.80 元

电话服务　　　　　　　　　网络服务
客服电话：010-88361066　　机　工　官　网：www.cmpbook.com
　　　　　010-88379833　　机　工　官　博：weibo.com/cmp1952
　　　　　010-68326294　　金　书　网：www.golden-book.com
封底无防伪标均为盗版　　　机工教育服务网：www.cmpedu.com

前　言

本书是一本全面介绍土木工程领域计算机辅助设计的教材，是在总结编者多年的教学与设计实践经验，按照土木工程设计的实际工作流程，在第 2 版的基础上进行全面修订的土木工程 CAD 课程适用教材。在编写过程中，编者紧密结合现行建筑、结构、道路设计规范及制图标准，根据工科院校学习计算机工程绘图应达到的教学深度要求，将工程制图知识与典型应用实例相结合，以 AutoCAD 2020、天正建筑 T20、PKPM 2010 版 V5.1.3 和 HARD 2020 系列软件为蓝本，循序渐进地对土木工程 CAD 技术进行了系统的介绍。本书分四部分，共 14 章。

第一部分：系统地介绍了 AutoCAD 2020 中文版的使用及绘图技巧，包括 AutoCAD 绘图的基本概念、绘图环境的定制、绘图命令、编辑命令、文字标注和尺寸标注等内容。

第二部分：详细介绍了应用天正建筑 T20 绘制建筑施工图的相关技术和方法。第 5~7 章通过对天正建筑 T20 绘制建筑平面图、立面图、剖面图的方法及技巧的介绍，使学生具备综合制图的能力。第 8 章以一个小别墅的设计实例，帮助学生快速理解天正建筑 T20 软件在实践中的应用。

第三部分：详细介绍了 PKPM 2010 版 V5.1.3 绘制结构施工图的相关技术和方法。第 9 章介绍 PKPM 系列软件各个模块的功能和适用范围。第 10 章介绍结构建模软件——PMCAD 结构建模的全过程。第 11 章介绍多层及高层建筑结构分析与设计软件 SATWE，是采用空间有限元壳元模型计算分析的软件，适用于各种复杂体形的高层钢筋混凝土框架、框剪、剪力墙、筒体结构等，以及钢-混凝土混合结构和高层钢结构，并通过实例详细介绍 SATWE 的应用过程。第 12 章介绍了地基基础建模与计算设计软件 JCCAD 的主要功能与具体应用。

第四部分：介绍了 HARD 绘制道路施工图的相关技术和方法。第 13、14 章介绍了海地公路优化设计系统在公路路线设计、立体交叉设计等各个相关领域的具体应用及操作步骤。

本书由佳木斯大学张同伟任主编，宁波大学张孝存、沈阳工业大学宋红英任副主编。具体编写分工如下：佳木斯大学姜静（第 1 章 1.2 节、第 2 章），宋红英（第 3、4 章），佳木斯大学关大鹏（第 5、6 章），哈尔滨体育学院邱洋（第 7、8 章），张同伟（第 9 章），张孝存（第 10、11 章），桦川县兴川城市建设有限公司孟慧敏（第 12 章），佳木斯技师学院倪玉寒（第 13 章），陕西华瑞勘察设计有限责任公司赵玉芬（第 14 章），西安建筑科技大学张雪琪（第 1 章 1.1 节）。全书由张同伟统稿。华东建筑集团股份有限公司海南设计研究院张孝廉审阅了书稿，并提出了许多宝贵的意见和建议，在此深表感谢。

  本书在编写过程中，注重选材的先进性、系统性、实用性及通用性。为便于读者学习，本书采用二维码集成了 23 个操作视频。由浅入深，从基础延伸到专业，软件应用结合实例是本书编写的主要特色。

  本书编写过程中引用了很多资料，在此谨向有关文献的作者表示衷心感谢。

  由于编者水平有限，书中的不妥之处，恳请批评指正。

编 者

佳木斯大学基础研究类（自然类）面上项目（JMSUJCMS2016-003）
佳木斯大学教育科学研究项目（2016LGL-017）

二维码清单

名称	图形	名称	图形	名称	图形
AutoCAD 标准层平面图绘制实例(1) 轴网及墙体绘制		PMCAD 应用(4) 墙柱构件布置		SATWE 应用(2) 图形设计结果查看	
AutoCAD 标准层平面图绘制实例(2) 门窗绘制		PMCAD 应用(5) 构件偏心对齐		SATWE 应用(3) 文本设计结果查看	
AutoCAD 标准层平面图绘制实例(3) 尺寸标注		PMCAD 应用(6) 楼板构件布置		SATWE 应用(4) 实例操作演示	
天正应用(1)平面图绘制		PMCAD 应用(7) 楼梯布置		JCCAD 应用(1) 地质模型输入	
天正应用(2)立面及剖面图绘制		PMCAD 应用(8) 构件荷载布置		JCCAD 应用(2) 基础模型输入	
PMCAD 应用(1) 新建项目与轴网绘制		PMCAD 应用(9) 楼层编辑与模型组装		JCCAD 应用(3) 数据生成和结果查看	
PMCAD 应用(2) 网点编辑与轴网命名		PMCAD 应用(10) 实例操作演示		JCCAD 应用(4) 实例操作演示	
PMCAD 应用(3) 梁构件布置		SATWE 应用(1) 前处理与计算			

目 录

前 言
二维码清单

第1章 制图基础 ... 1
1.1 房屋建筑制图基础知识 ... 1
1.2 AutoCAD 2020 绘图基础 ... 22
复习题 ... 44

第2章 AutoCAD 基本绘图命令 ... 46
2.1 绘制线性对象 ... 46
2.2 绘制曲线类对象 ... 50
2.3 绘制多边形对象 ... 54
2.4 创建与编辑填充对象 ... 57
2.5 绘制与编辑多线 ... 62
复习题 ... 66

第3章 二维建筑图形的编辑 ... 67
3.1 调整对象位置 ... 67
3.2 复制对象 ... 69
3.3 调整对象形状 ... 75
3.4 应用夹点调整对象 ... 78
3.5 对象的其他编辑 ... 80
复习题 ... 87

第4章 建筑图形的尺寸、文字标注与表格 ... 88
4.1 尺寸标注概述 ... 88
4.2 设置尺寸标注样式 ... 90
4.3 图形尺寸的标注和编辑 ... 93
4.4 多重引线标注和编辑 ... 94
4.5 文字标注的创建和编辑 ... 97
4.6 表格的创建和编辑 ... 101
复习题 ... 105

第 5 章　天正建筑平面图绘制 ·· 107

5.1　轴网与柱 ·· 107
5.2　轴网编辑 ·· 108
5.3　轴网标注 ·· 109
5.4　轴号编辑 ·· 111
5.5　柱子创建 ·· 112
5.6　柱子编辑 ·· 115
5.7　墙体 ·· 117
5.8　门窗 ·· 125
5.9　房间和屋顶 ·· 129
5.10　楼梯及其他设施 ··· 137
复习题 ··· 144

第 6 章　天正建筑立面图与建筑剖面图绘制 ····································· 146

6.1　建筑立面图绘制 ·· 146
6.2　建筑剖面图绘制 ·· 157
复习题 ··· 165

第 7 章　天正文字表格与尺寸标注 ··· 166

7.1　文字表格 ·· 166
7.2　表格工具 ·· 171
7.3　尺寸标注 ·· 177
7.4　符号标注 ·· 189
复习题 ··· 195

第 8 章　天正建筑工程绘图实例 ··· 196

8.1　平面图的绘制 ·· 199
8.2　立面图的绘制 ·· 204
8.3　剖面图的绘制 ·· 205
复习题 ··· 205

第 9 章　PKPM 系列设计软件简介 ·· 206

9.1　PKPM 系列软件发展概况 ··· 206
9.2　PKPM 系列软件组成 ·· 206
复习题 ··· 210

第 10 章　结构建模软件 PMCAD ·· 211

10.1　PMCAD 的基本功能 ·· 211
10.2　PMCAD 的适用范围 ·· 212
10.3　PMCAD 的启动与文件管理 ·· 213
10.4　PMCAD 界面环境与建模步骤 ·· 214
10.5　轴线与网格输入 ··· 215
10.6　构件布置 ··· 218

10.7 荷载输入、导算与校核 ········ 228
10.8 模型组装与保存 ········ 233
10.9 PMCAD 建模应用实例 ········ 237
复习题 ········ 242

第 11 章 多层及高层建筑结构分析与设计软件 SATWE ········ 245

11.1 SATWE 的基本功能及适用范围 ········ 245
11.2 SATWE 前处理——参数定义 ········ 246
11.3 SATWE 前处理——模型补充定义 ········ 265
11.4 SATWE 前处理——生成数据与计算 ········ 273
11.5 SATWE 后处理——分析结果 ········ 275
11.6 SATWE 后处理——绘制施工图 ········ 276
11.7 SATWE 应用实例 ········ 277
复习题 ········ 281

第 12 章 地基基础建模与计算设计软件 JCCAD ········ 282

12.1 JCCAD 的基本功能与操作流程 ········ 282
12.2 地质模型 ········ 284
12.3 基础模型 ········ 288
12.4 分析与设计 ········ 297
12.5 结果查看 ········ 299
12.6 施工图 ········ 299
复习题 ········ 301

第 13 章 公路优化设计系统 HARD ········ 302

13.1 项目管理 ········ 302
13.2 数字化地面模型 ········ 306
13.3 平面设计 ········ 312
13.4 纵断面设计 ········ 319
13.5 横断面设计 ········ 325
13.6 挡墙设计系统 ········ 337
13.7 平交设计 ········ 340
13.8 海地三维动画仿真系统 ········ 343
13.9 海地公路运行速度分析计算系统 ········ 345
复习题 ········ 347

第 14 章 运用 HARD 进行路线设计 ········ 348

14.1 项目管理 ········ 348
14.2 平面线形设计 ········ 350
14.3 纵断面设计 ········ 356
14.4 横断面设计 ········ 365
14.5 测设放样 ········ 373
复习题 ········ 373

参考文献 ········ 374

第1章 制图基础

1.1 房屋建筑制图基础知识

为保证制图质量,提高制图效率,做到图面清晰,符合设计、施工、审查、存档的要求,满足工程建设的需要,房屋建筑制图过程中,需要遵循国家相关标准或规范的基本规定。《房屋建筑制图统一标准》(GB/T 50001—2017)适用于各个专业的不同工程制图,其适用范围如图1-1所示。

图1-1 制图标准的适用范围

1.1.1 图纸幅面规格与图纸编排顺序

在进行建筑工程制图时,图纸的幅面规格、标题栏、签字栏及图纸的编排顺序,都有一定的规定。

1. 图纸幅面

图纸幅面及图框尺寸,应符合表1-1的规定及图1-2~图1-4所示的格式。

表1-1 幅面及图框尺寸　　　　　　　　　　　(单位:mm)

图纸幅面尺寸代号	A0	A1	A2	A3	A4
b×l	841×1189	594×841	420×594	297×420	210×297
c	10			5	
a	25				

图纸的短边一般不应加长,长边可以加长,但加长的尺寸应符合规定,见表1-2。

图纸以短边作为垂直边称为横式,以短边作为水平边称为立式。A0~A3图纸宜横式使用,必要时也可立式使用。在一个工程设计中,每个专业使用的图纸不宜多于两种幅面,不含目录及表格采用的 A4 幅面。

表 1-2 图纸长边加长尺寸　　　　　　　　　　　　　　　　（单位：mm）

截面尺寸	长边尺寸	长边加长后尺寸
A0	1189	1486　1783　2080　2378
A1	841	1051　1261　1471　1682　1892　2102
A2	594	743　891　1041　1189　1338　1486　1635　1783　1932　2080
A3	420	630　841　1051　1261　1471　1682　1892

注：有特殊需要的图纸，可采用 $b×l$ 为 841mm×891mm 与 1189mm×1261mm 的幅面。

2. 标题栏与会签栏

图纸中应有标题栏、图框线、幅面线、装订边线和对中标志。图纸的标题栏及装订边的位置应符合下列规定：横式使用的图纸，应按图 1-2 和图 1-3 所示的形式进行布置；立式使用的图纸，应按图 1-4 和图 1-5 所示的形式进行布置。

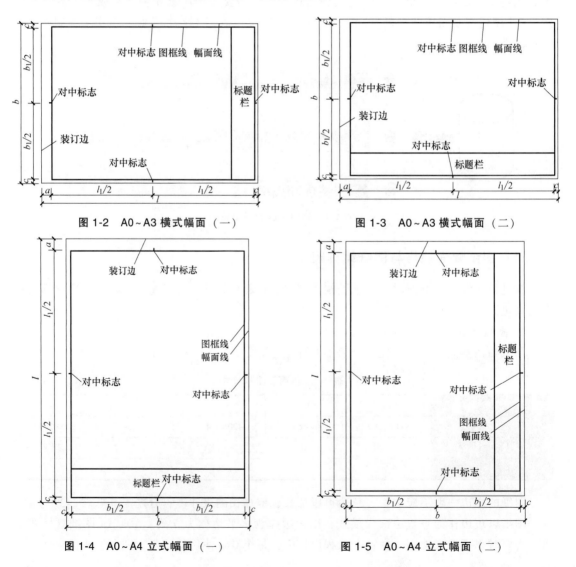

图 1-2　A0~A3 横式幅面（一）　　　　　图 1-3　A0~A3 横式幅面（二）

图 1-4　A0~A4 立式幅面（一）　　　　　图 1-5　A0~A4 立式幅面（二）

3. 图纸编排顺序

一套简单的房屋施工图就有十几张，一套大型复杂建筑物的图纸至少有数十张，甚至数百张。为了便于看图和查找，应把这些图纸按顺序编排。工程图纸应按专业顺序编排，即图纸目录、设计说明、总图、建筑图、结构图、给水排水图、暖通空调图、电气图等。另外，各专业的图纸应按图纸内容的主次关系、逻辑关系分类排序。

1.1.2 图线

图线的基本宽度 b 宜从 1.4m、1.0mm、0.7mm、0.5mm 线宽系列中选取。每个图样应根据复杂程度与比例大小，先选定基本线宽 b，再选用表 1-3 中相应的线宽组。

表 1-3 线宽组

线宽比	线宽组			
b	1.4	1.0	0.7	0.5
$0.7b$	1.0	0.7	0.5	0.35
$0.5b$	0.7	0.5	0.35	0.25
$0.25b$	0.35	0.25	0.18	0.13

注：1. 需要微缩的图纸，不宜采用 0.18mm 及更细的线宽。
2. 同一张图纸内，对不同线宽中的细线，可统一采用较细的线宽组的细线。

在工程建设制图时，应选用表 1-4 中的图线。

表 1-4 图线的线型、宽度及用途

名称		线型	线宽	一般用途
实线	粗	———————	b	主要可见轮廓线 剖面图中被剖部分的主要结构构件轮廓线、结构图中的钢筋线、建筑或构筑物的外轮廓线、剖切符号、地面线、详图标志的圆圈、图样的图框线、新设计的各种给水管线、总平面图及运输中的公路或铁路线等
	中	———————	$0.5b$	可见轮廓线 剖面图中被剖部分的次要结构构件轮廓线、未被剖到但仍能看到而需要画出的轮廓线、标注尺寸的尺寸起止 45°短画线、原有的各种水管线或循环水管线等
	细	———————	$0.25b$	可见轮廓线、图例线 $0.25b$ 尺寸界线、尺寸线、材料的图例线、索引标志的圆圈及引出线、标高符号线、重合断面的轮廓线、较小图形中的中心线
虚线	粗	— — — — —	b	新设计的各种排水管线、总平面图及运输图中的地下建(构)筑物等
	中	— — — — —	$0.5b$	不可见轮廓线 建筑平面图运输装置(如桥式起重机)的外轮廓线、原有的各种排水管线、拟扩建的建筑工程轮廓线等
	细	— — — — —	$0.25b$	不可见轮廓线、图例线

(续)

名称		线型	线宽	一般用途
单点长画线	粗	—·—·—·—	b	结构图中梁或框架的位置线、建筑图中的起重机轨道线、其他特殊构件的位置指示线
	中	—·—·—·—	$0.5b$	见各有关专业制图标准
	细	—·—·—·—	$0.25b$	中心线、对称线、定位轴线 管道纵断面图或管系轴测图中的设计地面线等
双点长画线	粗	—··—··—	b	预应力钢筋线
	中	—··—··—	$0.5b$	见各有关专业制图标准
	细	—··—··—	$0.25b$	假想轮廓线、成型前原始轮廓线
折断线			$0.25b$	断开界线
波浪线			$0.25b$	断开界线
加粗线		————	$1.4b$	地平线、立面图的外框线

图样的图框和标题栏线，可采用表 1-5 中的线宽。

表 1-5 图框线、标题栏线的宽度　　　　　　　　　　（单位：mm）

幅面代号	图框线	标题栏外框线	标题栏分格线、会签栏
A0、A1	b	$0.5b$	$0.25b$
A2、A3、A4	b	$0.7b$	$0.35b$

制图标准中规定：

1）同一张图纸内，相同比例的各图样，应选用相同的线宽组。

2）相互平行的图线，其间隙不宜小于其中的粗线宽度，且不宜小于 0.7mm。

3）虚线、单点长画线或双点长画线的线段长度和间隔宜各自相等。

4）单点长画线或双点长画线，当在较小图形中绘制有困难时，可用实线代替。

5）单点长画线或双点长画线的两端，不应是点。点画线与点画线交接或点画线与其他图线交接时，应是线段交接。

6）虚线与虚线交接或虚线与其他图线交接时，应是线段交接。虚线为实线的延长线时，不得与实线连接。

7）图线不得与文字、数字或符号重叠、混淆，不可避免时，应首先保证文字的清晰。

1.1.3 字体

在一幅完整的工程图中用图线方式表现得不充分和无法用图线表示的地方，就需要进行文字说明，如材料名称、构配件名称、构造方法、统计表及图名等。

文字说明是图样内容的重要组成部分，制图规范对文字标注中的字体、字的大小、字体字号搭配等方面做了如下规定：

1）图样上所需书写的文字、数字或符号等，均应笔画清晰、字体端正、排列整齐；标点符号应清楚正确。

2）文字的字高以字体的高度 h（单位为 mm）表示，最小高度为 3.5mm，应从表 1-6 中选取。字高大于 10mm 的文字宜采用 True type 字体,如需书写更大的字,其高度应按 $\sqrt{2}$ 的比值递增。

3) 图样及说明中的汉字,宜优先采用 True type 字体中的宋体字形,采用矢量字体时应为长仿宋体。同一图纸字体类型不应超过两种。矢量字体的宽高比宜为 0.7,且应符合表 1-7 中的规定,打印线宽宜为 0.25~0.35mm。True type 字体的宽高比宜为 1。大标题、图册封面、地形图等的汉字也可书写成其他字体,但应易于辨认,其高宽比宜为 1。

表 1-6 文字的字高 (单位:mm)

字体种类	汉字矢量字体	True type 字体及非汉字矢量字体
字高	3.5、5、7、10、14、20	3、4、6、8、10、14、20

表 1-7 长仿宋体字高宽关系 (单位:mm)

字高	20	14	10	7	5	3.5
字宽	14	10	7	5	3.5	2.5

4) 汉字的简化字书写,必须符合国务院公布的《汉字简化方案》和有关规定。

5) 图样及文字中的字母、数字,宜优先采用 True type 字体中的 Roman 字形,书写规则应符合表 1-8 中的规定。

6) 字母及数字,如需写成斜体字,其斜度应是从字的底线逆时针向上倾斜 75°。斜体字的高度与宽度应与相应的直体字相等。

7) 字母及数字的字高,应不小于 2.5mm。

8) 数量的数值标注,应采用正体阿拉伯数字。各种计量单位凡前面有量值的,均应采用国家颁布的单位符号标注。单位符号应采用正体字母。

表 1-8 字母及数字的书写规则

书写格式	字体	窄字体
大写字母高度	h	h
小写字母高度(上下均无延伸)	$7/10h$	$10/14h$
小写字母伸出的头部和尾部	$3/10h$	$4/14h$
笔画宽度	$1/10h$	$1/14h$
字母间距	$2/10h$	$2/14h$
上下行基准线最小间距	$15/10h$	$21/14h$
词间距	$6/10h$	$6/14h$

9) 分数、百分数和比例数的标注,应采用阿拉伯数字和数学符号,如四分之三、百分之二十五和一比二十,应分别写成 3/4、25% 和 1:20。

10) 当标注的数字小于 1 时,必须写出个位的 "0",小数点应采用圆点,齐基准线书写,如 0.01。

11) 长仿宋汉字、字母、数字,应符合《技术制图——字体》(GB/T 14691—1993)的有关规定。

1.1.4 比例

工程图样中图形与实物相对应的线性尺寸之比称为比例，比例的大小是指其比值的大小，如1∶50大于1∶100。

1）比例的符号为"∶"（半角状态），不是冒号"："（全角状态），比例应以阿拉伯数字表示，如1∶1、1∶2、1∶100等。

2）比例宜标注在图名的右侧，字的基准线应取平；比例的字高宜比图名的字高小一号或二号，如图1-6所示。

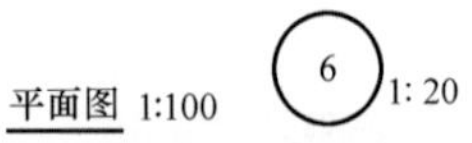

3）绘图所用的比例，应根据图样的用途与被绘对象的复杂程度，从表1-9中选用，并优先用表中常用比例。

平面图 1:100　⑥ 1:20

图1-6　比例的标注

表1-9　绘图所用的比例

常用比例	1∶1、1∶2、1∶5、1∶10、1∶20、1∶50、1∶100、1∶150、1∶200、1∶500、1∶1000、1∶2000、1∶5000、1∶10000、1∶20000、1∶50000、1∶100000、1∶200000
可用比例	1∶3、1∶4、1∶6、1∶15、1∶25、1∶30、1∶40、1∶60、1∶80、1∶250、1∶300、1∶400、1∶600

4）一般情况下，一个图样应选用一种比例。根据专业制图需要，同一图样可选用两种比例。

5）特殊情况下也可自选比例，这时除应注出绘图比例外，还应在适当位置绘制出相应的比例尺。

1.1.5 符号

在进行各种建筑和室内装饰设计时，为了更清楚明确地表明图中的相关信息，可使用不同的符号来表示。

1. 剖切符号

剖切符号宜优先选择国际通用方法表示，也可采用常用方法表示，同一套图纸应选用一种表示方法。剖切符号的位置应该符合以下规定：

1）建（构）筑物剖面图的剖切符号应标注在±0.000标高的平面图或首层平面图上。

2）局部剖切图（不含首层）、断面图的剖切符号应注在包含剖切部位的最下层的平面图上。

3）采用国际通用剖视表示方法时，如图1-7所示，剖面及断面的剖切符号应符合下列规定：

① 剖面剖切索引符号应由直径8~10mm的圆和水平直径以及两条相互垂直且外切圆的线段组成，水平直径上方应为索引编号，下方应为图纸编号，详细规定见《房屋建筑制图统一标准》，线段与圆之间应填充黑色并形成箭头表示剖视方向，索引符号应位于剖线两端；断面及剖视详图剖切符号的索引符号应位于平面图外侧一端，另一端为剖视方向线，长度宜为7~9mm，宽度宜为2mm。

② 剖视线与符号线线宽应为0.25b。

③ 需要转折的剖切位置线应连续绘制。

④ 剖线的编号宜由左至右、由下向上连续编排。

4) 采用常用方法表示时，剖视的剖切符号应由剖切位置线及剖视方向线组成，均应以粗实线绘制，宽度宜为 b。剖视的剖切符号应符合下列规定：

① 剖切位置线的长度宜为 6~10mm；剖视方向线应垂直于剖切位置线，长度应短于剖切位置线，宜为 4~6mm，如图 1-8 所示。绘制时，剖视剖切符号不应与其他图线接触。

② 剖视剖切符号的编号宜采用粗阿拉伯数字，按顺序由左至右、由下至上连续编排，并应标注在剖视方向线的端部。

③ 需要转折的剖切位置线，应在转角的外侧加注与该符号相同的编号。

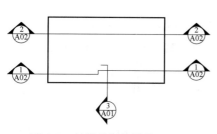

图 1-7 剖视的剖切符号（一）

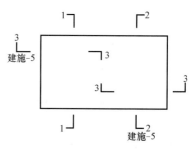

图 1-8 剖视的剖切符号（二）

5) 断面的剖切符号应符合下列规定：

① 断面的剖切符号应只用剖切位置线表示，并应以粗实线绘制，长度宜为 6~10mm。

② 断面剖切符号的编号宜采用阿拉伯数字，按顺序连续编排，并应标注在剖切位置线的一侧；编号所在的一侧应为该断面的剖视方向，如图 1-9 所示。

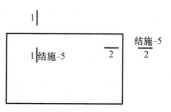

图 1-9 断面的剖切符号

2. 索引符号与详图符号

（1）索引符号　图样中的某一局部或构件，如需另见详图，应以索引符号索引，如图 1-10a 所示。索引符号是由直径为 8~10mm 的圆和水平直径组成的，圆及水平直径应以 $0.25b$ 绘制。索引符号应按下列规定编写：

1) 索引出的详图如与被索引的详图同在一张图纸内，应在索引符号的上半圆中用阿拉伯数字注明该详图的编号，并在下半圆中间画一段水平细实线，如图 1-10b 所示。

2) 索引出的详图如与被索引的详图不在同一张图纸内，应在索引符号的上半圆中用阿拉伯数字注明该详图的编号，在索引符号的下半圆用阿拉伯数字注明该详图所在图纸的编号，如图 1-10c 所示。数字较多时，可加文字标注。

3) 索引出的详图如采用标准图，应在索引符号水平直径的延长线上加注该标准图集的编号，如图 1-10d 所示。需要标注比例时，文字在索引符号右侧或延长线下方，与符号下对齐。

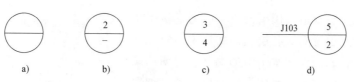

图 1-10 索引符号

4）索引符号如用于索引剖视详图，应在被剖切的部位绘制剖切位置线，并以引出线引出索引符号，引出线所在的一侧应为剖视方向，如图1-11所示。

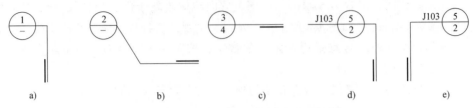

图1-11 用于索引剖面详图的索引符号

（2）零件、钢筋、杆件、设备及消火栓、配电箱、管井等设备的编号 宜以直径4～6mm的圆表示，圆线宽为0.25b，同一图样应保持一致，其编号应用阿拉伯数字按顺序编写，如图1-12所示。

（3）详图的位置和编号 详图符号的圆应以直径为14mm，线宽为b的粗实线绘制。详图应按下列规定编号：

1）详图与被索引的图样同在一张图纸内时，应在详图符号内用阿拉伯数字注明详图的编号，如图1-13所示。

2）详图与被索引的图样不在同一张图纸内时，应用细实线在详图符号内画一水平直径，在上半圆中注明详图编号，在下半圆中注明被索引的图纸的编号，如图1-14所示。

图1-12 零件、钢筋等的编号　　图1-13 与被索引图样在同一张图纸内的详图符号　　图1-14 与被索引图样不在同一张图纸内的详图符号

3. 引出线

引出线应以0.25b绘制，宜采用水平方向的直线，或与水平方向成30°、45°、60°、90°角的直线，或经上述角度再折为水平线。文字说明宜标注在水平线的上方，也可标注在水平线的端部，索引详图的引出线，应与水平直径线连接，如图1-15所示。

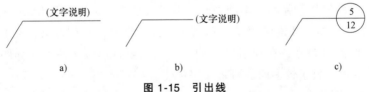

图1-15 引出线

同时引出几个相同部分的引出线宜互相平行，也可画成集中于一点的放射线，如图1-16所示。

多层构造或多层管道共用引出线，应通过被引出的各层，并用圆点示意对应各层次。文字说明宜标注在水平线的上方，或标注在水平线的端部，说明的顺序应由上至下，并应与被说明的层次对应一致；如层次为横向排序，则由上至下的说明顺序应与左至右的

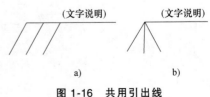

图1-16 共用引出线

层次对应一致，如图 1-17 所示。

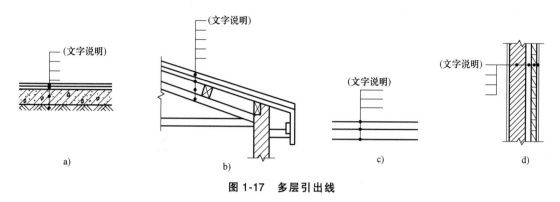

图 1-17　多层引出线

4. 标高符号

标高是用来表示建筑物各部位高度的一种尺寸形式。标高符号应以等腰直角三角形表示，应按照图 1-18a 所示用细实线画出。如标注位置不够，也可以按照图 1-18b 所示形式绘制。标高符号的具体画法可以按照图 1-18c、d 所示。

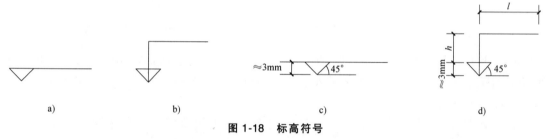

图 1-18　标高符号

l—取适当长度注写标高数字　h—根据需要取适当高度

总平面图上的标高符号，宜用涂黑的三角形表示，如图 1-19 所示，标高数字可标注在黑三角形的右上方，也可标注在黑三角形的上方或右面。

标高符号的尖端应指至被注高度的位置，尖端宜向下也可以向上。标高数字应注写在标高符号的上侧或下侧，如图 1-20 所示。

标高数字以 m（米）为单位，标注到小数点以后第三位（在总平面图中可标注到小数点后第二位）。零点标高应标注成"±0.000"，正数标高不注"+"，负数标高应注"-"，如 3.000、-0.600。

在图样的同一位置需表示几个不同标高时，标高数字可以按照图 1-21 所示注写。

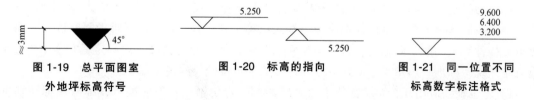

图 1-19　总平面图室　　　图 1-20　标高的指向　　　图 1-21　同一位置不同
外地坪标高符号　　　　　　　　　　　　　　　　　　　标高数字标注格式

标高有绝对标高和相对标高两种。绝对标高是指把青岛附近黄海的平均海平面定为绝对标高的零点，其他各地标高都以它作为基准。如在总平面图中的室外整平标高即绝对标高。

相对标高是指在建筑物的施工图上要注明标高，用相对标高来标注容易直接得出各部分的高差。因此除总平面图外，一般都采用相对标高。

5. 其他符号

（1）对称符号　由对称线和两端的两对平行线组成。对称线用单点画线绘制，线宽宜为 $0.25b$；平行线用细实线绘制，长度宜为 6~10mm，每对的间距宜为 2~3mm，线宽宜为 $0.5b$；对称线垂直平分于两对平行线，两端超出平行线宜为 2~3mm，如图 1-22 所示。

（2）指北针　指北针的形状如图 1-23 所示，其圆的直径宜为 24mm，用细实线绘制。指针尾部长度宜 3mm，指北针头部应注"北"或"N"字。需用较大直径绘制指北针时，指针尾部宽度宜为直径的 1/8。指北针与风玫瑰结合时宜采用互相垂直的线段，线段两端应超出风玫瑰轮廓线 2~3mm，垂点宜为风玫瑰中心，北向应注"北"或"N"字，组成风玫瑰的所有线宽均宜为 $0.5b$。

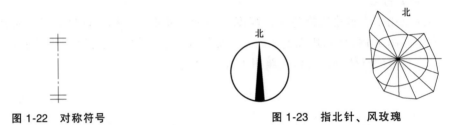

图 1-22　对称符号　　　　图 1-23　指北针、风玫瑰

（3）连接符号　连接符号应以折断线表示需连接的部位。两部位相距过远时，折断线两端靠图样一侧应标注大写英文字母表示连接编号。两个被连接的图样必须用相同字母编号，如图 1-24 所示。

（4）图样中局部变更　图样中局部变更部分宜采用云线，并宜注明修改版次，如图 1-25 所示。

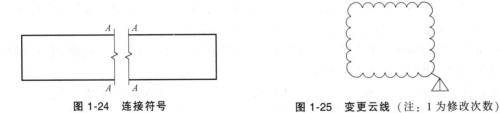

图 1-24　连接符号　　　　图 1-25　变更云线（注：1 为修改次数）

1.1.6　定位轴线

定位轴线是用来确定建筑物主要结构及构件位置的尺寸基准线，在施工时凡承重墙、柱、大梁或屋架等主要承重构件都应画出轴线以确定其位置。对于非承重的隔断墙及其他次要承重构件等，一般不画轴线，只需注明它们与附近轴线的相关尺寸以确定其位置。《房屋建筑制图统一标准》（GB/T 50001—2017）中关于定位轴线的规定如下：

1）定位轴线应用 $0.25b$ 线宽的单点画线绘制。定位轴线一般应编号，编号应标注在轴线端部的圆内。圆应用 $0.25b$ 线宽的实线绘制，直径为 8~10mm。定位轴线圆的圆心，应在定位轴线的延长线上或延长线的折线上。

2)除较复杂需要分区编号或者圆形、折线形外,平面图上定位轴线的编号宜标注在图样的下方与左侧,或在图样的四面标注。横向编号应用阿拉伯数字,从左至右顺序编写,竖向编号应用大写英文字母,从下至上顺序编写,如图1-26所示。

3)英文字母作为轴线号时,应全部采用大写字母,不应用同一个字母的大小写来区分轴线号,英文字母的I、O、Z不得用作轴线编号。如字母数量不够使用,可增用双字母或单字母加数字注脚,如AA、BA…YA或A1、B1…Y1。

4)组合较复杂的平面图中定位轴线也可采用分区编号,如图1-27所示,编号的标注形式应为"分区号—该分区定位轴线编号",分区号采用阿拉伯数字或大写英文字母表示;多子项的平面图中的定位轴线可采用子项编号,编号的注写形式为"子项号—该子项定位轴线编号",子项号可采用阿拉伯数字或英文字母表示,如"1—1""1—A",当采用分区编号或者子项编号,同一根轴线有不止1个编号时,相应编号应同时注明。

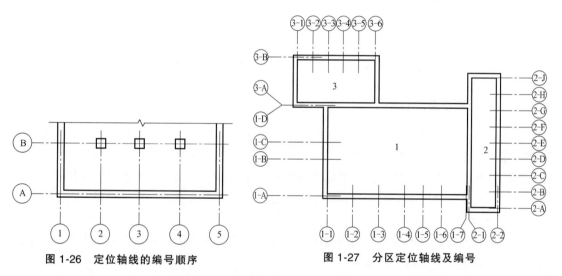

图1-26 定位轴线的编号顺序　　　　图1-27 分区定位轴线及编号

5)附加定位轴线的编号应以分数形式表示。两根轴线间的附加轴线,应以分母表示前一轴线的编号,分子表示附加轴线的编号,编号宜用阿拉伯数字顺序编写。1号轴线或A号轴线之前的附加轴线的分母应以"01"或"0A"表示。

6)一个详图适用于几根轴线时,应同时注明各有关轴线的编号,如图1-28所示。

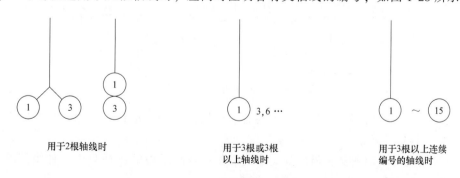

图1-28 详图的轴线编号

7)通用详图中的定位轴线应只画圆,不标注轴线编号。

8）圆形与弧形平面图中定位轴线，其径向轴线应用角度进行定位，其编号宜用阿拉伯数字表示，从左下角或-90°（若径向轴线很密，角度间隔很小）开始，按逆时针顺序编写；其环向轴线宜用大写英文字母表示，从外向内顺序编写，如图1-29和图1-30所示。圆形和弧形平面图的圆心宜选用大写英文字母编写（I、O、Z除外），有不止一个圆心时，可在字母后加注阿拉伯数字进行区分，如P1、P2、P3。

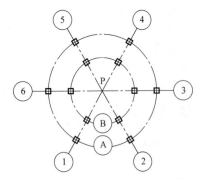 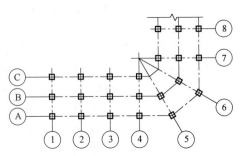

图1-29　圆形平面图定位轴线及编号　　　　图1-30　折线形平面图定位轴线及编号

1.1.7　常用建筑材料图例

建筑物或构筑物需要按比例绘制在图纸上，对于一些建筑物的细部节点，无法按照真实形状表示，只能用示意性的符号画出。国家标准规定的正规示意性符号，称为图例。凡是国家批准的图例，均应统一遵守，按照标准画法表示在图形中，如果有个别新型材料还未纳入国家标准，设计人员要在图纸的空白处画出并写明符号代表的意义，方便对照阅读。

1. 一般规定

本标准只规定常用建筑材料的图例画法，对其尺度比例不做具体规定。使用时，应根据图样大小确定，并应注意下列事项：

1）图例线应间隔均匀，疏密适度，做到图例正确，表示清楚。

2）不同品种的同类材料使用同一图例时（如某些特定部位的石膏板必须注明是防水石膏板时），应在图上附加必要的说明。

3）两个相同的图例相接时，图例线宜错开或使倾斜方向相反，如图1-31所示。

 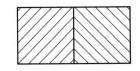

图1-31　相同图例相接时的画法

4）两个相邻的涂黑图例（如混凝土构件、金属件）间，应留有空隙，其宽度不得小于0.7mm，如图1-32所示。

5）下列情况可不加图例，但应加文字说明：一张图纸内的图样只用一种图例时；图形较小无法画出建筑材料图例时。

6）需画出的建筑材料图例面积过大时，可在断面轮廓线内，沿轮廓线作局部表示，如图1-33所示。

图 1-32 相邻涂黑图例的画法

图 1-33 局部表示图例

7）当选用本标准中未包括的建筑材料时，可自编图例。但不得与本标准所列的图例重复。绘制时，应在适当位置画出该材料图例，并加以说明。

2. 常用建筑材料图例

常用建筑材料应按表 1-10 中图例画法绘制。

表 1-10 常用建筑材料图例

序号	名称	图例	备注
1	自然土壤		包括各种自然土壤
2	夯实土壤		
3	砂、灰土		
4	砂砾石、碎砖三合土		
5	石材		—
6	毛石		—
7	实心砖、多孔砖		包括普通砖、多孔砖、混凝土砖等砌体
8	耐火砖		包括耐酸砖等砌体
9	空心砖、空心砌块		包括空心砖、普通或轻骨料混凝土小型空心砌块等砌体
10	加气混凝土		包括加气混凝土砌块砌体、加气混凝土墙板及加气混凝土材料制品等
11	饰面砖		包括铺地砖、玻璃马赛克、陶瓷棉砖、人造大理石等
12	焦渣、矿渣		包括与水泥、石灰等混合而成的材料
13	混凝土		1. 包括各种强度等级、骨料、添加剂的混凝土 2. 在剖面图上绘表达钢筋，则不需绘制图例线 3. 断面图形较小，不易绘制表达图例线时，可填黑或深灰（灰度宜为 70%）
14	钢筋混凝土		

(续)

序号	名称	图例	备注
15	多孔材料		包括水泥珍珠岩、沥青珍珠岩、泡沫混凝土、软木、蛭石制品等
16	纤维材料		包括矿棉、岩棉、玻璃棉、麻丝、木丝板、纤维板等
17	泡沫塑料材料		包括聚苯乙烯、聚乙烯、聚氨酯等多聚合物类材料
18	木材		1. 上图为横断面,左上图为垫木、木砖或木龙骨 2. 下图为纵断面
19	胶合板		应注明为×层胶合板
20	石膏板		包括圆孔或方孔石膏板、防水石膏板、硅钙板、防火石膏板等
21	金属		1. 包括各种金属 2. 图形较小时,可填黑或深灰(灰度宜为70%)
22	网状材料		1. 包括金属、塑料网状材料 2. 应注明具体材料名称
23	液体		应注明具体液体名称
24	玻璃		包括平板玻璃、磨砂玻璃、夹丝玻璃、钢化玻璃、中空玻璃、夹层玻璃、镀膜玻璃等
25	橡胶		—
26	塑料		包括各种软、硬塑料及有机玻璃等
27	防水材料		构造层次多或绘制比例大时,采用上面的图例
28	粉刷		本图例采用较稀的点

注:1. 表中所列图例通常在1:50及以上比例的详图中绘制表达。
  2. 如需表达砖、砌块等砌体墙的承重情况时,可通过在原有建筑材料图例上增加填灰等方式进行区分,灰度宜为25%左右。
  3. 序号1、2、5、7、8、14、15、21图例中的斜线、短斜线、交叉线等均为45°。

1.1.8 图样的画法

1. 剖面图和断面图

剖面图除应画出剖切面切到部分的图形,还应画出沿投射方向看到的部分,被剖切面切到部分的轮廓线用 0.7b 线宽的实线绘制，剖切面没有切到、但沿投射方向可以看到的部分，用 0.5b 的实线绘制；断面图则只需（用 0.7b 线宽的实线）画出剖切面切到部分的图形，如图 1-34 所示。

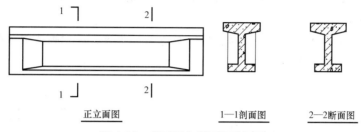

图 1-34　剖面图与断面图的区别

剖面图和断面图应按下列方法剖切后绘制：用 1 个剖切面剖切，如图 1-35 所示；用 2 个或 2 个以上平行的剖切面剖切，如图 1-36 所示；用 2 个相交的剖切面剖切，如图 1-37 所示，用此法剖切时，应在图名后注明"展开"字样。

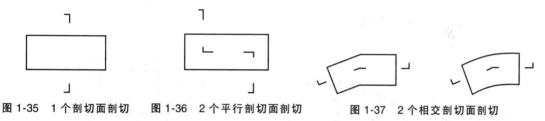

图 1-35　1 个剖切面剖切　　图 1-36　2 个平行剖切面剖切　　　图 1-37　2 个相交剖切面剖切

分层剖切的剖面图应按层次以波浪线将各层隔开，波浪线不应与任何图线重合，如图 1-38 所示。杆件的断面图可绘制在靠近杆件的一侧或端部处并按顺序依次排列，如图 1-39 所示，也可绘制在杆件的中断处，如图 1-40 所示；结构梁板的断面图可画在结构布置图上，如图 1-41 所示。

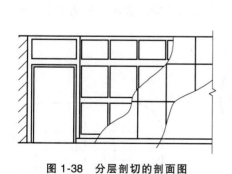

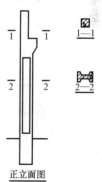

图 1-38　分层剖切的剖面图　　　　图 1-39　断面图按顺序排列

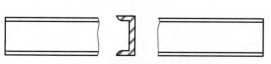

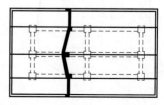

图 1-40　断面图画在杆件中断处　　图 1-41　断面图画在布置图上

2. 简化画法

构配件的视图有 1 条对称线，可只画该视图的 1/2；视图有 2 条对称线，可只画该视图的 1/4，并画出对称符号，如图 1-42 所示。图形也可稍超出其对称线，此时可不画对称符号，如图 1-43 所示。

对称的形体需画剖面图或断面图时，可以对称符号为界，一半画视图（外形图），一半画剖面图或断面图，如图 1-44 所示。

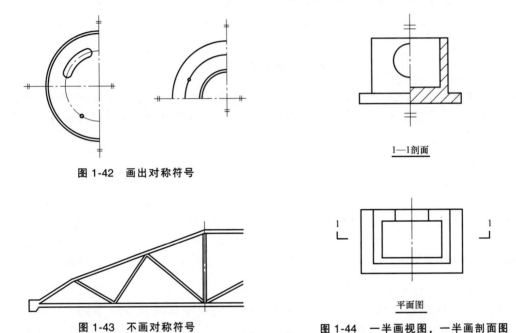

图 1-42 画出对称符号

图 1-43 不画对称符号

图 1-44 一半画视图，一半画剖面图

构配件内多个完全相同而连续排列的构造要素，可仅在两端适当位置处绘出其完整形状，其余部分可以中心线或中心线交点表示，如图 1-45a 所示。当相同构造要素少于中心线交点时，其余部分应在相同构造要素位置的中心线交点处用小圆点表示，如图 1-45b 所示。

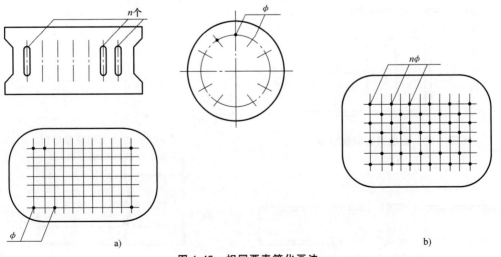

图 1-45 相同要素简化画法

较长的构件，如沿长度方向的形状相同或按一定规律变化，可断开省略绘制，断开处应以折断线表示，如图1-46所示。一个构配件如绘制位置不够，可分成几个部分绘制，并应以连接符号表示相连。一个构配件如与另一构配件仅部分不同，该构配件可只画不同部分，但应在两个构配件的相同部分与不同部分的分界线处，分别绘制连接符号，如图1-47所示。

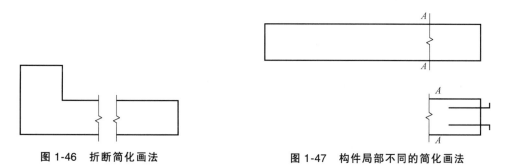

图1-46 折断简化画法　　　　　图1-47 构件局部不同的简化画法

1.1.9 尺寸标注

图样只能表示物体各部分的外部形状，表达不出各个部分之间的联系及变化。所以必须准确、详尽、清晰地表达出它的尺寸，作为施工的依据。绘制图形并不仅仅是为了反映物体的形状，对图形对象的真实大小和位置关系描述更加重要。AutoCAD包含了整套的尺寸标注命令和实用程序，用户使用它们可以完成图样中尺寸标注的所有工作。

1. 尺寸界线、尺寸线及尺寸起止符号

图样上的尺寸包括尺寸界线、尺寸线、尺寸起止符号和尺寸数字，如图1-48所示。

尺寸界线应用细实线绘制，一般应与被标注长度垂直，其一端应离开图样轮廓线不小于2mm，另一端宜超出尺寸线2~3mm。图样轮廓线可用作尺寸界线，如图1-49所示。

图1-48 尺寸组成　　　　　图1-49 尺寸界线

尺寸线应用细实线绘制，应与被标注长度平行。图样本身的任何图线均不得用作尺寸线。

尺寸起止符号用中粗斜短线绘制，其倾斜方向应与尺寸界线成顺时针45°，长度宜为2~3mm。轴测图中用小圆点表示尺寸起止符号，小圆点直径1mm，如图1-50a所示。半径、直径、角度与弧长的尺寸起止符号，宜用箭头表示，箭头宽度b不宜小于1mm，如图1-50b所示。

2. 尺寸数字

图样上的尺寸应以尺寸数字为准，不得从图上直接量取。图样上的尺寸单位，除标高及总平面以m为单位，其他均以mm为单位。

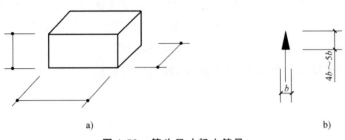

图1-50 箭头尺寸起止符号

a) 轴测图尺寸起止符号　b) 箭头尺寸起止符号

尺寸数字的方向应按图1-51a所示的规定标注。若尺寸数字在30°斜线区内，宜按图1-51b所示的形式标注。

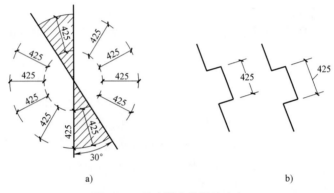

图1-51 尺寸数字的标注方向

尺寸数字一般应根据其方向标注在靠近尺寸线的上方中部。如没有足够的标注位置，最外边的尺寸数字可标注在尺寸界线的外侧，中间相邻的尺寸数字可错开标注，如图1-52所示。

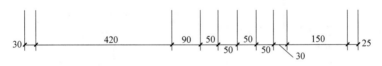

图1-52 尺寸数字的标注位置

3. 尺寸的排列与布置

尺寸宜标注在图样轮廓以外，不宜与图线、文字及符号等相交。图样轮廓线以外的尺寸界线，距图样最外轮廓之间的距离不宜小于10mm。平行排列的尺寸线的间距，宜为7~10mm，并应保持一致，如图1-53所示。

互相平行的尺寸线，应从被标注的图样轮廓线由近向远整齐排列，较小尺寸应离轮廓线较近，较大尺寸应离轮廓线较远，如图1-54所示。

4. 半径、直径、球的尺寸标注

1）标注半径、直径和球，尺寸起止符号不用45°斜短线，通常用箭头表示。

2）半径的尺寸线一端从圆心开始，另一端画箭头，指向圆弧。半径数字前应加半径符号R。

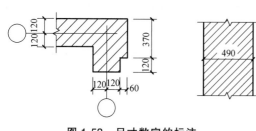
图 1-53 尺寸数字的标注

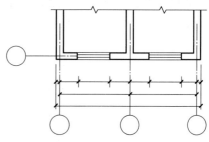
图 1-54 尺寸的排列

3）标注直径时，应在直径数字前加符号 ϕ。在圆内标注的直径尺寸线应通过圆心，两端画箭头指至圆弧。当圆的直径较小时，直径数字可以用引出线标注在圆外。直径标注也可以用尺寸起止短线（45°斜短线）的形式标注在圆外，如图 1-55 所示。

4）标注球的半径和直径时，应在尺寸数字前面加符号 SR 或 $S\phi$，标注方法与圆弧半径和圆直径的尺寸标注方法相同。

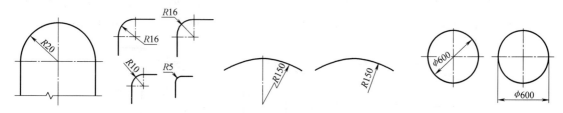
图 1-55 半径、直径的标注方法

5. 角度、弧长、弦长的标注

1）角度。角度的尺寸线以圆弧表示，该圆弧的圆心应是该角的顶点，角的两边为尺寸界线，尺寸起止符号应用箭头表示，如果没有足够的位置画箭头，也可以用圆点代替，角度数字应沿尺寸线方向注写，如图 1-56 所示。

2）弧长。标注圆弧的弧长时，尺寸线应以与该圆弧同心的圆弧线表示，尺寸界线应指向圆心，尺寸起止符号应用箭头表示，弧长数字的上方应加注圆弧符号"⌒"，如图 1-57 所示。

3）弦长。标注圆弧的弦长时，尺寸线应以平行于该弦的直线表示，尺寸界线应垂直于该弦，尺寸起止符号用中粗斜短线表示，如图 1-58 所示。

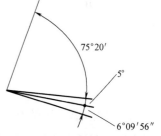
图 1-56 角度标注方法

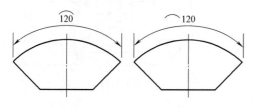
图 1-57 弧长标注方法

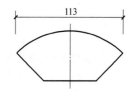
图 1-58 弦长的标注方法

6. 薄板厚度、正方形、坡度等尺寸标注

1）薄板厚度。在薄板板面标注板厚尺寸时，应在厚度数字前加厚度符号 t，如图 1-59 所示。

2）正方形尺寸。标注正方形的尺寸，可用"边长×边长"的形式，也可在边长数字前加正方形符号"□"，如图 1-60 所示。

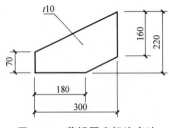

图 1-59　薄板厚度标注方法

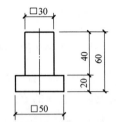

图 1-60　标注正方形尺寸

3）坡度。标注坡度时，应加注坡度"←"或"←"符号，如图 1-61a、b 所示，箭头应指向下坡方向，如图 1-61c、d 所示。坡度也可用直角三角形形式标注，如图 1-61e、f 所示。

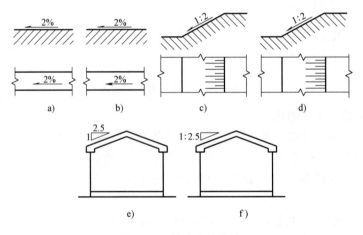

图 1-61　坡度标注方法

4）特殊图形。外形为非圆曲线的构件，可用坐标形式标注尺寸，如图 1-62 所示。复杂的图形可用网格形式标注尺寸，如图 1-63 所示。

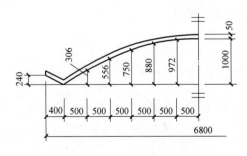

图 1-62　坐标法标注曲线尺寸

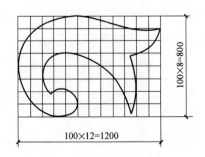

图 1-63　网格法标注曲线尺寸

7. 尺寸的简化标注

1）杆件或管线的长度。在单线图（桁架简图、钢筋简图、管线简图）上，可直接将尺寸数字沿杆件或管线的一侧标注，如图 1-64 所示。

2）连续排列的等长尺寸。可用"等长尺寸×个数＝总长"的形式标注，如图 1-65 所示。

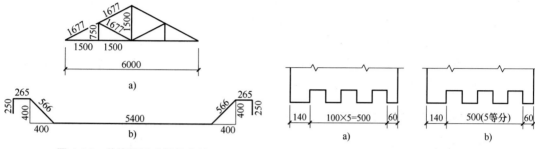

图 1-64　单线图尺寸标注方法　　　　　　图 1-65　等长尺寸简化标注方法

3）相同要素。构配件内的构造因素（如孔、槽等）如相同，可仅标注其中一个要素的尺寸，如图 1-66 所示。

4）对称构配件。对称配件采用对称省略画法时，该对称构配件的尺寸线应略超过对称符号，仅在尺寸线的一端画尺寸起止符号，尺寸数字应按整体全尺寸标注，其标注位置宜与对称符号对齐，如图 1-67 所示。

5）两个相似构配件。如个别尺寸数字不同，可在同一图样中将其中一个构配件的不同尺寸数字标注在括号内，该构配件的名称也应标注在相应的括号内，如图 1-68 所示。

6）多个相似构配件。如果数个构配件仅某些尺寸不同，这些有变化的尺寸数字，可用拉丁字母注写在同一图样中，另外列表格写明其具体尺寸，如图 1-69 所示。

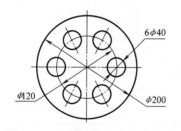
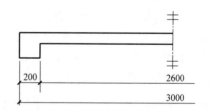

图 1-66　相同要素尺寸标注方法　　　　　　图 1-67　对称构件尺寸标注方法

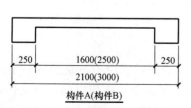
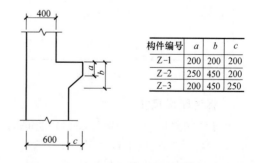

图 1-68　相似构件尺寸标注方法　　　　　　图 1-69　相似构配件尺寸表格式标注方法

1.2 AutoCAD 2020 绘图基础

本章主要介绍运用 AutoCAD 2020 绘图所需的基础知识，内容包括 AutoCAD 2020 的操作界面、图形文件的管理、设置绘图环境和 AutoCAD 2020 的基本操作。

AutoCAD 是 20 世纪 80 年代初由美国 Autodesk 公司开发，是微型计算机上应用最广泛的计算机辅助设计技术（Computer Aided Design，缩写为 CAD），在航空航天、造船、建筑、机械、电子、化工、美工、轻纺等很多领域得到了广泛应用，目前 AutoCAD 的较新版本是 AutoCAD 2020，其性能得到了全面提升，能够更加有效地提高设计人员的工作效率。

1.2.1 AutoCAD 2020 的功能简介

1. 应用程序菜单

AutoCAD 2020 的工作界面左上角有 标志，单击按钮会弹出一个下拉菜单，即应用程序菜单，根据需要可选择程序菜单中的命令。通过程序菜单能更方便地访问公用工具，如可新建、打开、保存、输入、输出、发布、查找和清理 AutoCAD 文件，如图 1-70 所示。

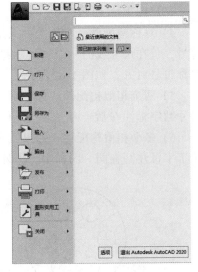

2. 绘制与编辑功能

AutoCAD 不仅具有强大的绘图功能，还具有强大的图形编辑功能。通过"编辑"工具栏中相应按钮，用户可完成对图形的删除、移动、复制、镜像、旋转、修剪、缩放等编辑工作。

针对相同图形的不同情况，AutoCAD 2020 还提供了多种绘制方法供用户选择，如圆弧的绘制方法就有 11 种，借助"修改"工具栏中的修改命令，可以绘制出各种各样理想的图形。图 1-71 所示为"绘图"面板，图 1-72 所示为"修改"面板。

图 1-70　应用程序菜单

图 1-71　"绘图"面板

图 1-72　"修改"面板

3. 标注图形尺寸

尺寸标注是向图形中添加测量注释的过程，是整个绘图过程中不可缺少的一步。AutoCAD 的"标注"菜单中包含了一套完整的尺寸标注和编辑命令，使用它们可以在图形的各个方向上创建各种类型的标注，也可以方便、快速地以一定格式创建符合行业或项目标准的标注。

4. 图形显示功能

AutoCAD 可以通过任意调整图形的显示比例来观察图形的全部或局部,还可以将图形上、下、左、右移动来进行观察。

AutoCAD 为用户提供了 6 个标准视图(6 种视角)和 4 个轴测视图,可以利用视点工具设置任意的视角,还可以利用三维动态观察器设置任意的透视效果。图 1-73 所示为"视图"面板。

图 1-73 "视图"面板

5. 输出与打印图形

AutoCAD 不仅可以通过绘图仪或打印机将所绘制的图形以不同样式输出,还能够将不同格式的图形导入 AutoCAD 或将 AutoCAD 图形以其他格式输出。因此,当图形绘制完成之后可以使用多种方法将其输出。例如,可以将图形打印在图纸上,或创建成文件以供其他应用程序使用。

1.2.2 AutoCAD 2020 界面的组成

启动 AutoCAD 2020 时,系统将以默认的"草图与注释"界面显示,如图 1-74 所示。中文版 AutoCAD 2020 工作界面新颖别致,在图形最大化显示的同时,也更容易访问大部分普通的工具,从而提高绘图的效率。默认应用程序窗口包括标题栏、应用程序菜单按钮、快速访问工具栏、信息中心、工具栏选项板、命令行和状态栏等。

图 1-74 AutoCAD 2020 工作界面

1. 标题栏

标题栏位于应用程序窗口的最上面,用于显示当前正在运行的程序名及文件名等信息。如果是 AutoCAD 默认的图形文件,其名称为 DrawingN. dwg(N 是数字)。单击标题栏右端的按钮,可以最小化、最大化或关闭应用程序窗口。在标题栏中,包括了快速访问工具栏和通信中心工具栏,如图 1-75 所示。

图 1-75　标题栏

标题栏最左端是快速访问工具栏,依次包括有"新建""打开""保存""另存为""从 Web 和 Mobile 中打开""保存到 Web 和 Mobile""打印""放弃"和"重做"按钮,还可以根据用户的个人习惯自行增减按钮;接着是工作空间列表,用于工作空间界面的选择,有"草图与注释""三维基础""三维建模"等模式;其次是软件名称、版本号和当前操作的文件名称信息;然后是通信中心,包括"搜索""登录""交换"等按钮,可以在联网后获得操作和命令相关提示和帮助信息;最右侧是当前窗口的"最小化""最大化"和"关闭"按钮。

2. 菜单栏与工具栏

在 AutoCAD 2020 的环境中,默认状态下其菜单栏和工具栏处于隐藏状态,如果要显示菜单栏,那么在标题栏的工作空间右侧单击倒三角按钮 ("自定义快速访问工具栏"列表),从弹出的列表框中选择"显示菜单栏",即可显示 AutoCAD 的常规菜单栏,如图 1-76 所示。

图 1-76　显示菜单栏

如果要将 AutoCAD 的常规工具栏显示出来，用户可以选择"工具"→"工具栏"菜单项，从弹出的下级菜单中选择相应的工具栏即可，如图 1-77 所示。

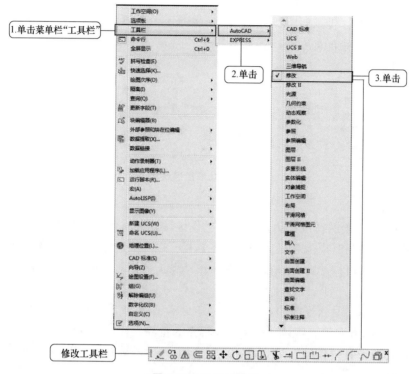

图 1-77 显示工具栏

工具栏是应用程序调用命令的另一种方式，它包含许多由图标表示的命令按钮。在 AutoCAD 中，系统共提供了 20 多个已命名的工具栏。如果要显示当前隐藏的工具栏，可在任意工具栏上右击，此时将弹出一个快捷菜单，通过选择命令可以显示或关闭相应的工具栏。

3. 应用程序菜单与快捷菜单

中文版 AutoCAD 2020 的应用程序菜单由"新建""打开""保存"等命令组成，如图 1-70 所示。

快捷菜单又称为上下文相关菜单。在绘图区域、工具栏、状态行、模型与布局选项卡及一些对话框上右击时，将弹出一个快捷菜单，该菜单中的命令与 AutoCAD 当前状态相关，使用它们可以在不启动菜单栏的情况下快速、高效地完成某些操作。

提示：在菜单浏览器中，后面带有符号▶的命令表示还有级联菜单，如图 1-78 所示。如果命令显示为灰色，则表示该命令在当前状态下不可用。

4. 功能区选项板

使用 AutoCAD 命令的另一种方式就是应用选项卡上的面板。默认状态下，"草图与注释"空间中包括的

图 1-78 级联菜单

选项卡有"默认""插入""注释""参数化""视图""管理""输出""附加模块""Express Tools"和"精选应用"等，如图1-79所示。单击相应的选项卡，可分别调用相应的命令。例如，在"默认"选项卡下包括"绘图""修改""注释""图层""块""特性""组""实用工具""剪贴板"和"视图"等选项板。如果某个选项板没有足够的空间显示所有的工具按钮，单击该选项卡下方的三角按钮 ▼，可展开折叠区域，显示其他相关的命令按钮。

图1-79 功能区选项板

5. 绘图窗口

在AutoCAD中，绘图窗口是用户绘图的工作区域，所有的绘图结果都反映在这个窗口中。可以根据需要关闭其周围和里面的各个工具栏，以增大绘图空间。如果图纸比较大，需要查看未显示部分，可以单击窗口右边与下边滚动条上的箭头，或拖动滚动条上的滑块来移动图纸。

在绘图窗口中除了显示当前的绘图结果，还显示了当前使用的坐标系类型及坐标原点、X轴、Y轴、Z轴的方向等。默认情况下，坐标系为世界坐标系（WCS）。

绘图窗口的下方有"模型"和"布局"选项卡，单击其标签可以在模型空间和图纸空间之间来回切换。

6. 命令行与文本窗口

"命令行"窗口位于绘图窗口的底部，用于接收用户输入的命令，并显示AutoCAD提示信息。在AutoCAD 2020中，"命令行"窗口可以拖放为浮动窗口。如图1-80所示。

图1-80 命令行

"AutoCAD文本窗口"是记录AutoCAD命令的窗口，是放大的"命令行"窗口，它记录了已执行的命令，也可以用来输入新命令。

在AutoCAD 2020中，打开文本窗口的常用方法有以下两种：

1) 命令行。输入"TEXTSCR"，按〈Enter〉键确认。

2) 快捷键。按〈F2〉键，打开AutoCAD文本窗口，它记录了对文档进行的所有操作，如图1-81所示。

7. 状态栏

状态栏用来显示AutoCAD当前的状态，如当前光标的坐标、命令和按钮的说明等。

在绘图窗口中移动光标时，状态栏左侧的"坐标"区将动态地显示当前坐标值。坐标显示取决于所选择的模式和程序中运行的命令，共有"相对""绝对"和"无"三种模式。

状态栏中还包括"布局""模型""绘图辅助工具""注释工具""工作空间""锁定"

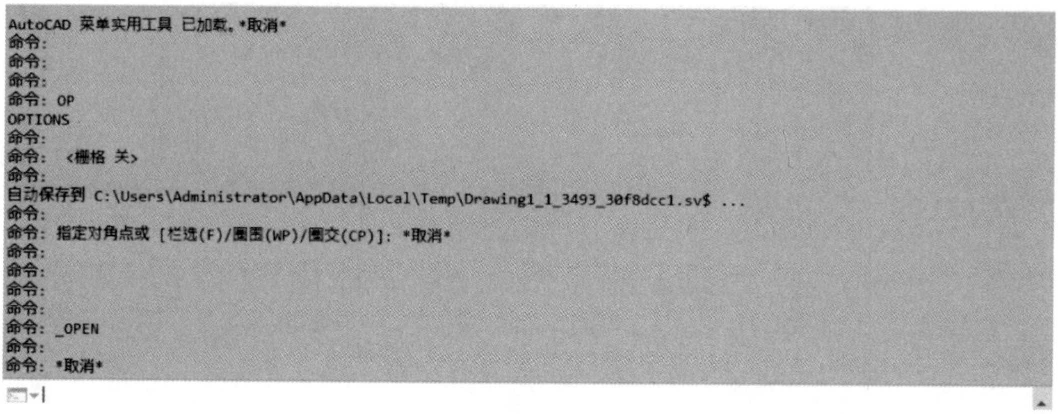

AutoCAD 菜单实用工具 已加载。*取消*
命令:
命令:
命令:
命令: OP
OPTIONS
命令:
命令: <栅格 关>
命令:
自动保存到 C:\Users\Administrator\AppData\Local\Temp\Drawing1_1_3493_30f8dcc1.sv$ ...
命令:
命令: 指定对角点或 [栏选(F)/圈围(WP)/圈交(CP)]: *取消*
命令:
命令:
命令:
命令:
命令: _OPEN
命令:
命令: *取消*

图 1-81 AutoCAD 文本窗口

“全屏显示”等十几个功能区按钮，如图 1-82 所示。

模型
布局1
布局2
2145.0634, 934.6367, 0.0000
1:1 / 100%

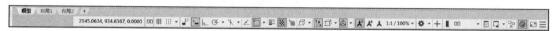

图 1-82 AutoCAD 状态栏

8. 坐标系

AutoCAD 提供两个坐标系：一个称为世界坐标系（WCS）的固定坐标系和一个称为用户坐标系（UCS）的可移动坐标系，两个坐标系图标如图 1-83 所示。用户可以选择“工具”菜单中“命名 UCS”或“新建 UCS”命令，或者在命令行中输入“UCS”来设置 UCS。

WCS坐标
UCS坐标
Y
X
Y
X

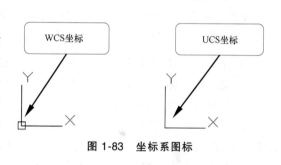

图 1-83 坐标系图标

1.2.3 图形文件管理

在 AutoCAD 2020 中，图形文件管理包括创建新的图形文件、打开已有的图形文件、保存图形文件及关闭图形文件等操作。

1. 图形文件的创建

用户在开始绘制图形之前，一般需要创建新图，可使用以下几种方法：

1）菜单栏。执行“文件”→“新建（New）”命令。

2）工具栏。在“快速访问”工具栏中单击“新建”按钮 。

3）命令行。输入“New”命令并按〈Enter〉键。

4）快捷键。按〈Ctrl+N〉组合键。

以上任何一种方法都可以创建新图形文件，此时将打开“选择样板”对话框，如图 1-84 所示，可以创建新的图形文件。在“选择样板”对话框中，可以在“名称”列表框中选中某一样板文件，这时在其右面的“预览”框中将显示出该样板的预览图像。单击“打开”按钮，可以用选中的样板文件为样板创建新图形，此时会显示图形文件的布局（选

图1-84 "选择样板"对话框

择样板文件 acad.dwt 或 acadiso.dwt 时除外)。

2. 图形文件的打开

要将已存在的图形文件打开,可以选择以下几种方法:

1) 菜单栏。执行"文件"→"打开(Open)"命令。

2) 工具栏。在"快速访问"工具栏中单击"打开"按钮。

3) 命令行。输入"Open"命令并按〈Enter〉键。

4) 快捷键。按〈Ctrl+O〉组合键。

以上任何一种方法都可以打开已有的图形文件,此时将打开"选择文件"对话框,选择需要打开的图形文件,在右面的"预览"框中将显示出该图形的预览图像,其步骤如图 1-85 所示。默认情况下,打开的图形文件的格式为 .dwg。

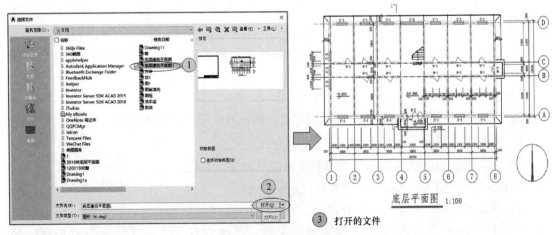

图1-85 打开图形文件

在"选择文件"对话框的"打开"按钮右侧有一个向下的三角形按钮,单击它将显示四种打开文件的方式,即"打开""以只读方式打开""局部打开""以只读方式局部打开"。

例如：若用户选择"局部打开"选项，则会弹出"局部打开"对话框，需要在右侧列表框中勾选需要打开的图层对象，然后单击"打开"按钮。这样可以有选择地显示需要的图层对象，进而加快文件的加载速度，尤其在大型工程项目绘图过程中，可以减少屏幕显示的实体图元数量，大大提高工作效率。"局部打开"的步骤和效果如图 1-86 所示。

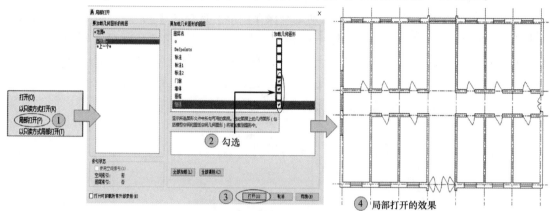

图 1-86　局部打开的图形文件

3. 图形文件的保存

文件操作的时候，应当养成随时保存文件的好习惯，以免发生电源故障或者其他意外时，图形文件及其数据丢失。保存当前视图中的文件，可以使用以下几种方法：

1）菜单栏。执行"文件"→"保存（Qsave）"命令。

2）工具栏。在"快速访问"工具栏中单击"保存"按钮 ![]。

3）命令行。输入"Qsave"命令并按〈Enter〉键。

4）快捷键。按〈Ctrl+S〉组合键。

以上任何一种方法，都可以将所绘图形文件以当前使用的文件名存盘。如果想把当前文件以另外一个新的文件名进行保存时，可以选择"另存为"命令，"图形另存为"对话框如图 1-87 所示。"另存为"命令的启动可以使用以下几种方法：

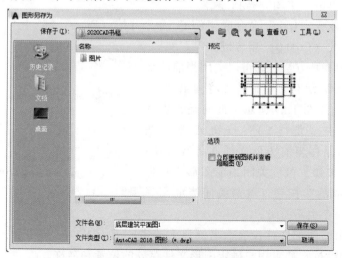

图 1-87　"图形另存为"对话框

1) 菜单栏。执行"文件"→"另存为（Save As）"命令。

2) 工具栏。在"快速访问"工具栏中单击"保存"按钮。

3) 命令行。输入"Save As"命令并按〈Enter〉键。

4) 快捷键。按〈Ctrl+Shift+S〉组合键。

提示：在绘制图形时，可以设置自动定时保存图形。选择"工具"→"选项"菜单命令，在打开的"选项"对话框中选择"打开和保存"选项卡，勾选"自动保存"复选框，然后在"保存间隔分钟数"文本框中输入一个定时保存的时间（分钟），如图1-88所示。

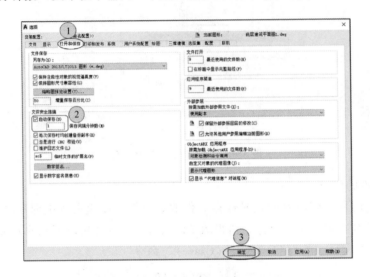

图1-88　自动定时保存图形文件

4．图形文件的关闭

要将当前视图中的文件进行关闭，可以使用以下方法：

1) 菜单栏。执行"文件"→"关闭（Close）"命令。

2) 工具栏。单击"关闭"按钮。

3) 命令行。输入"Quit"命令或"Exit"命令并按〈Enter〉键。

4) 快捷键。按〈Ctrl+Q〉组合键。

通过以上任何一种方法，都可以关闭当前图形文件。如果当前图形没有存盘，系统将弹出AutoCAD警告对话框，如图1-89所示，询问是否保存文件。此时，单击"是（Y）"按钮或直接按〈Enter〉键，可以保存当前图形文件并将其关闭；单击"否（N）"按钮，可以关闭当前图形文件但不存盘；单击"取消"按钮，取消关闭当前图形文件操作，既不保存也不关闭。

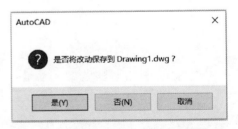

图1-89　"AutoCAD"警告对话框

如果当前编辑的图形文件没有命名，那么单击"是（Y）"按钮后，AutoCAD会打开"图形另存为"对话框，要求用户确定图形文件存放的位置和名称。

1.2.4 设置绘图环境

在 AutoCAD 中建立绘图环境与传统绘图法类似，要确定度量单位、绘图区大小及标准绘图约定。

1. 设置图形单位（Units）

在 AutoCAD 中，用户可以采用 1∶1 的比例因子绘图，因此，所有的直线、圆和其他对象都可以以真实大小来绘制，在需要打印出图时，再将图形按图纸大小进行缩放。图形单位的设置一般包括长度单位和角度单位。

AutoCAD 中，可以通过以下两种方式设置图形单位：

1)菜单栏。执行"格式（O）"→"单位（U）"命令。

2)命令行。输入"Units"命令或快捷命令"UN"并按〈Enter〉键。

使用上面任何方法，都可以打开"图形单位"对话框，在该对话框中可以设置绘图时使用的长度单位、角度单位的显示格式和精度等参数，如图 1-90 所示。

2. 设置图形界限（Limits）

图形界限就是绘图区域，也称为图限，可以在模型空间中设置一个想象的矩形绘图区域。一般来说，如果用户不做任何设置，AutoCAD 对作图范围没有限制，但对所绘制的图形大小是有限制的。为了更好地绘图，需要设定作图的有效区域。

图 1-90 "图形单位"对话框

AutoCAD 中，可以通过以下方式设置图形界限：

1)菜单栏。执行"格式（O）"→"图形界限（I）"命令。

2)命令行。输入"Limits"命令并按〈Enter〉键。

以 A4 绘图范围为例，说明设置图形界限的操作方法，执行"图形界限"命令，其命令行提示如下：

命令:limits

重新设置模型空间界限:

指定左下角点或 [开(On)/关(Off)]〈0.0000,0.0000〉:

指定右上角点〈420.000,297.000〉:210,297

执行该命令后，各选项的含义如下：

1)"开（On）"。打开图形界限检查，防止拾取点超出图形界限。

2)"关（Off)"。关闭图形界限检查（默认设置），可以在图形界限之外拾取点。

3)"指定左下角点"。设置图形界限左下角的坐标，默认为（0.0000，0.0000）。

4)"指定右上角点"。设置图形界限右上角的坐标。

以上操作虽然设置了图形界限，但此时窗口看不到整个图限界限，需要输入缩放命令"Zoom"，然后才能观察全部图形界限区域。其命令行提示如下：

命令:zoom

指定窗口角点,输入比例因子(nX 或 nP)或[全部(A)/中心点(C)/动态(D)/范围(E)/上一个(P)/比例(S)/窗口(W)]〈实时〉:A

1.2.5 设置绘图辅助功能

在实际绘图中用鼠标定位虽然方便快捷,但精度不高,绘制的图形很不精确,远不能满足制图的要求,这时可以使用系统提供的绘图辅助功能。

用户可采用以下的方法打开"草图设置"对话框,设置 AutoCAD 提供的各种绘图辅助功能。

1) 菜单栏。执行"工具"→"绘图设置"菜单命令。

2) 命令行。在命令行输入或动态输入"Dsetting"(快捷键"SE")。

1. 设置捕捉和栅格

捕捉和栅格是 AutoCAD 提供的精确绘图工具之一。"捕捉"用于设置光标移动的间距;"栅格"是一些标示定位的位置点,使用它可以提供直观的距离和位置参照,类似于坐标纸上定位点的作用。栅格不是图形的组成部分,也不能被打印出来。

在"草图设置"对话框的"捕捉和栅格"选项卡中,可以启动或关闭捕捉和栅格功能,并设置捕捉和栅格的间距与类型,如图 1-91 所示。

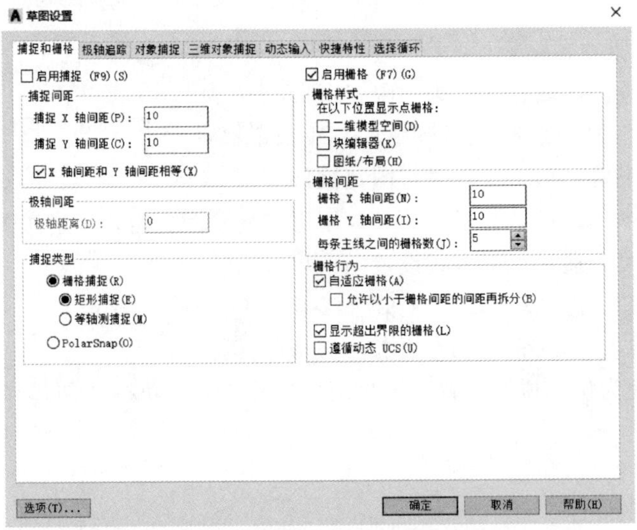

图 1-91 "捕捉和栅格"选项卡

提示:在状态栏中右击 ▦ 按钮或 ▦ 按钮,在弹出的快捷菜单中选择"网格设置"或"捕捉设置"命令,也可打开"草图设置"对话框。

设置好捕捉和栅格后,用户可以通过以下方法来打开或关闭"捕捉"或"栅格":

1) 状态栏。单击 ▦ 按钮或 ▦ 按钮。

2) 快捷键。按〈F7〉或〈F9〉键。

2. 动态输入

使用动态输入功能可以在指针位置处显示标注输入和命令提示信息,从而极大地方便了绘图。当用户启动"动态输入"功能后,其工具栏提示将在光标附近显示信息,该信息会随着光标的移动而动态更新,如图1-92所示。

用户可以通过以下方法来打开或关闭"动态输入":

1)状态栏。单击按钮 。
2)快捷键。按〈F12〉键。

在输入字段中输入值并按〈Tab〉键后,该字段将显示一个锁定图标,并且光标会受输入值的约束,随后可以在第二个输入字段中输入值,如图1-93所示。另外,如果用输入值后按〈Enter〉键,则第二个字段被忽略,且该值将被视为直接距离输入。

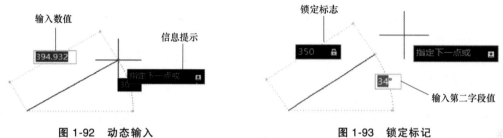

图1-92 动态输入　　　　　　　图1-93 锁定标记

在状态栏的"动态输入"按钮上右击,从弹出的快捷菜单中选择"设置"命令,将弹出"草图设置"对话框的"动态输入"选项卡。当勾选"启用指针输入"复选框,且有命令在执行时,十字光标的位置将在光标附近的工具栏提示中显示为坐标。

在"指针输入"和"标注输入"选项组中单击"设置"按钮,将弹出"指针输入设置"和"标注输入的设置"对话框,可以设置坐标的默认格式,以及控制指针输入工具栏提示的可见性,如图1-94所示。

图1-94 "动态输入"选项卡

3. 设置正交模式

"正交"是指在绘制图形时指定第一个点后,连接光标和起点的直线总是平行于X轴或Y轴。若捕捉设置为等轴测模式时,"正交"还使直线平行于第三个轴中的一个。在"正交"模式下,使用光标只能绘制水平直线或垂直直线,此时只要输入直线的长度就可。

用户可通过以下的方法来打开或关闭"正交"模式:

1）状态栏。单击"正交"按钮。

2）快捷键。按〈F8〉键。

3）命令行。在命令行输入或动态输入中键入"Ortho"命令，然后按〈Enter〉键。

执行上面命令之后，可以打开正交功能。通过单击"正交"按钮或按〈F8〉功能键可以进行正交功能打开与关闭的切换。正交模式下不能控制键盘输入点的位置，只能控制光标拾取点的方位。

4．设置对象的捕捉方式

在实际绘图过程中，绘图时所需的点坐标，如果用光标拾取，难免有一定的误差，如果用键盘输入，又可能不知道它的准确数据。此时就要利用对象捕捉功能。AutoCAD对已有图形的特殊点（如圆心点、切点、中点、象限点等）设有对象捕捉功能，可以迅速定位对象上的精确位置，而不必知道坐标。

"对象捕捉"与"捕捉"的区别："对象捕捉"是把光标锁定在已有图形的特殊点上，它不是独立的命令，是在执行命令过程中结合使用的模式；"捕捉"是将光标锁定在可见或不可见的栅格点上，是可以单独执行的命令。

在"草图设置"对话框中单击"对象捕捉"选项卡，分别勾选要设置的捕捉模式即可，如图1-95所示。设置好捕捉选项后，用户可通过以下的方法来打开或关闭"对象捕捉"模式：

1）状态栏。单击"对象捕捉"按钮。

2）快捷键。按〈F3〉键。

3）按住〈Ctrl〉键或〈Shift〉键，并右击，将弹出"对象捕捉"快捷菜单，如图1-96所示。

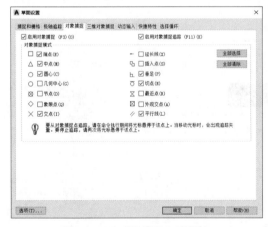
图1-95 "对象捕捉"选项卡

图1-96 "对象捕捉"快捷菜单

激活"对象捕捉"后，如果光标放在捕捉点附近达3s以上，则系统将显示捕捉对象的提示文字信息。

通过调整对象捕捉靶框大小，可以只对落在靶框内的对象使用对象捕捉。靶框大小应根据选择的对象、图形的缩放设置、显示分辨率和图形的密度进行设置。此外，还可以设置确定是否显示捕捉标记、自动捕捉标记框的大小和颜色、是否显示自动捕捉靶框等。

执行"工具"→"选项"菜单命令，或者单击"草图设置"对话框中的"选项"按钮，打开"选项"对话框,选择"绘图"选项卡,即可进行对象捕捉的参数设置,如图1-97所示。

图1-97 "绘图"选项卡

1.2.6 图层的设置与管理

在AutoCAD中,所有图形对象都画在某个图层上,而在每个图层上都对应有颜色、线型和线宽的定义,即所有图形对象都具有图层、颜色、线型和线宽这四个基本属性。图层设置就是定义这四个基本属性,为完成一幅工程图纸的设计和绘制提供必要的线型和线宽。

AutoCAD 2020图层管理在"默认"工具栏选项板中,如图1-98所示,并排列出一些主要的使用功能。

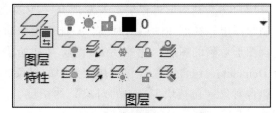

图1-98 图层管理工具栏

在建筑工程制图中,图形主要包括基准线、轮廓线、虚线、剖面线、尺寸标注及文字说明等元素。如果用图层来管理它们,不仅能使图形的各种信息清晰、有序、便于观察,也会给图形的编辑、修改和输出带来很大的方便。

图层相当于一张全透明的纸,在每张纸的相应位置上绘制图形后,将所有的纸张叠放在一起,组合成最后的图形。用户可根据需要设置几个图层,一幅图的层数是不受限制的,每一层上的实体数也不限。

虽然AutoCAD允许用户定义多个图层,但只能在当前图层上绘图。选择哪一层作为当前层,用户可通过图层操作命令来确定。

1. 图层的创建

默认情况下,图层"0"将被指定使用7号颜色(白色或黑色,由背景色决定)、Continuous线型、默认线宽及Normal打印样式。在绘图过程中,如果要使用更多的图层来组织图形,就需要先创建新的图层。

用户可以通过以下方法来打开"图层特性管理器"面板,如图1-99所示:

1) 菜单栏。"格式"→"图层"菜单命令。

2）工具栏。单击"图层"工具栏的"图层特性"按钮。

3）命令行。在命令行输入或动态输入"Layer"命令或快捷命令"LA"。

在"图层特性管理器"面板中单击"新建图层"按钮，在图层的列表中将出现一个名称为"图层1"的新图层。默认情况下，新建图层与当前图层的状态、颜色、线型及线宽等设置相同。如果要更改图层名称，可单击该图层名，或者按〈F2〉键，然后输入一个新的图层名并按〈Enter〉键即可。

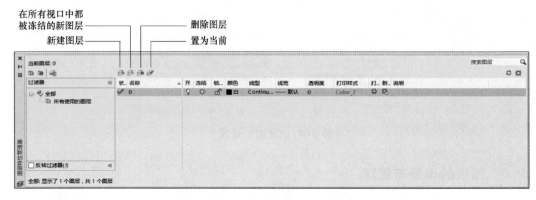

图 1-99 "图层特性管理器"面板

2. 图层的删除

用户在绘制图形过程中，若发现有一些多余图层，可以通过"图层特性管理器"面板来删除图层。在删除图层的时候，只能删除未参照的图层，换而言之，删除的图层必须是不包含图形对象的图层，此外"0"图层（初始层）是不能删除的。参照图层包括"图层0"及 Defpoints、包含对象（包括块定义中的对象）的图层、当前图层和依赖外部参照的图层。不包含对象（包括块定义中的对象）的图层、非当前图层和不依赖外部参照的图层都可以用图层删除（Purge）命令删除。

要删除图层，在"图层特性管理器"面板中，使用鼠标选择需要删除的图层，然后单击"删除图层"按钮或按〈Alt+D〉组合键即可。如果要同时删除多个图层，可以配合〈Ctrl〉键或〈Shift〉键来选择多个连续或不连续的图层。

3. 设置当前图层

在 AutoCAD 中绘制的图形对象，都是在当前图层中进行的，且所绘制图形对象的属性也将继承当前图层的属性。在"图层特性管理器"面板中选择一个图层，并单击"置为当前"按钮，即可将该图层设置为当前图层，并在图层名称前面显示标记，如图 1-100 所示。

另外，在"图层"工具栏中单击按钮，然后使用鼠标选择指定的对象，即可将选择的图形对象置为当前图层，如图 1-101 所示。

图 1-100 当前图层

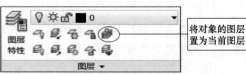

图 1-101 "图层"工具栏

第1章 制图基础

4. 设置图层颜色

颜色在图形中具有非常重要的作用，可用来表示不同的组件、功能和区域。图层的颜色实际上是图层中图形对象的颜色。每一图层应设置一种颜色，绘制复杂图形时就可以根据颜色快速区分图形的各部分所在图层。不同的图层可以设置相同的颜色，也可以设置不同的颜色。

默认情况下，新创建图层的颜色为白色，可根据情况改变图层的颜色。在"图层特性管理器"面板中，单击该图层对应的颜色图标，AutoCAD 会弹出"选择颜色"对话框，可以根据需要选择不同的颜色，然后单击"确定"按钮即可，如图 1-102 所示。

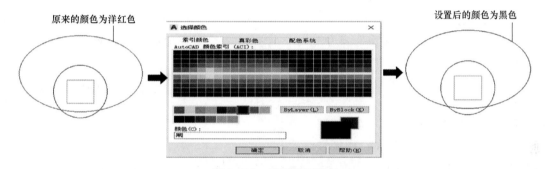

图 1-102 设置图层颜色

5. 设置图层线型

线型是指图形基本元素中线条的组成和显示方式，如虚线和实线等。每个实体和每一图层都应有一个相应的线型，不同的图层可以设置相同的线型，也可以设置不同的线型。在默认情况下，图层的线型为 Continuous（实线），可根据需要为图层设置线型。

在 AutoCAD 中既有简单线型，也有由一些特殊符号组成的复杂线型，以满足不同国家或行业标准的要求，可从中选择所需的线型。单击位于线型栏下该图层对应的线型名，AutoCAD 会弹出"选择线型"对话框，选择相应线型，完成线型设置工作。

可以在"选择线型"对话框中单击"加载"按钮，打开"加载或重载线型"对话框，可以将更多的线型加载到"选择线型"对话框中，以便设置图层的线型，如图 1-103 所示。

图 1-103 加载 AutoCAD 线型

在"图层特性管理器"面板中，在某个图层名称的"线型"列中单击，即可弹出"选择线型"对话框，从中选择相应的线型，然后单击"确定"按钮，如图 1-104 所示。

图 1-104 设置图层线型

6. 设置线型比例

用户选择"格式"→"线型"菜单命令，将弹出"线型管理器"对话框，选择某种线型，单击"显示细节"按钮，在"详细信息"设置区中设置线型比例，如图 1-105 所示。

线型比例分为三种："全局比例因子""当前对象缩放比例"和"图纸空间的线型缩放比例"。"全局比例因子"控制所有新的和现有的线型比例因子；"当前对象缩放比例"控制新建对象的线型比例；"图纸空间的线型缩放比例"作用是当"缩放时使用空间单位"复选框被勾选时，AutoCAD 自动调整不同图纸空间视窗中线型的缩放比例。这

图 1-105 线型管理器

三种线型比例分别由 Ltscale、Celtscale 和 Psltscale 三个系统变量控制。图 1-106 所示为分别设置图元对象的不同线型比例效果。

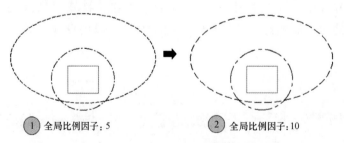

图 1-106 不同比例因子的比较

"全局比例因子"控制所有线型的比例因子，通常值越小，每个绘图单位中画出的重复图案就越多。在默认情况下，AutoCAD 的全局线型缩放比例为 1.0，该比例等于一个绘图单位。在"线型管理器"中"详细信息"下，可以直接输入"全局比例因子"的数值，也可以在命令行中输入"ltscale"命令进行设置。

"当前对象缩放比例"控制新建对象的线型比例，其最终的比例是全局比例因子与该对象比例因子的乘积，设置方法和全局比例因子基本相同。所有线型最终的缩放比例是对象比

例因子与全局比例因子的乘积,所以在 Celtscale = 2 的图形中绘制的是点画线,如果将 Ltscale 设为 0.5,其效果与在 Celtscale = 1 的图形中绘制 Ltscale = 1 的点画线时的效果相同。

7. 设置图层线宽

线宽即对象的宽度,可用于除 TrueType 字体、光栅图像、点和实体填充(二维实体)之外的所有图形对象。用户在绘制图形过程中,应根据不同对象绘制不同的线条宽度,以区分不同对象的特性。如果为图形对象指定线宽,则对象将根据此线宽的设置进行显示和打印。

在"图层特性管理器"面板中,在某个图层名称的"线宽"列中单击,将弹出"线宽"对话框,如图 1-107 所示,在其中选择相应的线宽,然后单击"确定"按钮即可。

当设置了线型的线宽后,应在状态栏中激活"线宽"按钮 ,才能在视图中显示出所设置的线宽。如果在"线宽设置"对话框中调整了不同的线宽显示比例,则视图中显示的线宽效果也将不同,如图 1-108 所示。

图 1-107 "线宽"对话框

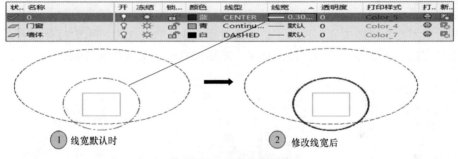

图 1-108 设置线型宽度

用户选择"格式"→"线宽"菜单命令,将弹出"线宽设置"对话框,从而可以通过调整线宽的比例,使图形中的线宽显示得更宽或更窄,如图 1-109 所示。

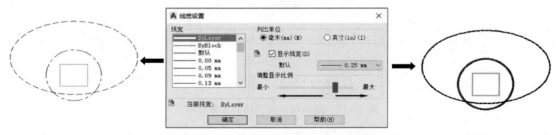

图 1-109 不同线宽显示比例的绘图效果

8. 控制图层状态

在"图层特性管理器"面板中,其图层状态包括图层的打开/关闭、冻结/解冻、锁定/解锁等;同样,在"图层"工具栏中,用户也可以设置并管理各图层的特性,如图 1-110 所示。

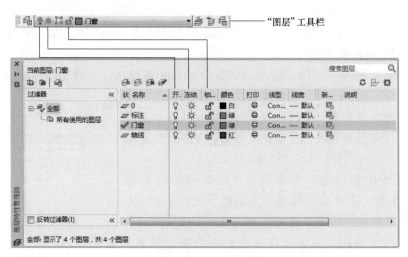

图 1-110　图层状态

（1）"打开"和"关闭"图层　在"图层"工具栏的列表框中，单击相应图层的小灯泡图标 ，可以打开或关闭图层的显示。在打开状态下，灯泡的颜色为黄色，该图层的对象将显示在视图中，也可以在输出设备上打印；在关闭状态下，灯泡的颜色转为灰色 ，该图层的对象不能在视图中显示出来，也不能打印出来，图 1-111 所示为打开或者关闭图层的对比效果。用户可通过单击小灯泡图标来实现图层打开或关闭的转换操作。

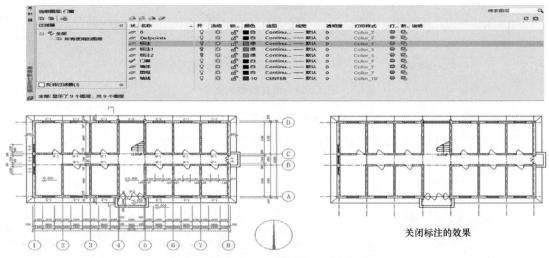

图 1-111　显示与关闭图层的效果比较

（2）"冻结"和"解冻"图层　在"图层"工具栏的列表框中，单击相应图层的太阳 或雪花图标 ，可以冻结或解冻图层。当图层被冻结时，显示为雪花图标 ，图形对象不能被显示和打印出来，也不能编辑或修改图层上的图形对象；当图层解冻时，显示为太阳图标 ，此时图层上的对象可以进行编辑和修改。用户可单击这些图标来实现图层冻结与解冻的切换。

（3）"锁定"和"解锁"图层 在"图层"工具栏的列表框中，单击相应图层的小锁图标 ，可以锁定或解锁图层。当图层被锁定时，显示为图标 ，此时不能编辑锁定图层上的对象，其上的图形仍能显示出来且被图形输出设备输出，用户不能对其上的图形对象进行编辑和修改，但仍然可以在锁定的图层上绘制新的图形对象。

关闭图层与冻结图层的区别：当图层处于关闭状态时，该图层上的图形既不能显示也不能输出，但关闭的图层仍是图形的一部分，只是不能显示和输出。冻结的图层与关闭的图层一样，既不能在屏幕上显示出来，也不能在图形设备上输出。但图层被冻结与被关闭还有一点区别，表现在关闭的图层在重新生成时可以生成但不显示，而冻结的图层在重新生成时不生成，这样可节省时间。

1.2.7 图形的显示控制

在 AutoCAD 中绘制和编辑图形时，常常需要对图形进行放大或平移等显示控制，可以灵活地观察图形的整体效果或局部细节。观察图形的方法有很多，最常用的方法是"缩放"和"平移"视图，如图 1-112 所示。

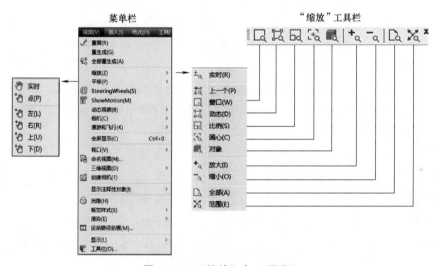

图 1-112 "缩放"与"平移"

1. 缩放视图

通常在绘制图形的局部细节时，需要使用缩放工具放大该绘图区域，当绘制完成后，再使用缩放工具缩小图形，从而观察图形的整体效果。通过缩放视图（如同照相机变焦镜头）可以放大或缩小屏幕显示尺寸，而图形的真实尺寸保持不变。

要对图形进行缩放操作，用户可通过以下任意一种方法：

1）菜单栏。选择"视图"→"缩放"菜单命令，在其下级菜单中选择相应命令。
2）工具栏。单击"缩放"工具栏上相应的功能按钮。
3）命令行。输入或动态输入"Zoom"（快捷键"Z"），并按〈Enter〉键。
4）鼠标键。上下滚动鼠标中键可以放大或缩小视图。

若用户选择"视图"→"缩放"→"窗口"命令，其命令行会给出如下的提示信息：

命令：ZOOM

指定窗口的角点,输入比例因子(nX 或 nXP),或者[全部(A 中心(C)动态①D)范围(E)上一个(P)比例(S)窗口(W)/对象(O)]〈实时〉:

在该命令提示信息中给出多个选项,每个选项含义如下:

(1) 全部 (A)　用于在当前视口显示整个图形,其大小取决于图形界限的设置或者有效绘图区域,这是因为用户可能没有设置图形界限或有些图形超出了绘图区域。

(2) 中心 (C)　该选项要求确定一个中心点,然后绘出缩放系数（后跟字母 X）或一个高度值。AutoCAD 就缩放中心点区域的图形按缩放系数或高度值显示,所选的中心点将成为视口的中心点。如果保持中心点不变,只想改变缩放系数或高度值,则在新的"指定中心点:"提示下按〈Enter〉键即可。

(3) 动态 (D)　该选项集成了"平移"命令或"缩放"命令中的"全部"和"窗口"选项的功能。使用时,系统将显示一个平移观察框,拖动它至适当位置并单击将显示缩放观察框,能够调整观察框的尺寸。如果单击,则系统将再次显示平移观察框。如果按〈Enter〉键或单击,则系统将利用该观察框中的内容填充视口。

(4) 范围 (E)　用于将图形的视口最大限度地显示出来。

(5) 上一个 (P)　用于恢复当前视口中上一次显示的图形,最多可以恢复十次。

(6) 窗口 (W)　用于缩放一个由两个角点确定的矩形区域。

(7) 比例 (S)　将当前窗口中心作为中心点,并且依据输入的相关数值进行缩放。

2. 平移视图

通过平移视图,可以重新定位图形,以便清楚地观察图形的其他部分。使用平移命令平移视图时,视图的显示比例不变。用户除了通过选择相应命令向左、右、上、下四个方向平移视图外,还可使用"实时"和"定点"命令平移视图。

要对图形进行平移操作,用户可通过以下任意一种方法:

1) 菜单栏。执行"视图"→"平移"→"实时"命令。

2) 工具栏。单击"标准"工具栏中"实时平移"按钮 ✋。

3) 命令行。输入或动态输入 Pan 或 P,然后按〈Enter〉键。

4) 鼠标键。按住鼠标中键不放,这时光标变成 ✋ 形状,可以上下左右平移视图。

1.2.8　基本输入与命令的终止、撤销和重做

在 AutoCAD 中,菜单命令、工具栏按钮、命令行输入命令和系统变量大都是相互对应的。想要执行某一个命令,可以选择某一菜单命令,或单击某个工具栏按钮,或在命令行中输入命令和系统变量等多种方法。可以说,命令是 AutoCAD 绘制与编辑图形的核心。

1. 命令的输入方式

(1) 使用鼠标操作执行命令　在绘图窗口,光标通常显示为"+"字线形式。当光标移至菜单选项、工具栏或对话框内时,它会变成一个箭头。无论光标是"+"字线形式还是箭头形式,当单击或者按动鼠标键时,都会执行相应的命令或动作。在 AutoCAD 中,鼠标键是按照下述规则定义的:

1) 拾取键,通常指鼠标左键,用于指定屏幕上的点,也可以用来选择 Windows 对象、AutoCAD 对象、工具栏按钮和菜单命令等。

2）回车键，指鼠标右键，相当于〈Enter〉键，用于结束当前使用的命令，此时系统将根据当前绘图状态弹出不同的快捷菜单。

3）弹出菜单，当使用〈Shift〉键和鼠标右键的组合时，系统将弹出一个快捷菜单，用于设置捕捉点的方法。对于三键鼠标，弹出按钮通常是鼠标的中间按钮。

（2）使用命令行输入　在AutoCAD中，可以在当前命令行提示下输入命令、对象参数等内容。如果用户觉得命令行窗口不能显示更多的内容，可以将光标置于命令行上侧，当光标呈⇕形状时，可以上下拖动命令行窗口，改变命令行窗口的高度，显示更多的内容。AutoCAD中可以按快捷键〈Ctrl+9〉对命令行进行显示或隐藏。

（3）使用透明命令　在AutoCAD中，透明命令是指在执行其他命令的过程中可以执行的命令。常使用的透明命令多为修改图形设置的命令、绘图辅助工具命令，如Snap、Grid、Zoom等。要以透明方式使用命令，应在输入命令之前输入单引号（'）。命令行中，透明命令的提示前有一个双折号（〉〉）。当完成透明命令后，将继续执行原命令。

2. 数据的输入方式

在AutoCAD中绘图或编辑图形时，系统常提示用户输入一个点。根据绘图时情况不同，点分为起始点、基点、位移点、中心点和终点等，并且有时要求用户精确输入一个特殊位置点。

（1）用键盘输入点坐标　在AutoCAD 2020中，点的坐标可以用直角坐标、极坐标、球面坐标和柱面坐标表示，每一种坐标又分别具有两种坐标输入方式，即绝对坐标和相对坐标。直角坐标和极坐标最为常用，下面介绍它们的输入方法。

1）输入绝对坐标值。以坐标原点为参照基准点的坐标值即绝对坐标。在命令行中，输入（X，Y）值即表示输入点的直角坐标，其绝对坐标值为X、Y。如果输入（X<Y），则表示输入点的极坐标，其绝对极坐标的极径长X，极角为Y。

2）输入相对坐标值。命令行中，如果在输入坐标值前增加符号@，如@（X，Y）表示新输入点与原来已经输入点的相对直角坐标为（X，Y）。在动态输入文本框中，首先输入X值，按键盘上逗号键后再输入Y值，也表示输入点的相对直角坐标；如果输入X值，按键盘上〈Tab〉键后再输入Y值（角度），这时则是输入点的相对极坐标。

如图1-113所示，A点的绝对坐标为（10，20），B点对于A点的相对坐标为@（30，0），C点对于B点的相对极坐标为@（10<150）。

（2）用对象捕捉方式　对象捕捉是将指定点限制在现有对象的确切位置上，如线段的端点、中点或交点等。利用对象捕捉可以迅速定位对象上的精确位置，而不必知道坐标。如果打开对象捕捉功能，只要将光标移到捕捉点附近，AutoCAD就会显示标记和工具栏提示，此功能提供了视觉提示。

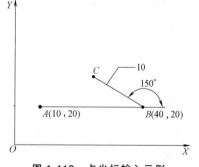

图1-113　点坐标输入示例

2. 命令的终止、撤销与重做

在AutoCAD环境中绘制图形时，对所执行的操作可以进行终止、撤销及重做操作。

（1）终止命令　在执行命令过程中，如果用户不准备执行正在进行的命令，则可以随时通过以下方法终止执行的任何命令：按〈Esc〉键；右击，从弹出的快捷菜单中选择"取消"命令。

（2）撤销命令　执行了错误的操作或放弃最近一个或多个操作有多种方法，可使用以下方法来放弃单个操作，或者一次撤销前面进行的多步操作：

1）命令行。输入 Undo 命令，然后在命令行中输入要放弃的数目。

2）工具栏。"标准"工具栏中，单击"放弃"按钮。

3）快捷键。〈Ctrl+Z〉撤销最近一次的操作。

（3）重做命令　如果错误地撤销了正确的操作，可以通过"重做"命令进行还原，或者需要重复 AutoCAD 命令，都可以通过以下方法重复刚刚执行的任何命令：

1）按〈Enter〉键或空格键。

2）鼠标键。在绘图区域中右击，在弹出的快捷菜单选择"重复"命令。

3）工具栏。在"标准"工具栏中单击"重做"按钮。

复习题

1. 请指出 AutoCAD 2020 操作界面中标题栏、菜单栏、命令行、状态栏、工具栏、功能区的位置及作用。

2. 精确绘图需要如何设置绘图环境？

3. 一般情况下，应采用什么尺寸单位类型？应采用什么角度单位类型？

4. 如何同时用对象捕捉方式切换开关和正交方式绘图，应分别单击哪些功能键？

5. 使用模板图的优点有哪些？

6. 使用图层时，关闭（Off）和冻结（Freeze）的作用及区别有哪些？

7. 调用 AutoCAD 命令的方法有（　　）。

a. 在命令行输入命令名

b. 在命令行输入命令缩写字

c. 选择下拉菜单中的菜单选项

d. 单击工具栏中的对应图标

8. 请将下面左侧所列功能键与右侧相应功能用线连接。

Esc　　　　　　　　　　　　　剪切

Undo（在"命令:"提示下）　　　弹出"帮助"对话框

F2　　　　　　　　　　　　　取消和终止当前命令

F1　　　　　　　　　　　　　图形窗口/文本窗口切换

Ctrl+X　　　　　　　　　　　撤销上次命令

9. 请将下面左侧所列文件操作命令与右侧相应命令功能用线连接。

Open　　　　　　　　　　　　打开已有的图形文件

Qsave　　　　　　　　　　　将当前图形另命名存盘

Saveas　　　　　　　　　　　退出

Quit　　　　　　　　　　　　将当前图形存盘

10. 上机实验 1：熟悉 AutoCAD 2020 的操作界面。

操作指导：

1）运行 AutoCAD 2020，进入 AutoCAD 2020 的操作界面。

2）调整操作界面的大小。

3）移动、打开、关闭工具栏。

4）设置绘图窗口的颜色和十字光标的大小。

5）利用下拉菜单和工具栏按钮随意绘制图形。

11. 上机实验2：管理图形文件。

操作指导：

1）执行"文件"→"打开"命令，弹出"选择文件"对话框。

2）搜索选择→图形文件。

3）添加简单图形。

4）执行"文件"→"另存为"命令，为图形命名并存盘。

12. 上机实验3：设置绘图环境。

操作指导：

1）执行"文件"→"新建"命令，新建一个图形文件。

2）选择菜单栏中的"格式"→"图形界限"。

3）指定左下角点为0。

4）指定右上角点为420和297。

5）按〈Enter〉键确认，完成A3图幅的设置。

AutoCAD基本绘图命令 第2章

从本章开始正式进入图形绘制的学习。AutoCAD可以创建各类二维建筑图,如平面图、立面图、剖面图等。这些图分解开来,除了文字、尺寸、表格等,实际都是由一些基本的点、线、几何图形、填充内容组成的。因此,熟练地掌握基本二维图形的绘制是非常重要的。AutoCAD提供了点、直线、射线、折线、多线、多段线、矩形、圆、多边形、圆弧、样条曲线等众多工具和命令,通过它们可以绘制出基本的建筑图形。

本章主要介绍线和其他几何图形的绘制和图形的填充。AutoCAD中涉及绘图命令的菜单、功能区选项板、工具栏如图2-1所示。

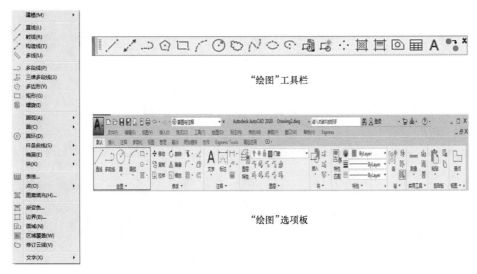

图2-1 与绘图相关的菜单、工具栏及选项板

2.1 绘制线性对象

建筑绘图中,最基本的线形对象包括直线、射线、构造线。直线常用来绘制建筑轮廓,射线和构造线常用作辅助线。比较特殊的多段线,可以绘制由直线段、圆弧段组成的对象。利用多段线可以变化线宽的特点,可用来绘制箭头。

2.1.1 绘制直线

在AutoCAD中,直线是指两点确定的一条线段,而不是无限长的直线。构成直线段的两点可以是图元的圆心、端点（顶点）、中点和切点等。绘制直线对象，可以通过以下四种方法：

1）菜单栏。选择"绘图"→"直线"命令。

2）功能区选项板。单击"默认"→"绘图"→"直线"按钮。

3）工具栏。单击"直线"按钮图标 。

4）命令行。Line 或 L。

执行 Line 命令后，命令行依次提示如下信息：

指定第一点:用鼠标确定起始点 1
指定下一点或[放弃(U)]:用相对极坐标(@300<90)给定第 2 点
指定下一点或[闭合(C)/放弃(U)]:用相对直角坐标(@300,0)给定第 3 点
指定下一点或[闭合(C)/放弃(U)]:按〈Enter〉键结束命令

上述命令操作完成，效果如图 2-2 所示。

若在最后一次出现提示行"指定下一点或[闭合(C)/放弃(U)]:"时，选择"C"项，则图形首尾封闭并结束命令，效果如图 2-3 所示。

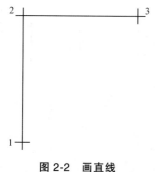
图 2-2　画直线

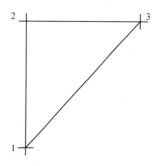
图 2-3　用"C"封闭画

用户可以通过鼠标或键盘输入来确定线段的起点和终点。AutoCAD 允许以上一条线段的终点为起点，另外确定点为终点，这样一直连续绘制直线，只有按〈Enter〉或〈Esc〉键，才能终止命令。

用"直线"命令绘制的直线在默认状态下是没有宽度的，但可以通过不同的图层定义直线的线宽和颜色，在打印输出时，可以打印粗细不同的直线。

2.1.2　绘制构造线

构造线是向两个方向无限延长的直线，没有起点和终点。构造线一般用作绘图的辅助线。

要绘制构造线对象可以通过以下四种方法：

1）菜单栏。选择"绘图"→"构造线"命令。

2）功能区选项板。单击"默认"→"绘图"→"构造线"按钮 。

3）工具栏。在"绘图"工具栏上单击"构造线"按钮 。

4）命令行。在命令行中输入或动态输入 Xline 或 XL。

执行"构造线"命令，并根据命令行提示进行操作，即可绘制垂直和指定角度的构造

线。在绘制构造线的过程中，各选项的含义如下：

1) 水平（H）。创建一条经过指定点并且与当前坐标 X 轴平行的构造线。

2) 垂直（V）。创建一条经过指定点并且与当前坐标 Y 轴平行的构造线。

3) 角度（A）。创建与 X 轴成指定角度的构造线；也可以先指定一条参考线，再指定参考线与构造线的角度；还可以先指定构造线的角度，再设置通过点。

4) 二等分（B）。创建二等分指定的构造线，即角平分线。要先指定等分角的顶点，然后指出该角两条边上的点。

5) 偏移（O）。创建平行指定基线的构造线，需要先指定偏移距离，选择基线，然后指明构造线位于基线的哪一侧，类似偏移命令，基线可以是一条辅助线、直线或复合线。

在绘制构造线时，若没有指定构造线的类型，用户可在视图中指定任意的两点来绘制一条构造线。执行选项中六种方式绘制构造线，分别如图 2-4 所示。

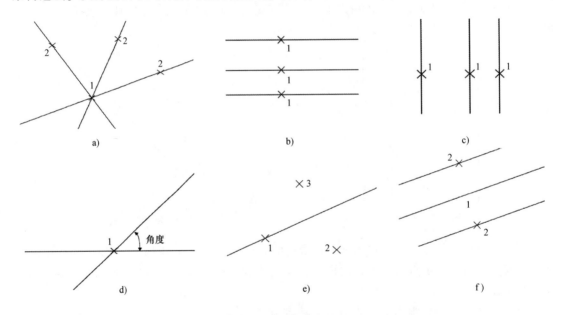

图 2-4 构造线的绘制
a) 指定点 b) 水平 c) 垂直 d) 角度 e) 二等分 f) 偏移

操作步骤：

命令：Xline

指定点或[水平(H)/垂直(V)/角度(A)/二等分(B)/偏移(O)]：给出点 1

指定通过点：给定通过点 2，绘制一条双向无限长直线

指定通过点：继续给点，继续绘制线，如图 2-4 所示，按〈Enter〉键结束

2.1.3 绘制多段线

多段线是作为单个对象创建的相互连接的线段序列。启动该命令，可以创建直线段、圆弧段或两者的组合线段，还可以在各段之间设置不同的线宽。它适用于地形轮廓线、等高线和其他科学应用的轮廓线，布线图和电路印制板布局，流程图和布管图，三维实体建模的拉

伸轮廓和拉伸路径等。

要绘制多段线对象，可以通过以下三种方法：

1) 菜单栏。选择"绘图"→"多段线"命令。

2) 工具栏。在"绘图"工具栏上单击"多段线"按钮。

3) 命令行。在命令行中输入或动态输入 Pline 或 PL。

执行"多段线"命令，并根据命令行提示进行操作，即可绘制带箭头的构造线，如在绘制多段线的过程中，其各选项含义如下。

（1）圆弧（A） 从绘制的直线方式切换到绘制圆弧方式，如图 2-5 所示。

（2）半宽（H） 设置多段线的 1/2 宽度，可分别指定多段线的起点半宽和终点半宽，如图 2-6 所示。

图 2-5　圆弧多段线　　　　　　　图 2-6　半宽多段线

（3）长度（L） 指定绘制直线段的长度。

（4）放弃（U） 删除多段线的前一段对象，从而及时修改在绘制多段线过程中出现的错误。

（5）宽度（W） 设置多段线的不同起点和端点宽度，如图 2-7 所示。

提示：当设置了多段线的宽度时，可通过 Fill 变量来设置是否对多段线进行填充，如果设置为"开（On）"，则表示填充；若设置为"关（Off）"，则表示不填充，如图 2-8 所示。

（6）闭合（C） 与起点闭合，并结束命令。当多段线的宽度大于 0 时，若想绘制闭合的多段线，一定要选择"闭合（C）"选项，这样才能使其完全闭合，否则即使起点与终点重合，也会出现缺口现象，如图 2-9 所示。

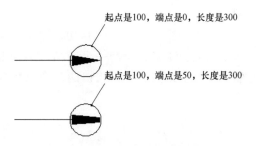

图 2-7　绘制不同宽度的多段线

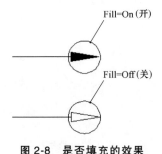

图 2-8　是否填充的效果

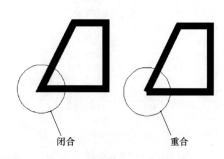

图 2-9　起点与终点是否闭合

2.2 绘制曲线类对象

2.2.1 绘制圆

绘制圆对象，可以通过以下三种方法：

1）菜单栏。选择"绘图"→"圆"子菜单下的相关命令，如图 2-10 所示。

2）工具栏。在"绘图"工具栏上单击"圆"按钮 。

3）命令行。在命令行中输入或动态输入 Circle 或 C。

在 AutoCAD 2020 中，可以使用六种方法来绘制圆对象，如图 2-11 所示。

"绘图"→"圆"命令的子菜单中各命令的功能如下：

（1）"绘图"→"圆"→"圆心、半径"命令 指定圆的圆心和半径绘制圆。

（2）"绘图"→"圆"→"圆心、直径"命令 指定圆的圆心和直径绘制圆。

（3）"绘图"→"圆"→"两点"命令 指定两个点，并以两个点之间的距离为直径绘制圆。

（4）"绘图"→"圆"→"三点"命令 指定三个点绘制圆。

（5）"绘图"→"圆"→"相切、相切、半径"命令 以指定的值为半径，绘制一个与两个对象相切的圆，在绘制时，需要先指定与圆相切的两个对象，然后指定圆的半径。

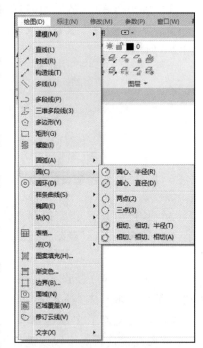

图 2-10 "圆"子菜单的相关命令

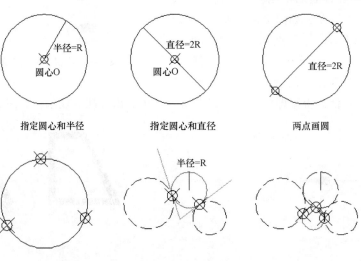

图 2-11 圆的六种绘制方法

(6)"绘图"→"圆"→"相切、相切、相切"命令 依次指定与圆相切的三个对象来绘制圆。

如果命令行提示要求输入半径或者直径时所输入的值无效,如英文字母、负值等,系统将显示"需要数值距离或第二点""值必须为正且非零"等信息,并提示重新输入值或者退出。

提示:在"指定圆的半径或〈直径(D)〉:"提示下,也可移动十字光标至合适位置单击,系统将自动把圆心和十字光标确定的点之间的距离作为圆的半径,绘制出一个圆。

2.2.2 绘制圆弧

AutoCAD 中提供了多种不同的绘制圆弧方式,可以指定圆心、端点、起点、半径、角度、弦长和方向值的各种组合形式。

绘制圆弧对象,可以通过以下三种方法:

1)菜单栏。选择"绘图"→"圆弧"子菜单下的相关命令,如图 2-12 所示。

2)工具栏。在"绘图"工具栏上单击"圆弧"按钮 。

3)命令行。在命令行中输入或动态输入 Arc 或 A。

执行圆弧命令后,根据提示进行操作,即可绘制一个圆,如图 2-13 所示。

图 2-12 圆弧的子菜单命令

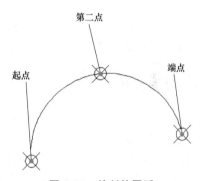

图 2-13 绘制的圆弧

在"绘图"→"圆弧"子菜单下,有多种绘制圆弧的方式,其具体含义如下:

(1)"三点" 通过指定三点可以绘制圆弧。

(2)"起点、圆心、端点" 如果已知起点、圆心和端点,可以通过指定起点或圆心来绘制圆弧,如图 2-14 所示。

(3)"起点、圆心、角度" 如果存在可以捕捉到的起点和圆心点,并且已知包含角度,可使用"起点、圆心、角度"或"圆心、起点、角度"选项,如图 2-15 所示。

(4)"起点、圆心、长度" 如果存在可以捕捉到的起点和圆心,并且已知弦长,此时可执行"起点、圆心、长度"或"圆心、起点、长度"选项,如图 2-16 所示。

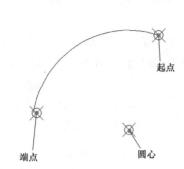
图2-14 "起点、圆心、端点"画圆弧

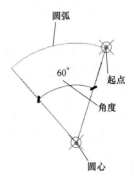
图2-15 "起点、圆心、角度"画圆弧

（5）"起点、端点、方向" 如果存在起点和端点，此时可执行"起点、端点、方向"选项，如图2-17所示。

（6）"起点、端点、半径" 如果存在起点和端点，此时可执行"起点、端点、半径"选项，如图2-18所示。

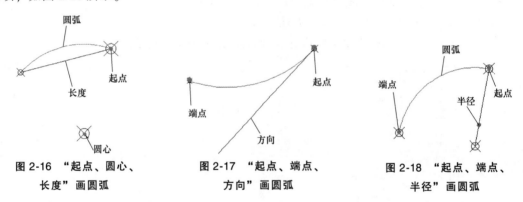

图2-16 "起点、圆心、长度"画圆弧　　图2-17 "起点、端点、方向"画圆弧　　图2-18 "起点、端点、半径"画圆弧

2.2.3 样条曲线

样条曲线常用于绘制不规则零件轮廓，如零件断裂处的边界。

1. 绘制样条曲线

绘制样条曲线，可以通过以下四种方法：

1) 菜单栏。选择"绘图"→"样条曲线"命令。

2) 工具栏。在"绘图"工具栏上单击"样条曲线"按钮 ∿。

3) 功能区。单击"默认"选项卡"绘图"面板中的"样条曲线拟合"按钮 ∿ 或"样条曲线控制点"按钮 ∿。

4) 命令行。输入 Spline。

2. 样条曲线绘制方式

绘制样条曲线有两种方式，分别是使用拟合点创建样条曲线和使用控制点创建样条曲线。

（1）使用拟合点创建样条曲线 在菜单栏中单击"绘图"→"样条曲线"→"拟合点"命令。

执行 Spline 命令后,命令行显示如下提示信息:

命令:_spline

当前设置:方式=拟合　节点=弦

指定第一个点或[方式(M)/节点(K)/对象(O)]:

输入下一个点或[起点切向(T)/公差(L)]:

输入下一个点或[端点相切(T)/公差(L)/放弃(U)]:

输入下一个点或[端点相切(T)/公差(L)/放弃(U)/闭合(C)]:

在绘制样条曲线的过程中,各选项的含义如下:

1)方式(M)。是使用拟合点还是使用控制点来创建样条曲线。

2)节点(K)。指定节点参数,影响曲线在通过拟合点时的形状。

3)对象(O)。将二维或三维的二次或三次样条曲线拟合多段线转换为等价的样条曲线,然后(根据 Delobj 系统变量的设置)删除该多段线。

4)闭合(C)。将最后一点定义为与第一点一致,并使它在连接处相切,这样可以闭合样条曲线。

5)拟合公差(F)。修改当前样条曲线的拟合公差。根据新公差以现有点重新定义样条曲线。公差表示样条曲线拟合所指定的拟合点集时的拟合精度。公差越小,样条曲线与拟合点越接近。公差为 0,样条曲线将通过该点。输入大于 0 的公差,将使样条曲线在指定的公差范围内通过拟合点。在绘制样条曲线时,可以改变样条曲线拟合公差以查看效果。

6)起点切向(T)。定义样条曲线的第一点和最后一点的切向。如果在样条曲线的两端都指定切向,可以输入一个点或者使用"切点"和"垂足"对象捕捉模式使样条曲线与已有的对象相切或垂直。如果按〈Enter〉键,AutoCAD 将计算默认切向。

7)端点相切(T)。停止基于切向创建曲线,可通过指定拟合点继续创建样条曲线。选择"端点相切"后,将提示指定最后一个输入拟合点的最后一个切点。

(2)使用控制点创建样条曲线　与使用拟合点创建的样条曲线相比,使用控制点创建的样条曲线更加精确。

在菜单栏中单击"绘图"→"样条曲线"→"控制点"命令。

执行 Spline 命令后,命令行显示如下提示信息:

命令:_spline

当前设置:方式=控制点　阶数=3

指定第一个点或[方式(M)/阶数(D)/对象(O)]:

输入下一个点:

输入下一个点或[放弃(U)]:

输入下一个点或[闭合(C)/放弃(U)]:

输入下一个点或[闭合(C)/放弃(U)]:

在绘制样条曲线的过程中,命令行中有许多选项,前面已经介绍的选项在此不再介绍,"阶数"用来设置可在每个范围中最大的折弯数,控制点的数量比阶数多 1,因此,三阶样条曲线具有四个控制点。

3. 编辑样条曲线

编辑样条曲线,可以通过以下五种方法:

1)命令行。输入 Splinedit。

2）快捷菜单。选择要编辑的样条曲线，右击，从打开的快捷菜单上选择"编辑样条曲线"。

3）菜单栏。选择"修改"→"对象"→"样条曲线"命令。

4）工具栏。单击"修改Ⅱ"工具栏中的"编辑样条曲线"按钮 。

5）功能区。单击"默认"选项卡"修改"面板中的"编辑样条曲线"按钮 。

主要选项说明如下：

（1）闭合（C） 在"闭合"和"开放"之间切换，具体取决于选定样条曲线是否为闭合状态。

（2）合并（J） 选定的样条曲线、直线和圆弧在重合端点处合并到现有样条曲线。选择有效对象后，该对象将合并到当前样条曲线，合并点处将具有一个折点。

（3）拟合数据（F） 编辑近似数据。选择该项后，创建该样条曲线时指定的各点以小方格的形式显示出来。

（4）编辑顶点（E） 可以精密调整样条曲线定义。

（5）转换为多段线（P） 将样条曲线转换为多段线。精度值决定多段线与源样条曲线拟合的精确程度。有效值为介于0~99的任意整数。

（6）反转（E） 翻转样条曲线的方向。该项操作主要用于应用程序。

2.3 绘制多边形对象

2.3.1 绘制矩形

在绘制矩形时仅需提供两个对角的坐标即可。可以进行多种设置，创建的矩形是由封闭的多段线作为矩形的四条边。

绘制矩形对象，可以通过以下三种方法：

1）菜单栏。选择"绘图"→"矩形"命令。

2）工具栏。在"绘图"工具栏上单击"矩形"按钮 。

3）命令行。在命令行中输入或动态输入 Rectang 或 REC。

执行"矩形"命令，并根据命令行提示进行操作，即可绘制一个矩形，如图 2-19 所示。

在绘制矩形的过程中，各选项含义如下：

（1）倒角（C） 指定矩形的第一个与第二个倒角的距离，如图 2-20 所示。

（2）标高（E） 指定矩形 XY 平面的高度，如图 2-21 所示。

（3）圆角（F） 指定带圆角半径的矩形，如图 2-22 所示。

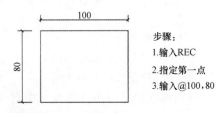

步骤：
1.输入REC
2.指定第一点
3.输入@100,80

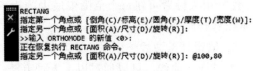

图 2-19 绘制的矩形图

第 2 章　AutoCAD 基本绘图命令

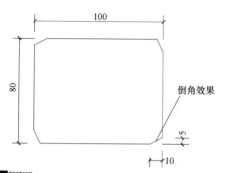

图 2-20　绘制的倒角矩形

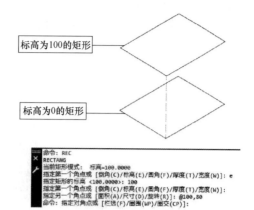

图 2-21　绘制的标高矩形

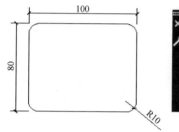

图 2-22　绘制的圆角矩形

（4）厚度（T）　指定矩形的厚度，如图 2-23 所示。
（5）宽度（W）　指定矩形的线宽，如图 2-24 所示。

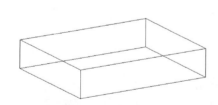

图 2-23　绘制的厚度矩形

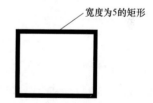

图 2-24　绘制的宽度矩形

（6）面积（A）　通过指定矩形的面积来确定矩形的长或宽。
（7）尺寸（D）　通过指定矩形的宽度、高度和矩形另一角点的方向来确定矩形。
（8）旋转（R）　通过指定矩形旋转的角度来绘制矩形。

2.3.2　绘制正多边形

正多边形是由多条等长的封闭线段构成的，利用"正多边形"命令可以绘制由 3～1024 条边组成的正多边形。

绘制正多边形对象，可以通过以下 3 种方法：

1）菜单栏。选择"绘图"→"正多边形"命令。

2）工具栏。在"绘图"工具栏上单击"正多边形"按钮 。

3）命令行。在命令行中输入或动态输入 Polygon 或 POL。

执行"正多边形"命令，并根据提示进行操作，即可绘制一个正多边形，如图 2-25 所示。

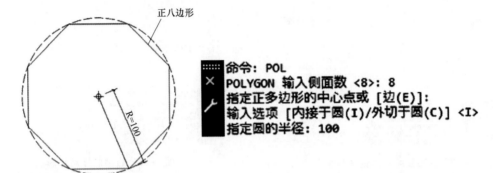

图 2-25　绘制内接正八边形

用户可以在"输入选项 [内接于圆 (I)/外切于圆(C)]"提示下输入"C"，绘制外切正八边形，如图 2-26 所示。

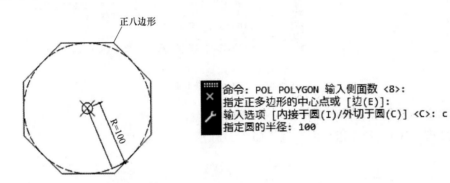

图 2-26　绘制外切正八边形

在绘制正多边形的过程中，各选项含义如下：

（1）中心点　通过指定一个点来确定正多边形的中心点。

（2）边（E）　通过指定正多边形的边长和数量来绘制正多边形，如图 2-27 所示。

（3）内接于圆（I）　以指定多边形内接圆半径的方式来绘制正多边形，如图 2-28 所示。

（4）外切于圆（C）　以指定多边形外接圆半径的方式来绘制正多边形，如图 2-29 所示。

提示：

1）执行"正多边形"命令时，绘制的正多边形是一个整体，不能单独进行编辑，如需进行单独的编辑，应将对象分解后操作。

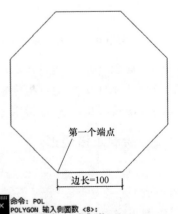

图 2-27　指定边长及角度

第 2 章 AutoCAD 基本绘图命令

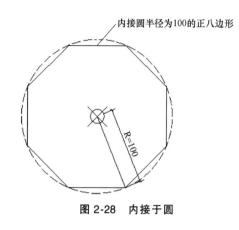

图 2-28 内接于圆

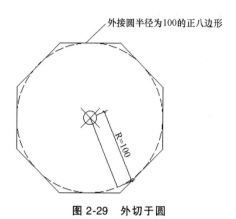

图 2-29 外切于圆

2) 利用边长绘制正多边形时,用户确定的两个点之间的距离即多边形的边长,两个点可通过捕捉栅格或相对坐标方式确定。

3) 利用边长绘制正多边形时,绘制出的正多边形的位置和方向与用户确定的两个端点的相对位置有关。

2.4 创建与编辑填充对象

图案和渐变色填充就是当要用一个重复的图案或者颜色填充某个区域时,可以使用其命令建立一个相关联的填充阴影对象。填充的内容可以是纯色、渐变色、图案或自定义图案。在建筑图中,常用填充来表达剖面或者表示建筑物墙面和地面的材料等。渐变色填充主要用于一些装潢、美工图案的绘制。渐变色填充有两种类型,一种称为单色渐变,实际就是某种颜色与白色的渐变;另一种称为双色渐变,可以在两种颜色之间渐变。

2.4.1 创建图案填充对象

可以通过以下三种方法来执行图案填充或渐变色填充命令:

1) 菜单栏。选择"绘图"→"图案填充"或"渐变色"命令。

2) 工具栏。在"绘图"工具栏中单击"图案填充"按钮 或"渐变色填充"按钮 。

3) 命令行。在命令行中输入或动态输入 Bhatch (H) 或 Gradient。

执行"填充"命令后,将弹出"图案填充创建"选项卡,根据要求选择一封闭的图形区域,并设置填充的图案、比例、填充原点等,即可对其进行图案填充。AutoCAD 中与填充命令相关的选项卡或对话框如图 2-30 和图 2-31 所示。

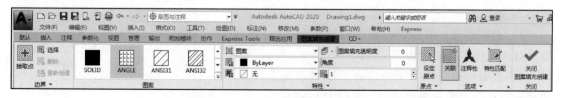

图 2-30 "图案填充创建"选项卡

在"图案填充创建"选项卡中,主要选项的含义如下:

(1)"图案"面板 选择填充的图案,单击其后的 按钮或者 按钮,将打开"填充图案选项板"对话框,如图2-32所示,用户可以从中选择合适的图案。

图2-31 "图案填充和渐变色"对话框　　　　图2-32 "填充图案选项板"对话框

(2)"边界"面板

1)拾取点。以拾取点的形式来指定填充区域的边界,单击按钮,系统自动切换至绘图区,在需要填充的区域内任意指定一点即可,如图2-33所示。

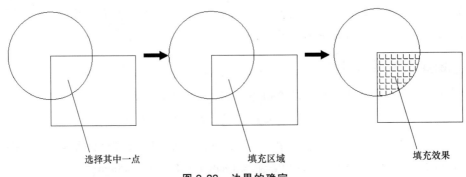

图2-33 边界的确定

2)选择对象。单击按钮,系统自动切换至绘图区,在需要填充的对象上单击即可,如图2-34所示。

3)删除边界。单击该按钮可以取消系统自动计算或用户指定的边界。

4)重新创建边界。围绕选定的图案填充或填充对象创建多段线或面域,并使其与图案填充对象相关联(可选)。

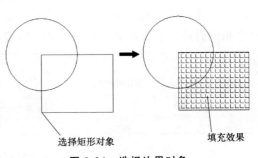

图2-34 选择边界对象

5)显示边界对象。选择构成选定关联图案填充对象的边界的对象,使用显示的夹点可修改图案填充边界。

6)保留边界对象。指定如何处理图案填充边界对象。选项包括:

① 不保留边界。仅在图案填充创建期间可用,不创建独立的图案填充边界对象。

② 保留边界多段线。仅在图案填充创建期间可用,创建封闭图案填充对象的多段线。

③ 保留边界面域。仅在图案填充创建期间可用,创建封闭图案填充对象的面域对象。

④ 选择新边界集。指定对象的有限集(称为边界集),以便通过创建图案填充时的拾取点进行计算。

(3)"特性"面板

1)图案填充类型。指定使用纯色、渐变色图案还是用户自定义的图案填充。

2)图案填充颜色。替代实体填充和填充图案的当前颜色。

3)背景色。指定填充图案背景的颜色。

4)图案填充透明度。设定新图案填充或填充的透明度,替代当前对象的透明度。

5)图案填充角度。指定图案填充或填充的角度,如图 2-35 所示。

6)填充图案比例。放大或缩小预定义或自定义填充图案,如图 2-36 所示。

7)相对图纸空间。仅在布局中可用,相对于图纸空间单位缩放填充图案。使用此选项,可很容易地用适合于布局的比例来显示填充图案。

8)双向。仅当"图案填充类型"设定为"用户定义"时可用,将绘制第二组直线,与原始直线成 90°,从而构成交叉线。

9)ISO 笔宽。仅对于预定义的 ISO 图案可用,基于选定的笔宽缩放 ISO 图案。

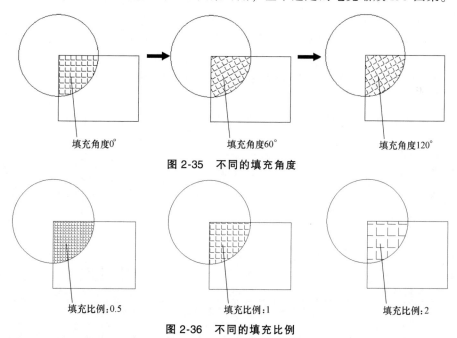

图 2-35 不同的填充角度

图 2-36 不同的填充比例

(4)"原点"面板

1)设定原点。直接指定新的图案填充原点。

2）左下。将图案填充原点设定在图案填充边界矩形范围的左下角。

3）右下。将图案填充原点设定在图案填充边界矩形范围的右下角。

4）左上。将图案填充原点设定在图案填充边界矩形范围的左上角。

5）右上。将图案填充原点设定在图案填充边界矩形范围的右上角。

6）中心。将图案填充原点设定在图案填充边界矩形范围的中心。

7）使用当前原点。将图案填充原点设定在 Hporigin 系统变量中存储的默认位置。

8）存储为默认原点。将新图案填充原点的值存储在 Hporigin 系统变量中。

（5）"选项"面板

1）关联。指定图案填充为关联图案填充。关联的图案填充在用户修改其边界对象时将会更新。

2）注释性。指定图案填充为注释性。此特性会自动完成缩放注释过程，从而使注释能够以正确的大小在图纸上打印或显示。

3）特性匹配。

① 使用当前原点。使用选定图案填充对象（除图案填充原点外）设定图案填充的特性。

② 使用源图案填充的原点。使用选定图案填充对象（包括图案填充原点）设定图案填充的特性。

4）允许的间隙。设定将对象用作图案填充边界时可以忽略的最大间隙。默认值为 0，此值指定对象必须是封闭区域而没有间隙。

5）创建独立的图案填充。控制指定几个单独的闭合边界时，是创建单个图案填充对象，还是创建多个图案填充对象。

6）孤岛检测（图 2-37）。

① 普通孤岛检测。从外部边界向内填充。如果遇到内部孤岛，填充将关闭，直到遇到孤岛中的另一个孤岛。

② 外部孤岛检测。从外部边界向内填充。此选项仅填充指定的区域，不会影响内部孤岛。

③ 忽略孤岛检测。忽略所有内部的对象，填充图案时将通过这些对象。

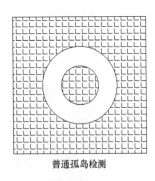
普通孤岛检测

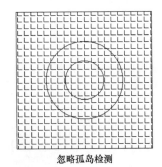
外部孤岛检测　　忽略孤岛检测

图 2-37　孤岛检测

7）绘图次序。为图案填充或填充指定绘图次序。选项包括不更改、后置、前置、置于边界之后和置于边界之前。

（6）"关闭"面板　关闭"图案填充创建"选项卡，退出图案填充并关闭上下文选项卡，也可以按〈Enter〉键或〈Esc〉键退出图案填充。

2.4.2 编辑图案填充

已经创建的图案填充可以进行修改。对于图案类的填充，可以修改图案的比例、角度、填充原点位置、填充边界，指定新的图案取代原来的图案，也可以删除填充；对于渐变色类的填充，可以修改渐变色的颜色、角度、透明度等。

可以通过以下三种方法来执行编辑图案或渐变色填充命令：

1) 菜单栏。选择"修改"→"对象"→"图案填充"。

2) 工具栏。在"修改Ⅱ"工具栏中单击"编辑图案填充"按钮。

3) 命令行。在命令行中输入 Hatchedit。

打开"图案填充编辑器"对话框，如图2-38所示，即可修改图案的比例、角度、填充原点位置、填充边界等设置，还可以修改、删除以及重新创建边界。另外在"渐变色"选项卡中可以进行颜色、角度等的编辑。

图2-38 "图案填充编辑器"对话框

另外，还可以利用"特性"面板修改图案填充。做法是光标移至需要进行图案填充编辑的填充图案，右击，打开右键菜单，单击"特性"或"快捷特性"命令，也可以修改填充图案的样式等属性，如图2-39所示。

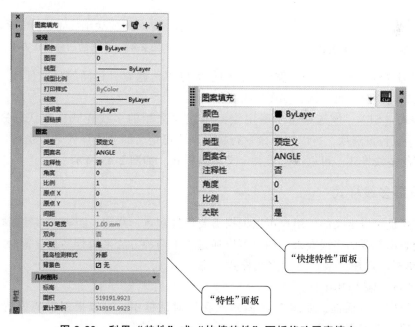

图2-39 利用"特性"或"快捷特性"面板修改图案填充

2.5 绘制与编辑多线

多线是一种复合线,由连续的直线段复合组成。平行线之间的间距和数目是可以调整的。这种线的突出优点是能够提高绘图效率,保证图线之间的统一性,多线常用于绘制建筑平面图中的墙体等平行线对象。

2.5.1 绘制多线

可以通过以下两种方法来执行多线绘制命令:

1) 菜单栏。选择"绘图"→"多线"命令。

2) 命令行。输入 Mline。

执行多线命令后,将绘制默认为 Standard 样式的多线,如图 2-40 所示,为改变多线的显示效果,可以设置多线的对正、比例及样式。其中各选项的含义如下:

(1) 对正 (J)

1) 上 (T)。表示当从左向右绘制多线时,多线上位于最顶端的线将随着光标进行移动。

2) 无 (Z)。表示绘制多线时,多线的中心线将随着光标移动。

3) 下 (B)。表示当从左向右绘制多线时,多线上最底端的线将随着光标进行移动。

这三种对正方式的对比效果,如图 2-41 所示。

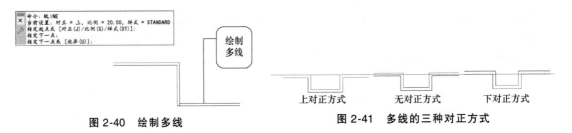

图 2-40 绘制多线　　　　图 2-41 多线的三种对正方式

(2) 比例 (S)　确定多线的宽度,比例越大则多线越宽。相同的样式使用不同的比例绘制,多线之间的距离也不同,如图 2-42 所示。

(3) 样式 (ST)　该选项用于确定绘制多线时采用的多线样式,默认样式为标准型 (Standard)。执行该选项,可以按照命令行提示输入已定义的多线样式名,也可以输入"?"来显示已有的多线样式。可以根据需要定义多线样式,如图 2-43 所示。

2.5.2 设置多线样式

多线样式是可以定义的,用户可以根据需要设置颜色、线型、距离和多线封口样式等属性,以便绘制出需要的多线效果。用户可以通过以下两种方法来执行多线设置命令:

1) 菜单栏。选择"格式"→"多线样式"命令。

2) 命令行。输入 Mlstyle。

打开多线样式对话框,如图 2-43 所示。在该对话框中,可以根据需要设置多线样式,对话框中各项含义如下:

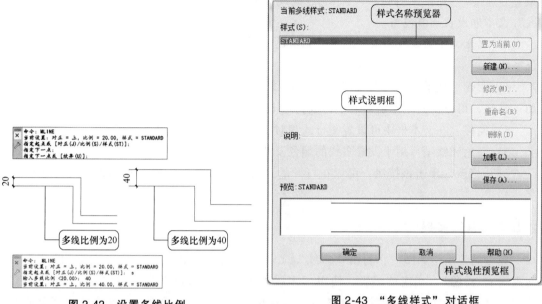

图 2-42 设置多线比例　　　图 2-43 "多线样式"对话框

（1）样式　用于显示当前图形中的所有多线样式。单击"置为当前"按钮，即可将样式设置为当前使用样式。

（2）说明　用于显示所选样式的解释或其他相关说明和注释。

（3）预览　用于显示所选样式的缩略预览效果。

（4）新建　单击该按钮，将打开"创建新的多线样式"对话框，输入新样式名，并单击"继续"按钮，即可在打开的"新建多线样式"对话框中设置新建的多线样式，如图 2-44 所示。该对话框中主要选项的含义如下：

1）说明。在文本框中可输入样式的解释或其他相关说明和注释。

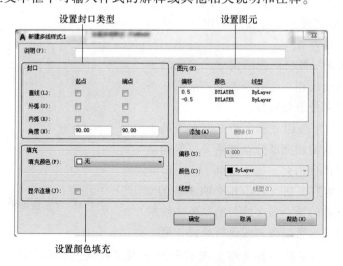

图 2-44 "新建多线样式"对话框

2) 封口。用于控制多线起点和端点处的样式。"直线"表示多线的起点或端点处以一条直线连接;"外弧""内弧"表示起点或端点处以外圆弧或内圆弧连接,并可以通过"角度"文本框设置圆弧包角。

3) 填充。用于设置多线之间的填充颜色,通过"填充颜色"下拉列表框选取或配置颜色系统。

4) 图元。用于显示并设置多线的平行线数量、距离、颜色和线型等属性。单击"添加"按钮,可以向其中添加新的平行线;单击"删除"按钮可以删除选取的平行线。

5) 偏移。在文本框中可设置平行线相对于中心线的偏移距离。

6) 颜色和线型。用于设置多线的颜色及线型。

(5) 修改 单击该按钮,可以在打开的"修改多线样式"对话框中设置并修改所选的多线样式。

2.5.3 编辑多线

在绘制建筑平面图时,利用"多线"工具绘制出来的墙线不一定符合图样的要求,这时就需要对其进行相应的编辑。使用"多线编辑"工具可以对多线对象执行闭合、结合、修剪和合并等操作,从而使绘制的多线达到预想的设计效果。多线可以相交成十字形或T字形,并且十字形或T字形可以被闭合、打开或合并。

用户可以通过以下三种方法来执行编辑多线命令:

1) 菜单栏。选择"修改"→"对象"→"多线" 。

2) 命令行。输入 Mledit。

3) 在已绘制的多线图元上双击。

执行编辑多线命令,打开图2-45所示的"多线编辑工具"对话框。该对话框中包括12种编辑工具,其中使用第一列和第二列工具及"角点结合"工具可以编辑多种多线。

(1) "十字闭合"按钮 表示相交两多线的十字封闭状态,AB分别代表选择多线的次序,垂直多线为A,水平多线为B。

(2) "十字打开"按钮 表示相交两多线的十字开放状态,将两线的相交部分全部断开,第一条多线的轴线在相交部分也要断开。

(3) "十字合并"按钮 表示相交两多线的十字合并状态,将两线的相交部分全部断开,但两条多线的轴线在相交部分相交,如图2-46所示。

(4) "T形闭合"按钮 表示相交两多线的T形封闭状态,将选择的第一条多线与第二条多线的相交部分修剪去掉,而第二条多线保持原样连通。

(5) "T形打开"按钮 表示相交两多线的T形开放状态,将两线的相交部分全部断开,但第一条多线的轴线在相交部分也断开。

图2-45 "多线编辑工具"对话框

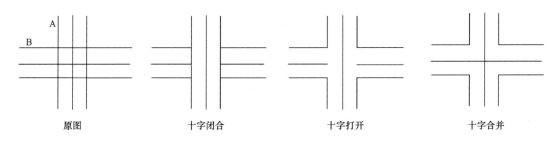

图 2-46 十字编辑的效果

(6)"T形合并"按钮 表示相交两多线的T形合并状态,将两线的相交部分全部断开,但第一条与第二条多线的轴线在相交部分相交,如图2-47所示。

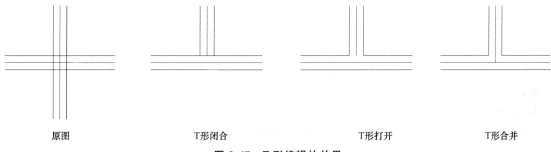

图 2-47 T形编辑的效果

提示:在处理十字相交和T形相交的多线时,应当注意选择多线的顺序,如果选择顺序不恰当,可能得到的结果也不能满足实际需要。

(7)"角点结合"按钮 表示修剪或延长两条多线直到它们接触形成一相交角,将第一条和第二条多线的拾取部分保留,并将其相交部分全部断开剪去。

(8)"添加顶点"按钮 表示在多线上产生一个顶点并显示出来,相当于打开显示连接开关显示交点一样。

(9)"删除顶点"按钮 表示除多线转折处的交点,使其变为直线形多线,如图2-48所示。

(10)"单个剪切"按钮 表示在多线中的某条线上拾取两个点,从而断开此线。

(11)"全部剪切"按钮 表示在多线上拾取两个点,从而将此多线全部切断一截。

(12)"全部接合"按钮 表示连接多线中的所有可见间断。

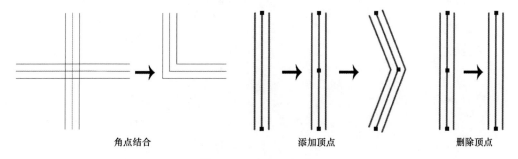

图 2-48 角点编辑的效果

复习题

1. 如何绘制带有宽度的正多边形？
2. 点等分有哪两种方法？如何利用外部参照块来等分图形？
3. 可以有宽度的线有（　　）。
   a. 构造线　　　　b. 多段线　　　　c. 多线　　　　d. 直线
4. 调用下面的命令能绘制出线段或者类似线段图形的有（　　）。
   a. Line　　　　b. Pline　　　　c. Rectang　　　　d. Arc
5. 绘制图 2-49 所示的圆形。

操作指导：

1）调用"圆心、半径"方法绘制两个小圆。

2）调用"相切、相切、半径"方法绘制中间与两个小圆均相切的大圆。

3）执行"绘图"→"圆"→"相切、相切、相切"菜单命令，以已经绘制的三个圆为相切对象，绘制最外面的大圆。

6. 调用图案填充绘制如图 2-50 所示的草坪。

操作指导：

1）调用"矩形"和"样条曲线"命令绘制初步轮廓。

2）调用"图案填充"命令在各个区域填充图案。

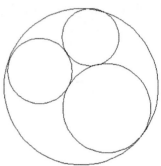

图 2-49　绘制圆形

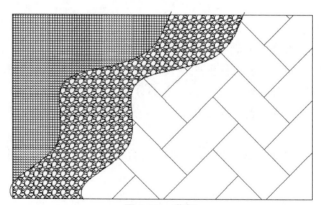

图 2-50　草坪

二维建筑图形的编辑 第3章

在建筑图的绘制过程中，因为图形复杂多样，常常需要对已绘制出的基本图形进行修改、编辑，以达到最终的图形效果。常见的编辑修改，包括移动、复制、镜像、修剪、倒角、延伸等。在具体的编辑操作中，AutoCAD 为一些常见编辑操作提供了多种方式，用户可以直接采用命令或工具操作，也可以采用夹点操作。

本章主要介绍建筑图形的常见编辑方法及操作技巧。

3.1 调整对象位置

调整图形的位置、角度及多个图形之间的对齐关系是对图形最基本的编辑操作。这类编辑操作不改变图形的形状。

3.1.1 移动

在绘制图形时，如果图形的位置不满足要求，可以利用"移动"工具将图形对象移动到适当的位置，该操作可以在指定的方向上按指定距离移动对象，且在指定移动基点、目标点时，不仅可以在图中拾取现有点作为移动参照，还可以利用输入坐标值的方法定义出参照点的具体位置。移动对象操作仅仅是图形对象位置的平移，不改变对象的大小和方向。

启动"移动"命令，可以采用下列方法：

1）菜单栏。选择"修改"→"移动"命令。
2）功能区选项板。单击"默认"→"修改"→"移动"按钮✥。
3）工具栏。单击"修改"工具栏中的"移动"按钮✥。
4）命令行。输入 Move 或 M。

单击"移动"按钮✥，选取要移动的对象并指定基点，然后根据命令行提示指定第二个点或输入相对坐标来确定目标点，即可完成移动操作，如图 3-1 所示。

3.1.2 旋转

旋转是将图形对象绕指定点旋转任意角度，从而以旋转点到旋转对象之间的距离和指定的旋转角度为参照，调整图形的放置方向和位置。利用"旋转"工具除了可以将对象调整一定角度之外，还可以在旋转得到新对象的同时保留源对象，可以说是集旋转和复制操作于一体。

启动"旋转"命令，可以采用下列方法：

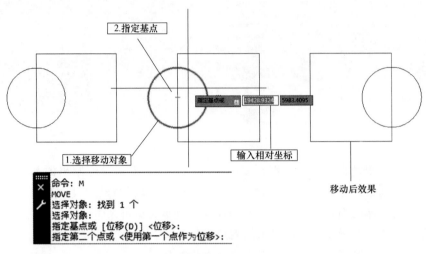

图 3-1 移动

1) 菜单栏。选择"修改"→"旋转"命令。
2) 功能区选项板。单击"默认"→"修改"→"旋转"按钮○。
3) 工具栏。单击"修改"工具栏中的"旋转"按钮○。
4) 命令行。输入 Rotate 或 RO。

1. 一般旋转

该方法在旋转图形对象时，源对象将按指定的旋转中心和旋转角度旋转至新位置，并且不保留源对象。

单击"旋转"按钮○，选取旋转对象并指定旋转基点，然后根据命令行提示输入旋转角度，按下〈Enter〉键，即可完成旋转对象操作，如图 3-2 所示。

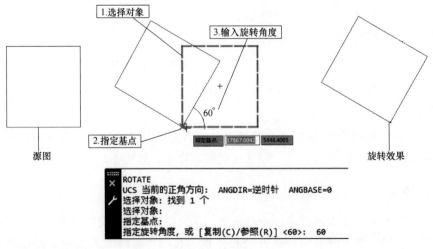

图 3-2 旋转

2. 复制旋转

使用该旋转方法进行对象的旋转操作时，不仅可以将对象的放置方向调整一定的角度，还可以在旋转出新对象的同时保留源对象。

按照上述相同的旋转操作方法指定旋转基点后,在命令行中输入 C,然后指定旋转角度,并按下〈Enter〉键,即可完成复制旋转操作,如图 3-3 所示。

提示:在系统默认的情况下,输入角度为正数时,对象的旋转方式为逆时针旋转;输入角度为负数时,对象的旋转方式为顺时针旋转。

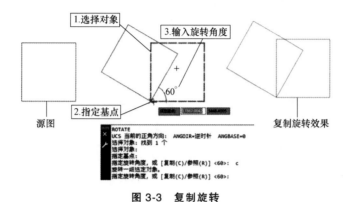

图 3-3 复制旋转

3.2 复制对象

在建筑图绘制中,总有很多相同对象,如一栋楼的门窗、楼梯,大多数都是同一样式同一尺寸;整体对称布局的楼体、楼层;按一定距离、角度均匀排列的设备、座椅等。这些对象没有必要一一绘制,只需要绘制一个或者一半,然后通过复制、镜像、阵列的方式来完成。这样既避免了重复工作,又提高了绘图效率和绘图精度。

本节所指的复制,不仅包括常规的复制,还包括镜像、阵列、偏移,这三种操作都能在保留源对象的同时生成与源对象相同或相似的对象。

3.2.1 复制

启动"复制"命令,可以采用下列方法:

1)菜单栏。选择"修改"→"复制"命令。
2)功能区选项板。单击"默认"→"修改"→"复制"按钮 。
3)工具栏。单击"修改"工具栏中"复制"按钮 。
4)命令行。输入 Copy 或 CO。

在"修改"选项板中单击"复制"按钮 ,选取需要复制的对象后指定复制的基点,然后指定新的位置点,即可完成复制操作,如图 3-4 所示。此外,还可以在选取复制对象并指定复制基点后,在命令行中输入新位置点相对于移动基点之间的相对坐标值来确定复制目标点,如图 3-5 所示。

提示:执行复制操作时,系统默认的复制模式是多次复制。此时修改复制"模式(O)",即可将复制模式设置为单个复制。

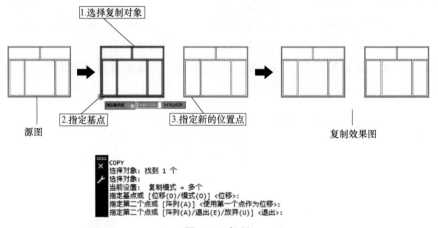

图 3-4 复制

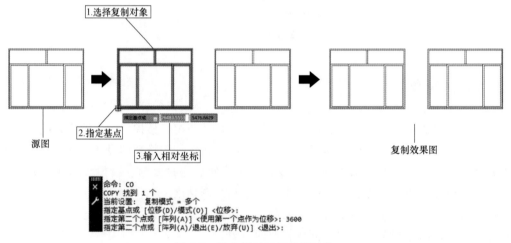

图 3-5 输入相对坐标复制对象

3.2.2 镜像

将指定的对象按照给定的镜像线做反向复制，即为镜像。该操作适用于对称图形，是一种常用的编辑方法。

启动"镜像"命令，可以采用下列方法：

1) 菜单栏。选择"修改"→"镜像"命令。

2) 功能区选项板。单击"默认"→"修改"→"镜像"按钮 △。

3) 工具栏。单击"修改"工具栏中的"镜像"按钮 △。

4) 命令行。输入 Mirror 或 MI。

在绘制门窗和联排别墅等具有对称性质的图形时，可以先绘制出处于对称中线一侧的图形轮廓线，再单击"镜像"按钮 △，选取绘制的图形轮廓线并右击，然后指定对称中心线上的两点以确定镜像线，按下〈Enter〉键即可完成镜像操作，如图 3-6 所示。

默认情况下，对图形执行镜像操作后，系统仍然保留源对象。如果对图形进行镜像操作后需要将源对象删除，只需在选取源对象并指定镜像中心线后，在命令行提示"要删除源对象吗？［是（Y）否（N）］"时，输入 Y，即可完成删除源对象的镜像操作，如图 3-7 所示。

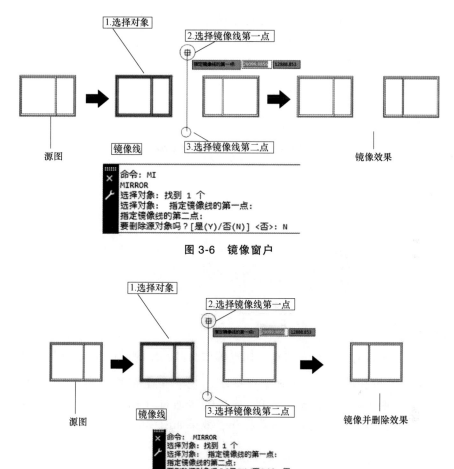

图 3-6 镜像窗户

图 3-7 删除源对象的镜像效果

3.2.3 偏移

利用"偏移"工具可在指定的距离创建与源对象形状相同或相似的新对象。对于直线来说，可以绘制出与其平行的多个对象；对于圆、椭圆、矩形及由多段线围合成的封闭图形，可以绘制出一定偏移距离的同心相似图形。

启动"偏移"命令，可以采用下列方法：

1）菜单栏。选择"修改"→"偏移"命令。

2）功能区选项板。单击"默认"→"修改"→"偏移"按钮 ⊆。

3）工具栏。单击"修改"工具栏中的"偏移"按钮 ⊆。

4）命令行。输入 Offset 或 O。

1. 定距离偏移

该偏移方式是系统默认的偏移类型。它根据输入的偏移距离数值为偏移参照，以指定的方向为偏移方向，偏移复制出对象的副本。

单击"偏移"按钮 ⊆，根据命令行提示输入偏移的距离，并按〈Enter〉键。然后选取图中的对象，在对象的偏移侧单击，即可完成定距离偏移操作，如图3-8所示。

提示："偏移"命令是一个单对象的编辑命令，在使用过程中，只能以直接选取的方式选择图形对象。另外以给定偏移距离的方式偏移对象时，距离值必须大于零。

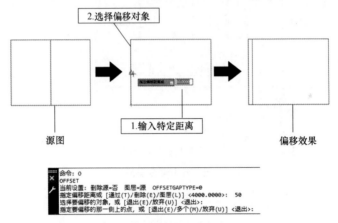

图3-8　定距偏移效果

2. 通过点偏移

这是指通过指定现有的端点、节点、切点等作为源对象的偏移参照，对图形执行偏移操作。单击"偏移"按钮 ⊆，并在命令行提示出现"指定偏移距离或 [通过（T）删除（E）图层（L）]〈通过〉:"时，输入"T"或单击"通过（T）"字符，然后选取图中的偏移对象，并指定通过点，即可完成该偏移操作，效果如图3-9所示。

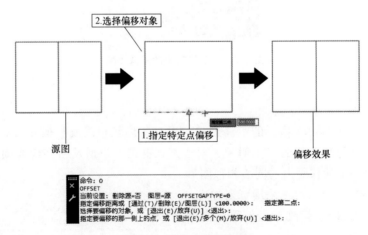

图3-9　通过点偏移效果

3. 删除源对象偏移

系统默认的偏移操作是在保留源对象的基础上偏移出新对象，但如果仅以源对象为偏移参照，则偏移出新图形对象后需要将源对象删除，这时可利用删除源对象偏移的方法。

单击"偏移"按钮 ⊆ ，在命令行出现"指定偏移距离或［通过（T）删除（E）图层（L）］〈通过〉:"提示时，输入 E 或单击"删除（E）"字符，然后按上述偏移操作方式进行偏移，即可在偏移后将源对象删除，如图 3-10 所示。

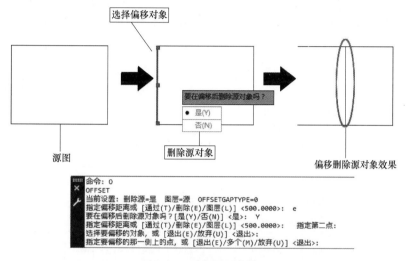

图 3-10 删除源对象偏移

其中，启动"偏移"命令后，命令行提示中的"图层（L）"选项确定了将偏移对象创建在当前图层还是源对象所在的图层上。选择该选项命令行会出现"输入偏移对象的图层选项［当前（C）/源（S）]〈源〉:"提示。

3.2.4 阵列

使用前面介绍的几种图形操作方法复制规则分布的多个图形会比较烦琐，此时可以利用"阵列"工具按照矩形、路径或环形的方式，以定义的距离或角度复制出源对象的多个对象副本。例如，在绘制办公楼或居民楼立面图中整齐排列的各个窗户时，利用该工具可以大量减少重复性的绘图步骤，提高绘图效率和准确性。

启动"阵列"命令，可以采用下列方法：

1）菜单栏。选择"修改"→"阵列"→"矩形阵列""路径阵列"或"环形阵列"。

2）功能区选项板。单击"默认"→"修改"→"矩形阵列"按钮 ⊞、"路径阵列"按钮 ⟨⟩ 或"环形阵列"按钮 ⟨⟩ 。

3）工具栏。单击"修改"工具栏中的"矩形阵列"按钮 ⊞、"路径阵列"按钮 ⟨⟩ 或"环形阵列"按钮 ⟨⟩ 。

4）命令行。输入 Array。

1. 矩形阵列

矩形阵列是以控制行数、列数及行和列之间的距离，或添加倾斜角度的方式，使选取的对象进行阵列复制，从而创建出对象的多个副本。

在"修改"选项板中单击"矩形阵列"按钮 ⊞，并在绘图区中选取对象后按〈Enter〉

键，然后当命令行的提示"输入矩阵类型［矩形（R）路径（PA）极轴（PO）]〈矩形〉："时，输入 R 或者单击"矩形（R）"字符，打开"阵列创建"选项卡，如图 3-11 所示，依次设置矩形阵列的行数和列数、行间距和列间距，即可完成矩形阵列特征的创建，如图 3-12 所示。

提示：行距、列距和阵列角度值的正负性将影响将来阵列的方向。正值将使阵列沿 X 轴或 Y 轴正方向进行；阵列角度为正值时，对象沿逆时针方向阵列，负值则相反。

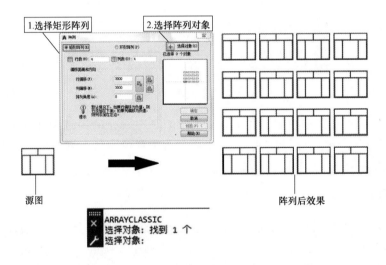

图 3-11 矩形阵列下"阵列创建"选项卡

图 3-12 矩形阵列效果

2. 路径阵列

在路径阵列中，阵列的对象将均匀地沿路径排列。在路径阵列中，路径可以是直线、多段线、三维多段线、样条曲线、圆弧、圆或椭圆等。

在"修改"选项板中单击"路径阵列"按钮，并选取绘图中的对象和路径曲线，系统会打开相应的"阵列创建"选项卡，如图 3-13 所示。在选项卡中设置参数后，阵列效果如图 3-14 所示。

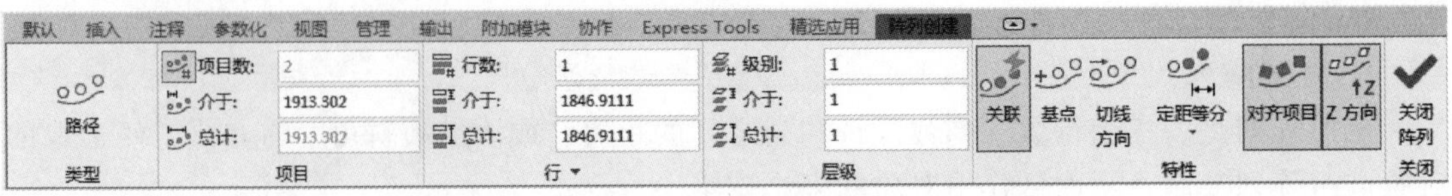

图 3-13 路径阵列下"阵列创建"选项卡

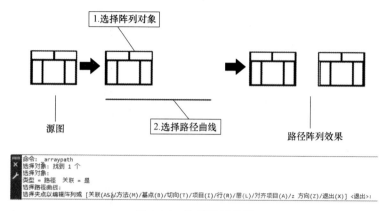

图 3-14　路径阵列效果

3. 环形阵列

环形阵列能够以任一点为阵列中心点，将阵列对象按圆周或扇形的方向，以指定的阵列填充角度，项目数目或项目之间夹角为阵列值，进行图形的阵列复制。该阵列方式在绘制餐桌椅等具有圆周分布特征的图形时经常使用。

在"修改"选项板中单击"环形阵列"按钮，并依次选取绘图区中的对象和阵列中心点，系统自动打开"阵列创建"选项卡，如图3-15所示。

在选项卡的"项目"选项板中，可以通过设置环形的项目数、项目间角度和填充角度三种参数中的任意两种来完成环形阵列的操作。同样，也可以在快捷菜单中设置环形阵列的项目数、项目间角度和填充角度来完成环形阵列的操作。

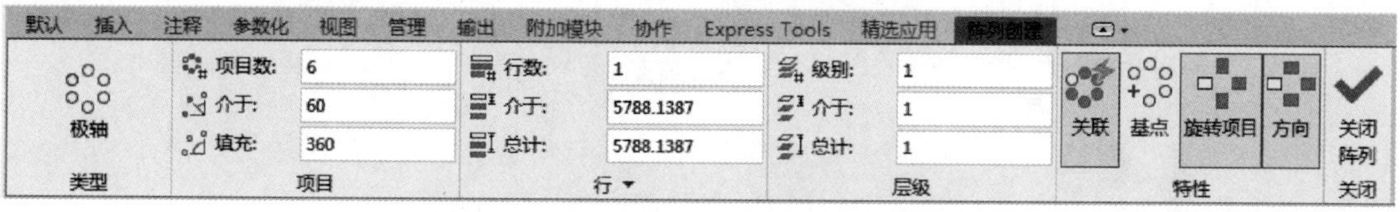

图 3-15　环形阵列下"阵列创建"选项卡

3.3　调整对象形状

除了对图形进行位置调整和复制外，有时还需要对图形的形状和大小进行改变。本节将介绍利用"拉长""拉伸""缩放"等工具修改图形形状的方法。这几种工具在修改图形时，保持了图形修改前后的相似性。

3.3.1　缩放

利用"缩放"工具可以将图形对象以指定的缩放基点为缩放参照，放大或缩小一定比例，创建出与源对象成一定比例且形状相同的新图形对象。

启动"缩放"命令，可以采用下列方法：

1）菜单栏。选择"修改"→"缩放"。

2）功能区选项板。单击"默认"→"修改"→"缩放"按钮。

3) 工具栏。单击"修改"工具栏中的"缩放"按钮 。
4) 命令行。输入 Scale 或 SC。

在 AutoCAD 中,缩放可以分为以下三种类型。

1. 参数缩放

该缩放类型可以通过指定缩放比例因子的方式,对图形对象进行放大或缩小。当输入的比例因子大于 1 时将放大对象;比例因子介于 0 和 1 之间时将缩小对象。

单击"缩放"按钮 ,选择缩放对象并指定缩放基点,然后在命令行中输入比例因子,按〈Enter〉键即可,如图 3-16 所示。

2. 参照缩放

该缩放方式是以指定参照长度和新长度的方式,由系统自动计算出两长度之间的比例数值,从而定义出图形的缩放因子,对图形进行缩放操作。当参照长度大于新长度时,图形将被缩小;反之将对图形执行放大操作。

单击"缩放"按钮 ,命令行提示"指定比例因子或 [复制(C)参照(R)]:",选择"参照(R)"或输入 R,然后根据命令行提示依次定义出参照长度和新长度,按〈Enter〉键即可完成参照缩放操作,如图 3-17 所示。

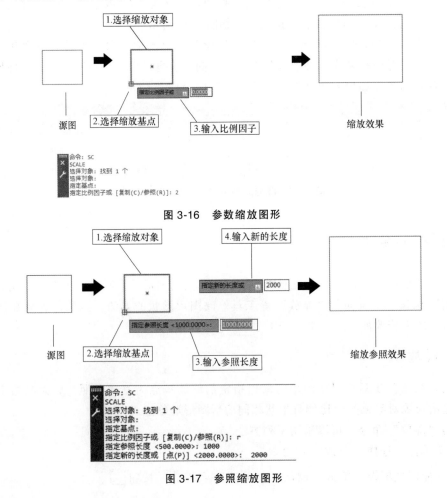

图 3-16 参数缩放图形

图 3-17 参照缩放图形

3. 复制缩放

该缩放类型可以在保留源对象不变的情况下,创建出满足缩放要求的新对象。利用该方法进行图形的缩放操作时,在指定缩放对象和缩放基点后,需要在命令行提示"指定比例因子或［复制（C）参照（R）］:"时,选择"复制（C）"或输入C,然后利用设置缩放参数或参照的方法定义图形的缩放因子,即可完成复制缩放操作,如图3-18所示。

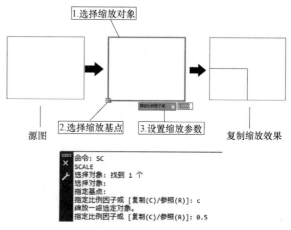

图3-18 复制缩放效果

3.3.2 延伸

利用"延伸"工具可以将指定的对象延伸到选定的边界,被延伸的对象包括圆弧、椭圆弧、直线、开放的二维多段线、三维多段线和射线等。

启动"延伸"命令,可以采用下列方法:

1)菜单栏。选择"修改"→"延伸"。

2)功能区选项板。单击"默认"→"修改"→"延伸"按钮 ---|。

3)工具栏。单击"修改"工具栏中的"延伸"按钮 ---|。

4)命令行。输入 Extend 或 EX。

单击"延伸"按钮 ---|,选取延伸边界后右击,然后选取需要延伸的对象,系统将选取对象延伸到指定的边界上,如图3-19所示。

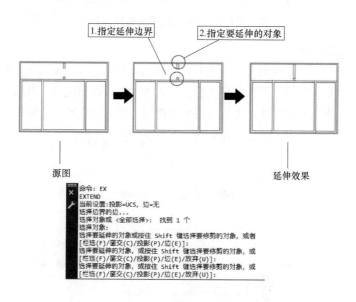

图3-19 指定边界延伸

3.4 应用夹点调整对象

当选取一图形对象时，选择的对象上出现若干个小正方形，同时对象高亮显示，这些小正方形即夹点。夹点是一种集成编辑模式，选中某个夹点，可以看到程序允许用户对选中的图形执行移动、旋转、缩放、拉伸和镜像等操作。

夹点模式就是"先选择后编辑"方式，若要移去夹点可以按〈Esc〉键。若从已有的夹点选择集中移去指定对象，请在选择对象时按〈Shift〉键。

1. 使用夹点拉伸对象

在拉伸编辑模式下，当选取的夹点是线条端点时，可以拉长或缩短对象。如果选取的夹点是线条的中点、圆或圆弧的圆心，或者块、文字、尺寸数字等对象时，则只能移动对象。

如图 3-20 所示，选取一指引线将显示其夹点，然后选取底部夹点，并打开正交功能，向下拖动即可改变该指引线的长度。

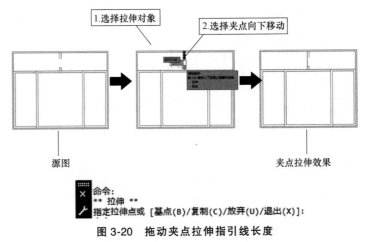

图 3-20 拖动夹点拉伸指引线长度

2. 使用夹点移动对象

夹点移动模式可以编辑单一对象或一组对象，利用该模式可以改变对象的放置位置，而不改变大小和方向。在夹点编辑模式下选取基点后，输入 MO 进入移动模式。然后输入移动距离或者指定目标点的位置，系统将会以基点为起点将对象移动到指定的位置，效果如图 3-21 所示。

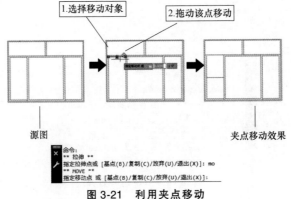

图 3-21 利用夹点移动

3. 使用夹点旋转对象

运用夹点旋转功能可以使对象绕基点旋转，并且可以编辑对象的旋转方向。在夹点编辑模式下指定基点后，输入 RO 即可进入旋转模式，旋转的角度可以通过输入角度值精确定位，也可以通过指定点位置来实现，如图 3-22 所示。

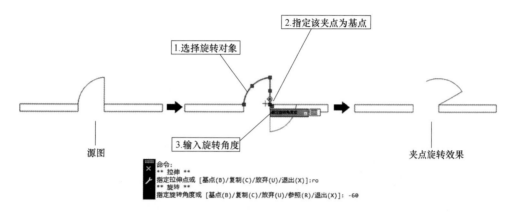

图 3-22　利用夹点旋转门

4. 使用夹点缩放对象

在夹点编辑模式下指定基点后，输入 SC 进入缩放模式。此时可以通过定义比例因子或缩放参照的方式缩放对象，且当比例因子大于 1 时放大对象，当比例因子大于 0 而小于 1 时缩小对象，如图 3-23 所示。

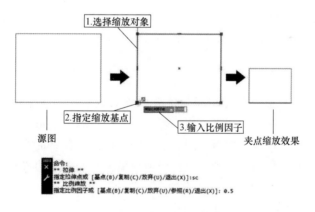

图 3-23　利用夹点缩放图形

5. 使用夹点镜像对象

夹点镜像编辑方式是以指定两点的方式定义出镜像中心线，进行图形的镜像操作。利用夹点镜像图形，镜像后既可以删除源对象，也可以保留源对象。

进入夹点编辑模式后指定一基点，并输入 MI，进入镜像模式。此时系统将会以刚选择的基点作为镜像第一点，然后输入 C，并指定第二镜像点。接着按〈Enter〉键即可在保留源对象的情况下镜像复制新对象，效果如图 3-24 所示。

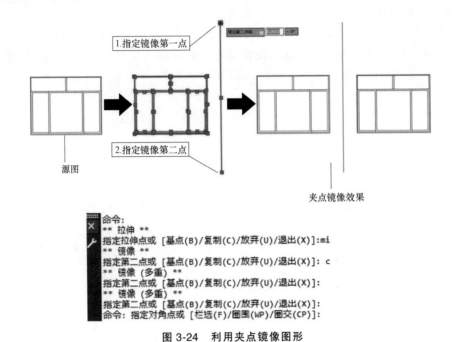

图3-24 利用夹点镜像图形

3.5 对象的其他编辑

在以上各种编辑操作中,图形在编辑前后保持了形状的相同或者相似。实际的绘图中,除了这种保持形状的编辑外,还有很多编辑是要修改、破坏图形的原有形状或属性以便达到预想的设计效果。这类编辑操作包括修剪、倒角、打断、分解等。

3.5.1 修剪

利用"修剪"工具可以以某些图元为边界,删除边界内的指定图元。利用该工具编辑图形对象时,首先需要选择用以定义修剪边界的对象,且修剪边可以同时作为被修剪边进行修剪操作。修剪边可以是直线、圆弧、圆、多段线、椭圆、样条曲线、构造线、射线和图纸空间的视口。执行修剪操作的前提条件是:修剪对象必须与修剪边界相交。

启动"修剪"命令,可以采用下列方法:

1)菜单栏。选择"修改"→"修剪"。

2)功能区选项板。单击"默认"→"修改"→"修剪"按钮 。

3)工具栏。单击"修改"工具栏中的"修剪"按钮 。

4)命令行。输入 Trim 或 TR。

单击"修剪"按钮 ,选取边界并右击,然后选取图形中要去除的部分,即可将多余的图形对象去除,如图 3-25 所示。

在选择对象时,如果按住〈Shift〉键,系统将自动将"修剪"命令转换成"延伸"命令。

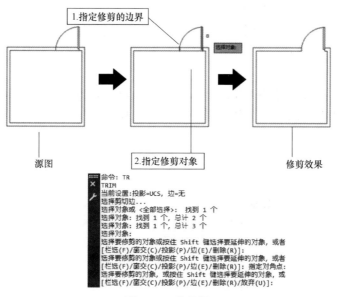

图 3-25 修剪门

3.5.2 倒角

利用"倒角"工具可以连接两个不平行的对象，这些对象包括直线、多段线、参照线和射线等线性图形。AutoCAD 采用以下两种方法确定连接两个线型对象的斜线：

1）指定斜线距离，指从被连接对象与斜线角点，到被连接的两对象的可能交点之间的距离，如图 3-26 所示。

2）指定斜线角度和一个斜线的距离，需要两个参数，即斜线与一个对象的斜线距离和斜线与另一个对象的夹角，如图 3-27 所示。

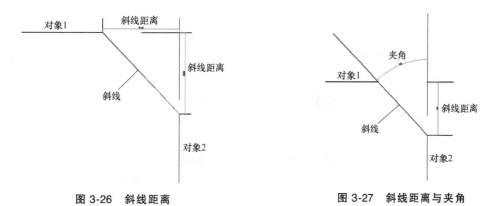

图 3-26 斜线距离　　　　　　　　　图 3-27 斜线距离与夹角

启动"倒角"命令，可以采用下列方法：

1）菜单栏。选择"修改"→"倒角"。

2）功能区选项板。单击"修改"→"倒角"按钮 。

3）工具栏。单击"修改"工具栏中"倒角"按钮 。

4)命令行。输入 Chamfer 或 CHA。

单击"倒角"按钮，命令行将显示"选择第一条直线或［放弃（U）多段线（P）距离（D）角度（A）修剪（T）方式（E）多个（M）］:"的提示信息。下面分别介绍各个选项的含义：

（1）多段线　如果选择的对象是多段线，那么就可以方便地对整条多段线进行倒角。选择"多段线（P）"或输入 P，然后选择多段线，系统将以当前设定的倒角参数对多段线进行倒角操作，效果如图 3-28 所示。

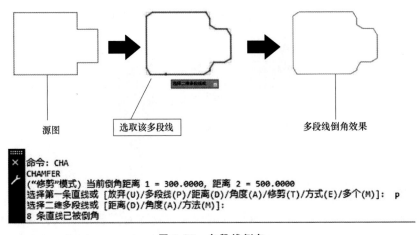

图 3-28　多段线倒角

（2）距离　该方式通过输入直线与倒角线之间的距离来定义倒角。如果两个倒角距离都为零，那么倒角操作将修剪或延伸这两个对象，直到它们相接，但不创建倒角线。选择"距离（D）"或输入 D，然后依次输入两倒角距离，并分别选取两倒角边，即可获得倒角效果，如图 3-29 所示。

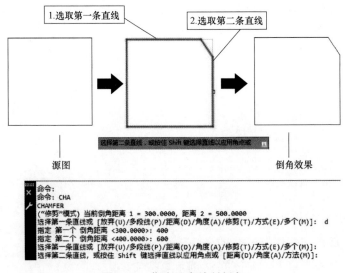

图 3-29　指定距离绘制倒角

（3）角度　该方式通过指定倒角的长度及它与第一条直线形成的角度来创建倒角。选择"角度（A）"选项或输入 A，然后分别指定第一条直线的倒角长度为 1500 和倒角角度为 45°，并依次选取两直线对象，即可获得倒角效果，如图 3-30 所示。

（4）修剪　在默认情况下，对象在倒角时需要修剪，但也可以设置为保持不修剪的状态。选择"修剪（T）"选项或输入 T 后，选择"不修剪"选项，然后按照上述方法设置倒角参数即可，效果如图 3-31 所示。

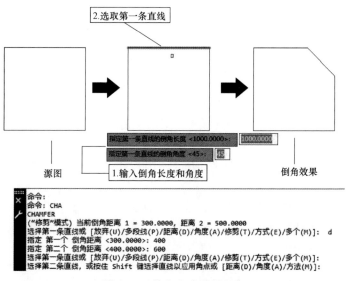

图 3-30　指定角度绘制倒角

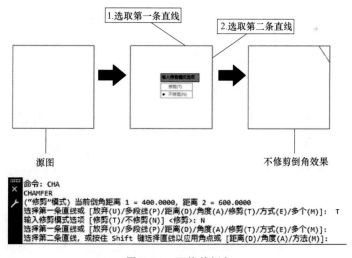

图 3-31　不修剪倒角

3.5.3　圆角

利用"圆角"工具可以通过一条指定半径的圆弧光滑地连接两个图形对象，其中可以执行圆角操作的对象有圆弧、圆、椭圆、椭圆弧、直线和射线等。此外，直线、构造线和射线在相互平行时也可以进行圆角操作，且此时圆角半径由系统自动计算，设为平行直线距离的一半。

用"倒角"或"圆角"工具能够以平角或圆角的连接方式修改图形相接处的具体形状。其不同之处在于："倒角"工具只能应用在图形对象间具有相交性的情况下，而"圆角"工具可以应用于任何位置关系的图形对象之间。

启动"圆角"命令，可以采用下列方法：

1）菜单栏。选择"修改"→"圆角"。

2）功能区选项板。单击"默认"→"修改"→"圆角"按钮。

3）工具栏。单击"修改"工具栏中的"圆角"按钮。

4）命令行。输入 Fillet。

单击"圆角"按钮，命令行将显示"FILLET 选择第一个对象或［放弃（U）多段线（P）半径（R）修剪（T）多个（M）]:"的提示信息。下面分别介绍各个选项的含义：

（1）半径 该方式是绘图中最常用的创建圆角方式。单击"圆角"按钮后，选择"半径（R）"选项或输入 R，并设置圆角半径值为 5100，然后依次选取两操作对象，即可获得圆角效果，如图 3-32 所示。

（2）不修剪 单击"圆角"按钮后，选择"修剪（T）"选项或输入 T，就可以指定相应的圆角类型，即设置倒圆角后是否保留源对象，可以选择"不修剪"选项，获得不修剪的圆角效果，如图 3-33 所示。

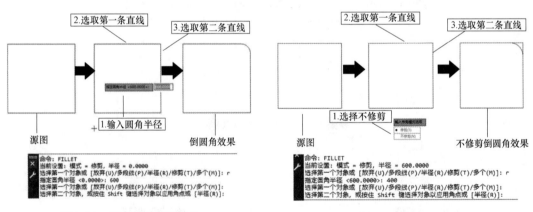

图 3-32 指定半径绘制圆角　　　　　　图 3-33 不修剪倒圆角效果

3.5.4 打断

打断是删除部分图形对象或将对象分解成两部分，且对象之间可以有间隙，也可以没有间隙。可以打断的对象包括直线、圆、圆弧、椭圆和参照线等。打断命令主要用于删除断点之间的对象。

启动"打断"命令，可以采用下列方法：

1）菜单栏。选择"修改"→"打断"。

2）功能区选项板。单击"默认"→"修改"→"打断"按钮。

3）工具栏。单击"修改"工具栏中的"圆角"按钮 。
4）命令行。输入"Break"或 BR。

单击"打断"按钮 ，命令行将提示选取要打断的对象。当在对象上单击时，系统将默认选取对象时所选点作为断点 1，然后指定另一点作为断点 2，系统将删除这两点之间的对象，效果如图 3-34 所示。

如果选择"第一点（F）"选项，或输入 F，则可以重新定位第一点。在确定第二个打断点时，如果在命令行中输入@，可以使第一个和第二个打断点重合，此时该操作相当于打断于点。

另外，在默认情况下，系统总是删除从第一个打断点到第二个打断点之间的部分，且在对圆和椭圆等封闭图形进行打断时，系统将按照逆时针方向删除从第一打断点到第二打断点之间的圆弧等对象。

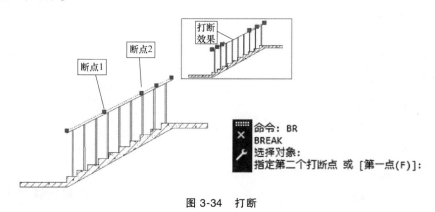

图 3-34　打断

3.5.5　打断于点

打断于点是"打断"命令的后续命令，它是将对象在一点处断开生成两个图形对象。一个对象在执行过打断于点命令后，从外观上看不出什么差别。但当选取该对象时，可以发现该对象已经被打断为两部分。另外，该工具不能应用于圆，否则系统将提示圆弧不能是 360°。

启动"打断于点"命令，可以采用下列方法：

1）功能区选项板：单击"默认"→"修改"→"打断于点"按钮 。
2）工具栏：单击"修改"工具栏中的"打断于点"按钮 。
3）命令行。输入 Break 或 BR。

单击"打断于点"按钮 ，然后选取一对象并在该对象上单击指定打断点的位置，即可将该图形对象分割为两个对象，效果如图 3-35 所示。

3.5.6　合并

合并是指将相似的对象合并为一个对象。其中可以执行合并操作的对象包括圆弧、椭圆弧、直线、多段线和样条曲线等。利用该工具可以将被打断为两部分的线段合并为一个整

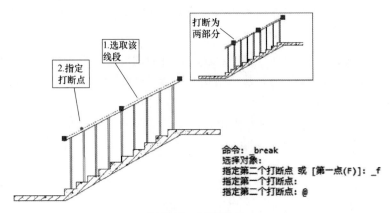

图 3-35　打断于点

体,也可以利用该工具将圆弧或椭圆弧创建为完整的圆和椭圆。

启动"合并"命令,可以采用下列方法:

1)菜单栏。选择"修改"→"合并"。

2)功能区选项板。单击"默认"→"修改"→"合并"按钮 ➤← 。

3)工具栏。单击"修改"工具栏中的"合并"按钮 ➤← 。

4)命令行。输入 Join 或 J。

单击"合并"按钮 ➤← ,然后按照命令行提示选取源对象。如果选取的对象是圆弧,命令行将显示"选择圆弧,以合并到源或进行 [闭合(L)]:"的提示信息。此时选取需要合并的另一部分对象,按〈Enter〉键即可。如果在命令行中输入字母 L,系统将创建完整的圆,如图 3-36 所示。

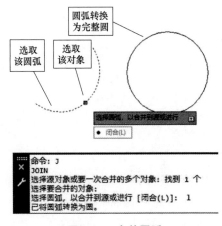

图 3-36　合并圆弧

3.5.7　分解

对于矩形、块、多边形和各类尺寸标注等对象,以及由多个图形对象组成的组合对象,如果需要对单个对象进行编辑操作,就需要先利用"分解"工具将这些对象拆分为单个的图形对象,再利用相应的编辑工具进行进一步的编辑。其中可以分解的对象包括三维网格、三维实体、块、矩形、标注、多线、多面网格、多段线和面域等。

启动"分解"命令,可以采用下列方法:

1)菜单栏。选择"修改"→"分解"。

2)功能区选项板。单击"默认"→"修改"→"分解"按钮 ⮹ 。

3)工具栏。单击"修改"工具栏中的"分解"按钮 ⮹ 。

4)命令行。输入 Explode 或 X。

单击"分解"按钮,然后选取要分解的对象,右击或者按〈Enter〉键即可完成分解操作,效果如图 3-37 所示。

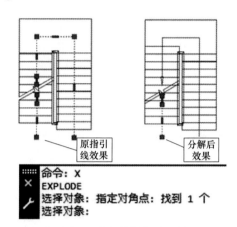

图 3-37 分解楼梯指引线效果

复习题

1. 能够改变一条线段长度的命令有（　　）。
（1）DdModify　　（2）Lengthen　　（3）Extend　　（4）Trim
（5）Stretch　　（6）Scale　　（7）Break　　（8）Move

2. 下列命令中可以用来去掉图形中不需要部分的是（　　）。
（1）删除　　（2）清除　　（3）修剪　　（4）放弃

3. 在调用"修剪"命令对图形进行修剪时,有时无法实现修剪,试分析可能的原因。

4. 什么是夹点?如何改变夹点的大小及颜色?

5. 调整对象尺寸的方法有哪些?说明延伸操作的步骤。

6. 修剪和打断在功能上有何相似之处和不同点?

7. 倒角与圆角在功能上有何相似之处和不同点?

第4章 建筑图形的尺寸、文字标注与表格

在 AutoCAD 绘图时,不仅需要绘制图形,还需要注释性的文字用来说明图形,需要尺寸标注来反映图形对象的真实大小和相互之间的位置关系。

4.1 尺寸标注概述

在标注尺寸前,一般都要创建尺寸样式,尺寸样式是尺寸变量的集合,只要调整样式中的某些尺寸变量,就能改变标注的外观。系统默认的尺寸样式为 ISO-25,可以改变这个样式或者生成自己的尺寸样式。

4.1.1 AutoCAD 尺寸标注的类型

AutoCAD 提供了十余种标注工具用以标注图形对象,分别位于"标注"菜单或"标注"工具栏中,常用的尺寸标注方式如图 4-1 所示,使用它们可以进行角度、直径、半径、线性、对齐、连续、圆心及基线等标注。

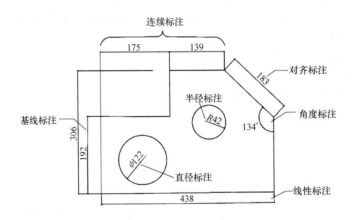

图 4-1 标注的类型

(1) 线性标注　通过确定标注对象的起始和终止位置,依照其起止位置的水平或竖直投影来标注的尺寸叫线性标注。

(2) 对齐标注　尺寸线与标注起止点组成的线段平行,能更直观地反映标注对象的实际长度。

(3) 连续标注　在前一个线性标注基础上,继续标注其他对象的标注方式。

4.1.2 AutoCAD 尺寸标注的组成

在建筑工程图中，一个完整的尺寸标注是由尺寸数字、尺寸线、尺寸界线、尺寸线起止符号（尺寸线的端点符号）及起点等组成的，如图 4-2 所示。

（1）尺寸数字　表明图形对象的标识值。尺寸数字用于反映建筑构件的尺寸。在同一图样上，不论各个部分的图形比例是否相同，其尺寸数字的字体、高度必须统一。施工图上尺寸文字的高度需满足制图标准的规定。

（2）箭头（尺寸起止符）　建筑工程图样中，尺寸起止符必须是 45°中粗斜短线。尺寸起止符绘制在尺寸线的起止点，用于指出标识值的开始和结束位置。

（3）起点　尺寸标注的起点是尺寸标注对象标注的起始定义点。通常尺寸的起点与标注图形对象的起止点重合（图 4-2 所示尺寸起点离开矩形的下边界，是为了表述起点的含义）。

（4）尺寸界线　从标注起点引出的表明标注范围的直线，可以从图形的轮廓、轴线、对称中心线等引出。尺寸界线是用细实线绘制的。

（5）超出尺寸界线值　尺寸界线超出尺寸线的大小。

（6）起点偏移量　尺寸界线离开尺寸线起点的距离

（7）基线距离　使用 AutoCAD 的"基线标注"时，基线尺寸线与前一个基线对象尺寸线之间的距离。

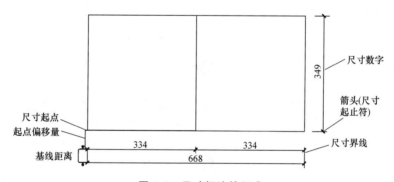

图 4-2　尺寸标注的组成

4.1.3 AutoCAD 尺寸标注的基本步骤

AutoCAD 2020 的尺寸标注命令都被归类在"标注"菜单下，进入 AutoCAD 2020 后任意绘制一些线段或图形，然后单击"标注"工具栏下的"尺寸标注"按钮，就可进行标注。

尺寸标注的尺寸线是由多个尺寸线元素组成的匿名块，该匿名块具有一定的"智能"，当标注对象被缩放或移动时，标注该对象的尺寸线也会自动缩放或移动，且除了尺寸文字内容会随标注对象图形大小变化而变化之外，还能自动控制尺寸线的其他外观保持不变。

在 AutoCAD 中对图形进行尺寸标注的基本步骤如下：

1）确定打印比例或视口比例。
2）创建一个专门用于尺寸标注的文字样式。
3）创建标注样式，依照是否采用注释标注及尺寸标注操作类型设置标注参数。

4）进行尺寸标注。

4.2　设置尺寸标注样式

4.2.1　创建标注样式

在 AutoCAD 中，使用"标注样式"可以控制标注的格式和外观，建立强制执行的绘图标准，并有利于对标注格式及用途进行修改。

要创建尺寸标注样式，用户可以通过以下四种方式：

1）菜单栏。选择"标注"→"标注样式"命令。

2）功能区选项板。单击"默认"→"注释"→"标注样式"按钮 。

3）工具栏。在"标注"工具栏上单击"标注样式"按钮 。

4）命令行。输入 Dimstyle 或 D。

执行"标注样式"命令后，系统将弹出"标注样式管理器"对话框，单击"新建"按钮，将弹出"创建新标注样式"对话框，然后在"新样式名"文本框中输入样式的名称，最后单击"继续"按钮，如图 4-3 所示。

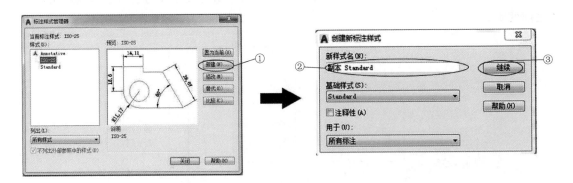

图 4-3　创建标注样式

标注样式的命名要遵守"有意义，易识别"的原则，如"1-100 平面"表示该标注样式是用于标注 1∶100 绘图比例的平面图，又如"1-50 大样图"表示该标注样式是用于标注大样图的尺寸。

4.2.2　编辑并修改标注样式

当用户在新建并命名标注样式后，单击"继续"按钮将弹出"新建标注样式：×××"对话框，从而可以根据需要来设置标注样式线、箭头和符号、文字、调整、主单位等，如图 4-4 所示。下面就针对各选项卡的设置参数进行介绍。

1. 设置尺寸线

在"线"选项卡中可设置尺寸线、尺寸界线、超出尺寸线长度值、起点偏移量等。

（1）线的颜色、线型、线宽　在 AutoCAD 中，每个图形实体都有自己的颜色、线型、线宽。颜色、线型、线宽可以设置实体的真实参数，以颜色为例，可以把某图形实体的颜色设置为红、蓝或绿等物理色。另外，为了实现绘图的一些特定要求，AutoCAD 还允许对图形对象的颜色、线型、线宽设置成 ByLock（随块）和 ByLayer（随层）两种逻辑值。ByLayer（随层）是指与图层的颜色设置一致，而 ByLock（随块）是指随图块定义的图层。通常情况下，对尺寸标注线的颜色、线型、线宽，无须进行特别的设置，采用 AutoCAD 默认的 ByLock（随块）即可。

（2）超出标记 当用户采用"建筑标记"作为箭头符号时，该选项即可激活，从而确定尺寸线超出尺寸界线的长度。制图标准规定，超出标记宜为 0，也可在 2～3mm。

（3）基线间距 用于限定"基线"标注命令标注的尺寸线离开基础尺寸标注的距离。

图 4-4 设置标注样式

在建筑图标注多道尺寸线时有用，其他情况下也可以不进行特别设置。如果要设置，则应设置为 7～10mm。

（4）"隐藏"尺寸线 用来控制标注的尺寸线是否隐藏。例如，选择隐藏尺寸线 1，则标注的尺寸会有部分尺寸线和建筑标记被隐藏。

（5）超出尺寸线 制图规范规定输出到图样上的值为 2～3mm。

（6）起点偏移量 制图标准规定尺寸界线离开被标注对象距离不能小于 2mm。绘图时应依据具体情况设定，一般情况下，尺寸界线应该离开标注对象一定距离，以使图面表达清晰易懂。例如，在平面图中有轴线和柱子，标注轴线尺寸时一般是通过单击轴线交点确定尺寸线的起止点，为了使标注的轴线不和柱子平面轮廓冲突，应根据柱子的截面尺寸设置足够大的"起点偏移量"，从而使尺寸界线离开柱子一定距离。

（7）固定长度的尺寸界线 当勾选该复选框后，可在下面的"长度"文本框中输入尺寸界线的固定长度值。

（8）"隐藏"尺寸界线 用来控制标注的尺寸界线是否隐藏。

2. 设置符号和箭头

在图 4-5 所示的"符号和箭头"选项卡中，可以设置箭头、圆心标记、折断标注等。

（1）"箭头"选项组 为了适用于不同类型的图形标注，AutoCAD 设置了 20 多种箭头样式。在 AutoCAD 中，"箭头"标记就是建筑制图标准里的尺寸线起止符，建筑制图标准规定尺寸线起止符应该选用中粗 45°角斜短线，短线的图样长度为 2～3mm。其"箭头大小"定义的值指箭头的水平或竖直投影长度，如值为 1.5 时，实际绘制的斜短线总长度为 2.12mm。

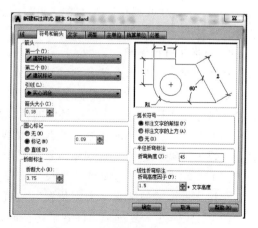

图 4-5 "符号和箭头"选项卡

(2)"圆心标记"选项组 用于标注圆心位置。在图形区任意绘制两个大小相同的圆,分别把圆心标记定义为 2 或 4,选择"标注"→"圆心标记"命令后,分别标记绘制的两个圆。

(3)"折断标注"选项组 是尺寸线在遇到的其他图元处被打断后,其尺寸界线的断开距离。"线性弯折标注"是把一个标注尺寸线进行折断时绘制的折断符高度与尺寸文字高度的比值。"折断标注"和"折弯线性"都是属于 AutoCAD 中"标注"菜单下的标注命令。

(4)"半径折弯标注"选项组 用于设置标注圆弧半径时标注线的折弯角度大小。

3. 设置标注文字

尺寸文字设置是标注样式定义的一个很重要的内容。在"修改标注样式:×××"对话框中,可以使用"文字"选项卡设置标注文字的外观、位置和对齐方式,如图 4-6 所示。

(1)"文字样式"下拉列表框 单击按钮,打开"文字样式"对话框新建尺寸标注专用的文字样式,之后回到"新建标注样式"对话框的"文字"选项卡选用这个文字样式。在进行"文字"参数设置中,标注用的文字样式中文字的字体高度必须设置为 0,而在"标注样式"对话框中设置尺寸文字的高度为图纸高度,否则容易导致尺寸标注设置混乱。其他参数可以直接选用 AutoCAD 默认设置。

图 4-6 "文字"选项卡

(2)"文字高度"下拉列表框 指定标注文字的大小,也可以使用变量 DimTxt 来设置。

(3)"分数高度比例"下拉列表框 建筑制图一般不用。

(4)"绘制文字边框"复选框 设置是否给标注文字加边框,建筑制图一般不用。

(5)"文字位置"选项组 用于设置尺寸文本相对于尺寸线和尺寸界线的放置位置。文字对齐方向应选择"与尺寸线对齐"。

(6)"从尺寸线偏移"文本框 可以设置一个数值以确定尺寸文本和尺寸线之间的偏移距离。

4. 对标注进行调整

对"调整"选项卡上的参数进行设置,可以对标注文字、尺寸线、尺寸箭头等进行调整,如图 4-7 所示。"标注特征比例"选项组是标注样式设置过程中的一个很重要的参数,在建立尺寸标注样式时,应依据具体的标注和打印方式进行设置。

(1)"调整选项"选项组 当尺寸界线之间没有足够的空间同时放置标注文字和箭头时,可通过"调整选项"选项组设置,移出到尺寸线的外面。

(2)"文字位置"选项组 当尺寸文字不能按"文字"选项卡设定的位置放置时,尺寸文字按这里设置的调整"文字位置"放置。

(3)"注释性"复选框 注释性标注时需要勾选。

(4)"将标注缩放到布局"单选按钮 在"布局"选项卡上激活视口后,在视口内进行标注，按此项设置。标注时，尺寸参数将自动按所在视口的视口比例放大。

（5）"使用全局比例"单选按钮　全局比例因子的作用是把标注样式中的所有几何参数值都按其因子值放大后，再绘制到图形中，如文字高度为 3.5，全局比例因子为 100，则图形内尺寸文字高度为 350。在"模型"选项卡上进行尺寸标注时，应按打印比例或视口比例设置此项参数值。

5. 设置主单位

"主单位"选项卡用于设置单位格式、精度、比例因子和消零等参数，如图 4-8 所示。

图 4-7　"调整"选项卡

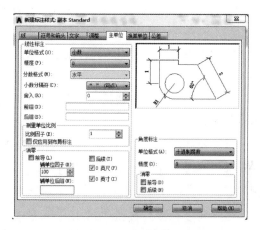

图 4-8　"主单位"选项卡

（1）"单位格式"下拉列表框　设置除角度标注之外的其余各标注类型的尺寸单位，建筑绘图中常选"小数"方式。

（2）"精度"下拉列表框　设置除角度标注之外的其他标注的尺寸精度，建筑绘图中常取"0"。

（3）"比例因子"下拉列表框　尺寸标注长度为标注对象图形测量值与该比例的乘积，绘制详图时需要修改此数值。如 1∶20 的详图比例因子为 0.2；1∶50 的详图比例因子为 0.5。

（4）"仅应用到布局标注"复选框　在没有视口被激活的情况下，在"布局"选项卡上直接标注尺寸时，如果勾选了"仅应用到布局标注"复选框，则此时标注长度为测量值与该比例的积。而在激活视口内或在"模型"卡上的标注值与该比例无关。

（5）"角度标注"选项组　可以使用"单位格式"下拉列表框设置标注角度单位。使用"精度"下拉列表框设置标注角度的尺寸精度，使用"消零"选项组设置是否消除角度尺寸的前导和后续零。

4.3　图形尺寸的标注和编辑

由于各种建筑工程图纸的不同，在进行尺寸标注时需要采用不同的标注方式和标注类型。AutoCAD 中有多种标注的样式和种类，进行尺寸标注时应根据具体需要来选择，从而使标注的尺寸符合设计要求，方便施工和测量。

在对图形进行尺寸标注时,可以将"尺寸标注"工具栏调出,并将其放置到绘图窗口的边缘,从而可以方便地输入标注尺寸的各种命令。

4.3.1 对图形进行尺寸标注

尺寸标注的种类很多,下面介绍一些建筑制图中常用的尺寸标注工具按钮。

启动"标注"命令,可以采用下列方法:

1)菜单栏。选择"标注"→各种标注类型命令。
2)功能区选项板。单击"默认"→"注释"→部分标注类型按钮。
3)工具栏。单击"标注"工具栏中各种标注类型按钮。

① "线性标注"按钮 ,用于标注水平和垂直方向的尺寸,还可以设置为角度与旋转标注。

② "连续标注"按钮 ,用于创建从上一个或选定标注的第二条延伸线开始的线性、角度坐标标注。

③ "对齐标注"按钮 ,用于标注倾斜方向的尺寸。

④ "基线标注"按钮 ,用于从上一个或选定标注的基线作连续的线性、角度或坐标标注。

⑤ "角度标注"按钮 ,用于测量选定的对象或者 3 个点之间的角度。

⑥ "半径标注"按钮 ,用于测量选定圆或圆弧的半径,并显示前面带有半径符号的标注文字。

⑦ "直径标注"按钮 ,用于测量选定圆或圆弧的直径,并显示前面带有直径符号的标注文字。

在进行圆弧的半径或直径标注时,如果选择"文字对齐"方式为"水平"的话,则所标注的数值将以水平的方式显示出来。

4.3.2 尺寸标注的编辑方法

在 AutoCAD 2020 中,用户可以对已标注出的尺寸进行编辑修改,修改的对象包括尺寸文本、位置、样式等内容。

(1)编辑标注文字 在"标注"工具栏单击"编辑标注文字"按钮 ,可以修改尺寸文本的位置、对齐方向及角度等。在"标注"工具栏单击"编辑标注"按钮 ,可以修改尺寸文本的位置、方向、内容及尺寸界线的倾斜角度等。

(2)通过特性来编辑标注 在"标准"工具栏中单击"特性"按钮 ,可以更改选择对象的一些属性。同样,如果要编辑标注对象,单击"特性"按钮 ,将打开"特性"面板,从而可以更改标注对象的图层对象、颜色、线型、箭头、文字等内容。

4.4 多重引线标注和编辑

引线对象是一条线或样条曲线,其一端带有箭头,另一端带有多行文字对象或块。在某些情况下,有一条短水平线(又称为基线)将文字或块和特征控制框连接到引线上,如图 4-9 所示。

在 AutoCAD 2020 中右击工具栏,从弹出的快捷菜单中单击"多重引线"按钮,将打开"多重引线"工具栏,如图 4-10 所示。

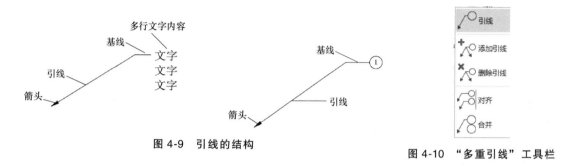

图 4-9　引线的结构　　　　　　　　　　图 4-10　"多重引线"工具栏

4.4.1　创建多重引线样式

多重引线样式与标注样式一样,也可以创建新的样式来对不同的图形进行引线标注,其创建方式有以下几种:

1) 菜单栏。选择"格式"→"多重引线样式"命令。
2) 工具栏。在"多重引线"工具栏中单击"多重引线样式"按钮 ．
3) 命令行。输入或动态输入"MleaderStyle"。

在弹出的"多重引线样式管理器"对话框中的"样式"列表框中列出了已有的多重引线样式,并在右侧的"预览"框中可以看到该多重引线样式的效果。如果用户要创建新的多重引线样式,可单击"新建"按钮,将弹出"创建新多重引线样式"对话框,在"新样式名"文本框中输入新的多重引线样式的名称,如图 4-11 所示。

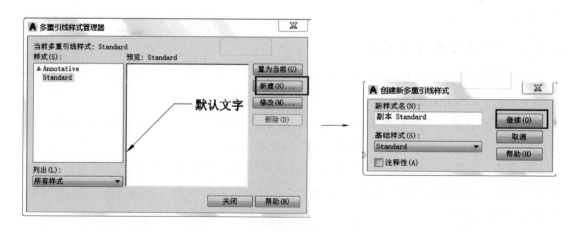

图 4-11　创建新的多重引线样式

当单击"继续"按钮后,系统将弹出"修改多重引线样式:×××"对话框,用户可以根据需要来对其引线的格式、结构和内容进行修改,如图 4-12 所示。

图 4-12　修改多重引线样式

在"修改多重引线样式..×××"对话框中，各选项的设置方法与"新建标注样式：×××"对话框中的设置方法大致相同。

4.4.2　创建与修改多重引线

创建了多重引线样式后，就可以通过此样式来创建多重引线，并且可以根据需要来修改多重引线。

创建多重引线命令的启动方法如下：

1）菜单栏。选择"标注"→"多重引线"命令。

2）工具栏。在"多重引线"工具栏上单击"多重引线"按钮。

3）命令行。输入或动态输入 Mleader。

执行"多重引线"命令之后，根据提示信息进行操作，即可对图形对象进行多重引线标注。

当用户需要修改选定的某个多重引线对象时，可以右击该多重引线对象，从弹出的快捷菜单中选择"特性"命令，弹出"特性"面板，可以修改多重引线的样式、箭头样式与大小、引线类型、是否水平基线、基线间距等。

在创建多重引线时，所选择的多重引线样式类型应尽量与标注的类型一致，否则标注出来的效果与标注样式不一致。

4.4.3　添加和删除多重引线

同时引出几个相同部分的引线时，可采取互相平行或集中于一点的放射线，这时就可以采用添加多重引线的方法来操作。

在"多重引线"工具栏中单击"添加多重引线"按钮，或者右击打开快捷菜单中"添加引线"命令，然后依次指定引出线箭头的位置即可。

在添加了多重引线后，还可以根据需要将多余的多重引线删除掉。在"多重引线"工具栏中单击"删除多重引线"按钮，或者右击打开快捷菜单中"删除引线"命令，选择已有的多重引线即可。

4.4.4　对齐多重引线

在"多重引线"工具栏中单击"多重引线对齐"按钮，根据提示选择要对齐的引线对象，再选择要作为对齐的基准引线的对象及方向即可。

第4章 建筑图形的尺寸、文字标注与表格

命令: _mleaderalign　　　　　　　　　　　　\执行"多重引线对齐"命令
选择多重引线:找到1个,总计9个　　　　　　\选择多个要对齐到的引线对象
选择多重引线:　　　　　　　　　　　　　　\按〈Enter〉键结束选择
当前模式:使用当前间距　　　　　　　　　　\显示当前的模式
选择要对齐到的多重引线或[选项(O)]:　　　　\选择要对齐到的引线
指定方向:　　　　　　　　　　　　　　　　\使用鼠标来指定对齐的方向

4.5　文字标注的创建和编辑

完整的建筑图纸不仅包括墙体、门窗、楼梯等图形，还包括设计、施工说明，文字主要用来阐释设计思想、施工要求等用途。在AutoCAD 2020中，"文字"工具栏如图4-13所示。

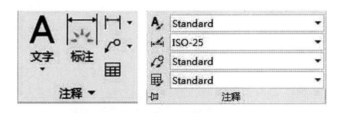

图4-13　"文字"工具栏

4.5.1　创建文字样式

在AutoCAD 2020中，所有的文字都有与之相对应的文字样式，系统一般使用"Standard"样式作为当前设置，也可修改当前文本样式或创建新的文本样式来满足不同绘图环境的需要。

可以通过以下几种方法来新建文字样式：

1）菜单栏。选择"格式"→"文字样式"命令。

2）工具栏。在"文字"工具栏中单击"文字样式"按钮 A。

3）命令行。输入Style或ST。

执行上述操作后，将弹出"文字样式"对话框，如图4-14所示。单击"新建"按钮，将会弹出"新建文字样式"对话框，如图4-15所示，在"样式名"文本框中输入样式的名称，最后单击"确定"按钮开始新建文字样式。

在"文字样式"对话框中各选项内容的功能与含义如下：

（1）"样式"列表框　当"样式"列表框下方的下拉列表框中选择了"所有样式"时，样式列表框将显示当前图形文件中所有定义的文字样式。选择"当前样式"时，其样式列表框中只显示当前使用的文字样式。

（2）"字体名"下拉列表框　在其下拉列表框中可以选择文字样式所使用的字体。

（3）"字体样式"下拉列表框　在其下拉列表中可以选择字体的格式。

（4）"使用大字体"复选框　勾选该复选框，"字体样式"的下拉列表框变为"大字体"下拉列表框，用于选择大字体文件。

（5）"注释性"复选框　勾选该复选框，文字被定义为可注释的对象。

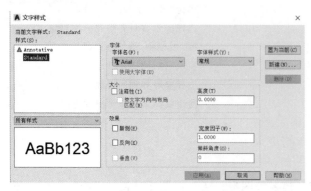

图 4-14 "文字样式"对话框   图 4-15 "新建文字样式"对话框

(6) "使文字方向与布局匹配"复选框　勾选该复选框,则文字方向与布局对齐。

(7) "高度"文本框　指定文字的高度,系统将按此高度来显示文字,而不再提示高度设置。

(8) "颠倒"复选框　勾选该复选框,系统会上下颠倒显示输入的文字。

(9) "反向"复选框　勾选该复选框,系统将左右反转地显示输入的文字。

(10) "垂直"复选框　勾选该复选框,系统将垂直显示输入的文字,但其功能对汉字无效。

(11) "宽度因子"文本框　在其文本框中可以设置文字字符的高度与宽度之比,当输入值小于 1 时,会压缩文字,大于 1 时,将会扩大文字。

(12) "倾斜角度"文本框　在其文本框中可以设置文字的倾斜角度。设置为 0°时是不倾斜的,角度大于 0°时向右倾斜,角度小于 0°时向左倾斜。

(13) "置为当前"按钮　将在"样式"列表框中选中的文字样式置为当前使用样式。

(14) "删除"按钮　删除在"样式"列表框中选中的文字样式。

图 4-16 所示为各种不同的文字效果。

4.5.2　创建单行文字

单行文字可以用来创建一行或多行文字,创建的每行文字都是独立的、可被单独编辑的对象。

可以通过以下几种方式来执行单行文字命令:

1) 菜单栏。选择"绘图"→"文字"→"单行文字"命令。

2) 工具栏。在"文字"工具栏中单击"单行文字"按钮。

图 4-16　文字的各种效果

3) 功能区选项板。单击"默认"→"注释"→"单行文字"按钮。

4) 命令行。输入或动态输入 Dtext,或输入 DT。

执行"单行文字"命令后,根据如下提示即可创建单行文字,如图 4-17 所示。

命令:DT 启动单行文字命令
当前文字样式:"Standard" 文字高度：884.8150 注释性：否　\\当前设置
指定文字的起点或[对正(J)/样式(S)]：　　　　\\指定文字的起点
指定高度⟨⟩:500　　　　　　　　　　　　　　\\设置文字的字高
指定文字的旋转角度⟨⟩:0　　　　　　　　　　\\在光标闪烁处输入文字
　　　　　　　　　　　　　　　　　　　　　　\\在另一位置单击并输入文字

执行"单行文字"命令后，各选项的含义如下：

（1）"起点"　选中该项时，用户可使用鼠标来捕捉或指定视图中单行文字的起点位置。

图 4-17　单行文字的创建

（2）"对正（J）"　此项用来确定单行文字的排列方向，选择该项后，命令行提示：

[左(L)/居中(C)/右(R)/对齐(A)/中间(M)/布满(F)/左上(TL)/中上(TC)/右上(TR)/左中(ML)/正中(MC)/右中(MR)/左下(BL)/中下(BC)/右下(BR)]:　　\\输入对正选项

具体位置参考图 4-18 和图 4-19 所示的文本对正参考线及文本对齐方式。

图 4-18　文本对正参考线

（3）"样式（S）"　此项用来选择已被定义的文字样式，选择该项后，命令行出现如下提示。

输入样式名或[?]⟨Standard⟩：

用户可直接在命令行输入"?"，再按〈Enter〉键，则在其视图窗口中会弹出当前图形已有的文字样式，如图 4-20 所示。

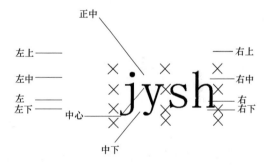

4.5.3　创建多行文字

多行文字是一种更容易管理与操作的文字对象，可以用来创建两行或两行以上的文字，而每行文字都是独立的、可被单独编辑的整体。

图 4-19　文本对齐方式

命令：_text
当先文字样式："Standard" 文字高度：2.5000 注释性：否 对正：左
制定文字的起点 或[对正（J）/样式（S）]：S
输入样式名或 [?]⟨Standard⟩： ?
输入要列出的文字样式 ⟨*⟩： ?
文字样式
　　未找到匹配的文字样式。
当前文字样式：Standard
当前文字样式："Standard" 文字高度：2.5000 注释性：否 对正：左

图 4-20　显示当前的文字样式

用户可以通过以下几种方式来执行多行文字命令：

1）菜单栏。"绘图"→"文字"→"多行文字"命令。

2）工具栏。在"文字"工具栏中单击"多行文字"按钮 A。

3）功能区选项板。单击"默认"→"注释"→"多行文字"按钮 A。

4）命令行。输入或动态输入 MText，或输入 MT 或"T"。

执行"多行文字"命令后，命令行提示：

命令: T MTEXT
当前文字样式:"Standard"文字高度:500 注释性:否
指定第一角点:
指定对角点或[高度(H)/对正(J)/行距(L)/旋转(R)/样式(S)/宽度(W)/栏(C)]

各选项的含义如下：

(1)"高度（H）" 指定文本框的高度值。

(2)"对正（J）" 用于确定标注文字的对齐方式，将文字的某一点与插入点对齐。

(3)"行距（L）" 设置多行文本的行间距，指相邻两个文本基线之间的垂直距离。

(4)"旋转（R）" 设置文本的倾斜角度。

(5)"样式（S）" 指定当前文本的样式。

(6)"宽度（W）" 指定文本编辑框的宽度值。

(7)"栏（C）" 用于设置文本编辑框的尺寸。

执行上述操作后，将弹出"文字格式"对话框，如图4-21所示。

图4-21 "文字格式"对话框

在"文字格式"工具栏中，有许多设置选项与Word文字处理软件的设置相似。

(1)"堆叠"按钮 是数学中"分子/分母"形式，其间使用符号"/"和"^"来分隔后，选择这一部分文字，再单击该按钮即可，其操作步骤如图4-22所示。

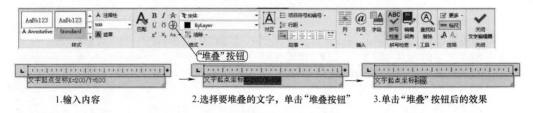

图4-22 多行文字的"堆叠"

(2)"插入"选项卡中的"@符号"选项 在实际绘图时，会常常需要像正负号这样的一些特殊字符，这些特殊字符并不能在键盘上直接输入，因此AutoCAD 2020提供了相应的控制符，以实现这些标注的要求，表 4-1 为常用的标注控制符。

表 4-1 常用的标注控制符

控制符	功能
%%O	打开或关闭文字的上画线
%%U	打开或关闭文字的下画线
%%D	标注度(°)符号
%%P	标注正负公差(±)符号
%%C	标注直径(Φ)字符

4.6 表格的创建和编辑

表格常用于像材料清单、零件尺寸一览表等由许多组件构成的图形对象中。

4.6.1 设置表格样式

表格样式同文本样式一样，具有性质参数，如字体、颜色、文本、行距等，系统提供 Standard 为其默认样式，用户可以根据绘图环境的需要重新定义新的表格样式。

用户可以通过以下几种方法来新建表格样式：

1）菜单栏。选择"格式"→"表格样式"命令。
2）工具栏。在"样式"工具栏中单击"表格样式"按钮▦，如图 4-23 所示。
3）命令行。输入或动态输入 Tablestyle。

图 4-23 "样式"工具栏

执行上述操作后，将弹出"表格样式"对话框，如图 4-24 所示。在"表格样式"对话框中单击"新建"按钮，打开"创建新的表格样式"对话框来创建新的表格样式，如图 4-25 所示。

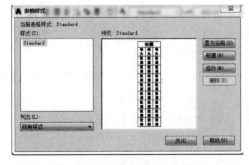

图 4-24 "表格样式"对话框

图 4-25 "创建新的表格样式"对话框

在"新样式名"的文本框中输入新建表格样式的名称，并在"基础样式"的下拉列表框中选择默认的表格样式 Standard 或者其他已被定义的表格样式。单击"确定"按钮将弹出"新建表格样式：×××"对话框，如图 4-26 所示。用户可以在此对话框中设置表格的各种参数，如方向、格式、对齐等。

图 4-26 "新建表格样式"对话框

在"新建表格样式"对话框中，各选项的功能与含义如下：

（1）"起始表格"选项组　单击按钮，将在绘图区选择一个表格作为新建表格样式的起始表格。

（2）"表格方向"下拉列表框　选择"向上"，将创建由下而上读取的表格；选择"向下"，将创建由上而下读取的表格。

（3）"单元样式"下拉列表框　有"标题""表头"和"数据"三种选项，三种选项的表格设置内容基本相似，都要对"基本""文字""边框"三个选项卡进行设置。

（4）"常规"选项卡

1）"填充颜色"下拉列表框。在其下拉列表框中设置表格的背景颜色。

2）"对齐"下拉列表框。调整表格单元格中文字的对齐方式。

3）"格式"下拉列表框。单击按钮打开"表格单元格式"对话框，如图 4-27 所示，用户可在此对话框中设置单元格的数据格式。

4）"类型"下拉列表框。其下拉列表框中可设置"数据"类型还是"标签"类型。

（5）"文字"选项卡　可以设置与文字相关的参数，如图 4-28 所示。

1）"文字样式"下拉列表框。在其下拉列表框中选择已被定义的文字样式，也可以单击其后的按钮，打开"文字样式"对话框，并设置样式，如图 4-29 所示。

2）"文字高度"文本框。在其文本框中，可以设置单元格中文字的高度。

3）"文字颜色"下拉列表框。在其下拉列表框中设置文字的颜色。

4）"文字角度"文本框。在其文本框中设置单元格中文字的倾斜角度。

（6）"边框"选项卡　可以设置与边框相关的参数，如图 4-30 所示。

1）"线宽"下拉列表框。在其下拉列表框中选择线宽。

2）"线型"下拉列表框。在其下拉列表框中选择线型。

第4章 建筑图形的尺寸、文字标注与表格

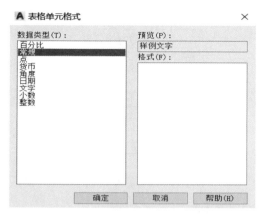

图 4-27 "表格单元格式"对话框

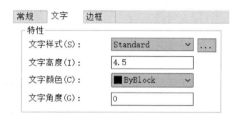

图 4-28 "文字"选项卡

图 4-29 "文字样式"对话框

图 4-30 "边框"选项卡

3)"颜色"下拉列表框。在其下拉列表框中选择颜色。

4)"双线"复选框。勾选其复选框,并在"间距"后的文本框中输入偏移的距离。

(7)"页边距"选项组 在"水平"和"垂直"的文本框中,分别设置表格单元内容距连线的水平和垂直距离。

(8)"创建行列时合并单元"复选框 勾选该复选框,将使用当前表格样式创建的所有新行或新列合并为一个单元,可使用该选项在表格的顶部创建标题栏。

4.6.2 创建表格

在 AutoCAD 2020 中,表格可以从其他软件里复制、粘贴过来生成,或从外部导入生成,也可以在 CAD 中直接创建生成。

用户可以通过以下几种方法来创建表格:

1)菜单栏。选择"绘图"→"表格"命令。

2)工具栏。在"绘图"工具栏中单击"表格"按钮 。

3)功能区选项板。单击"默认"→"注释"→"表格"按钮 。

4)命令行。输入或动态输入 Table。

执行"表格"命令之后,系统将打开"插入表格"对话框,根据要求设置插入表格的列数、列宽、行数和行高等,然后单击"确定"按钮,即可创建一个表格,如图 4-31 所示。

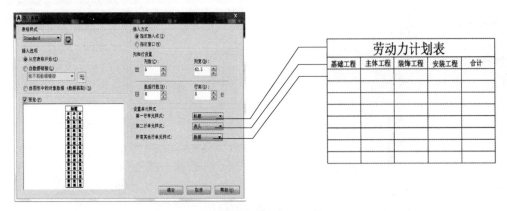

图 4-31 创建表格的方法和效果

"插入表格"对话框各选项的功能与含义如下：

（1）"表格样式"下拉列表框　在其下拉列表框中选择已被创建的表格样式，或者单击其后的按钮，打开"表格样式"对话框，新建需要的表格样式。

（2）"从空表格开始"单选项　选择该单选项，可以插入一个空的表格。

（3）"自数据链接"单选项　选择该单选项，则可从外部导入数据来创建表格。

（4）"自图形中的对象数据（数据提取）"单选项　选择该单选项，可以从可输出到表格或外部文件的图形中提取数据来创建表格。

（5）"预览"复选框　勾选该复选框，可在其下的预览框中预览插入的表格样式。

（6）"指定插入点"单选项　选择该单选项，可以在绘图区中指定的点插入固定大小的表格。

（7）"指定窗口"单选项　选择该单选项，可以在绘图区中通过移动表格边框来创建任意大小的表格。

（8）"列数"文本框　在其下的文本框中设置表格的列数。

（9）"列宽"文本框　在其下的文本框中设置表格的列宽。

（10）"数据行数"文本框　在其下的文本框中设置行数。

（11）"行高"文本框　在其下的文本框中按照行数来设置行高。

（12）"第一行单元样式"下拉列表框　设置第一行单元样式为"标题""表头""数据"中的任意一个。

（13）"第二行单元样式"下拉列表框　设置第二行单元样式为"标题""表头""数据"中的任意一个。

（14）"所有其他行的单元样式"下拉列表框　设置其他行的单元样式为"标题""表头""数据"中的任意一个。

4.6.3　编辑表格

当创建表格后，用户可以单击该表格上的任意网格线以选中该表格，然后使用鼠标拖动夹点来修改该表格，如图 4-32 所示。

在表格中单击某单元格，即可选中单个单元格；在选中单元格的同时，将显示"表格单元"对话框，从而可以借助该对话框对 AutoCAD 的表格进行多项操作，如图 4-33 所示。

图 4-32 表格控制的夹点

图 4-33 "表格单元"对话框

在选定表格单元后，可以从"表格单元"对话框中插入公式，也可以打开在位文字编辑器，然后在表格单元中手动输入公式。

AutoCAD 标准层平面图绘制实例　　AutoCAD 标准层平面图绘制实例　　AutoCAD 标准层平面图绘制实例
　　（1）轴网及墙体绘制　　　　　　　　（2）门窗绘制　　　　　　　　　　（3）尺寸标注

— 复习题 —

1. 绘制图 4-34 并标注尺寸。

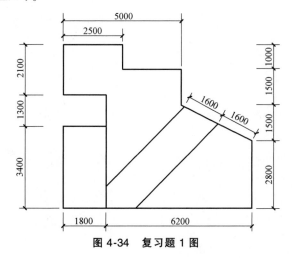

图 4-34 复习题 1 图

2. 绘制图 4-35 所示表格。

	A	B	C	D
1	门窗编号	洞口尺寸	数量	位置
2	M1	4260X2700	2	阳台
3	M2	1500X2700	1	主入口
4	C1	1800X1800	2	楼梯间
5	C2	1020X1500	2	卧室

图 4-35　复习题 2 图

天正建筑平面图绘制 第 5 章

前面介绍了 AutoCAD 的基本内容及使用方法，但在实际的建筑工程设计中，直接用 AutoCAD 绘图只占其中的一部分，更多地采用二次开发的建筑设计软件，本书的第 5~8 章就主要介绍天正建筑 T20 软件的使用。

本章主要介绍天正建筑 T20 版本的平面设计方法，主要内容包括：轴网、柱、墙体、门窗、房间与屋顶及室内外设施等。其中门窗及室内外设施作为智能块可直接插入平面图形中。

5.1 轴网与柱

轴网是由两组到多组轴线与轴号、尺寸标注组成的平面网格，是建筑物单体平面布置和墙柱构件定位的依据。完整的轴网由轴线、轴号和尺寸标注三个相对独立的系统构成。

5.1.1 直线轴网的绘制

直线轴网功能用于生成正交轴网、斜交轴网或单向轴网，由命令"绘制轴网"中的"直线轴网"选项卡执行。

1. 执行方式

命令行：HZZW

菜单："轴网柱子"→"绘制轴网"

其中正交轴网中构成轴网的两组轴线夹角为 90°，如图 5-1 所示。

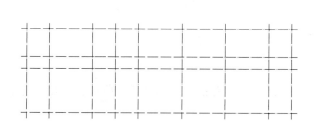

图 5-1 正交轴网

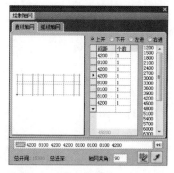

图 5-2 "直线轴网"选项卡

2. 操作步骤

1) 执行"绘制轴网"命令，打开"绘制轴网"对话框，进入"直线轴网"选项卡。

2）单击"上开"按钮，在间距内输入4200、8100、4200、4200、8100、8100、8100、4200，如图5-2所示。

3）单击"左进"按钮，在间距内输入8100、2100、5100，命令行提示为：

请选择插入点[旋转90度(A)/切换插入点(T)/左右翻转(S)/上下翻转(D)/改转角(R)]：

完成直线轴网的绘制，如图5-1所示。

5.1.2 绘制圆弧轴网

圆弧轴网是由弧线和径向直线组成的定位轴线。

1. 执行方式

命令行：HZZW

菜单："轴网柱子"→"绘制轴网"→"弧线轴网"。

2. 操作步骤

1）执行"绘制轴网"命令，打开"绘制轴网"对话框，单击"弧线轴网"选项卡，如图5-3所示。

2）单击"夹角"按钮，设置夹角参数。

3）单击"进深"按钮，设置进深参数。

4）在对话框中输入所有尺寸数据，命令行提示为：

请选择插入点[旋转90度(A)/切换插入点(T)/左右翻转(S)/上下翻转(D)/改转角(R)]：

图5-3 "弧线轴网"选项卡

5.2 轴网编辑

5.2.1 添加轴线

本命令应在"两点轴标"命令完成后执行，功能是参考某一根已经存在的轴线，在其任意一侧添加一根新轴线，同时根据用户的要求赋予新的轴号，把新轴线和轴号一起融入已经存在的参考轴号系统中。添加轴线功能是参考已有的轴线来添加平行的轴线。

1. 执行方式

命令行：TJZX。

菜单："轴网柱子"→"添加轴线"。

2. 操作步骤

1）打开图5-1。

2）单击"添加轴线"命令，弹出"添加轴线"对话框，如图5-4所示，选取"单侧"与"重排轴号"，命令行提示为：

请选择参考轴线〈退出〉:选水平轴线A

（用鼠标控制偏移方向）

距参考轴线的距离〈退出〉:1500

3）输入要完成的参考线名称、偏移方向及距参考轴线的距离等，完成图5-5操作。

图 5-4 "添加轴线"对话框

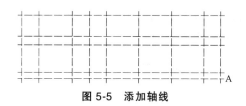

图 5-5 添加轴线

5.2.2 轴线裁剪

本命令可根据设定的多边形与直线的范围,裁剪多边形内的轴线或者直线某一侧的轴线。轴线裁剪命令可以控制轴线长度,也可以应用 AutoCAD 中的相关命令进行操作。

1. 执行方式

命令行:ZXCJ。

菜单:"轴网柱子"→"轴线裁剪"。

2. 操作步骤

1)打开图 5-5。

2)单击"轴线裁剪"命令,系统默认为矩形裁剪,可直接给出矩形的对角线完成操作,命令交互执行方式为:

矩形的第一个角点或[多边形裁剪(P)/轴线取齐(F)]〈退出〉:选 A

另一个角点〈退出〉:选 B

结果如图 5-6 所示。

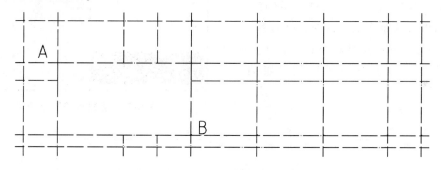

图 5-6 轴线裁剪

5.2.3 轴改线型

"轴改线型"命令是将轴网命令中生成的默认线性实线改为点画线。

单击"轴网柱子"→"轴改线型"命令后,图中轴线按照比例显示为点画线或连续线。实现轴改线型也可以通过在 AutoCAD 命令中将轴线所在图层的线型改为点画线。在实际作图中轴线默认为连续线,出图时转换为点画线。

5.3 轴网标注

轴网标注包括轴号标注和尺寸标注,轴号可按照规范要求用数字、大写字母、小写字母、双字母、双字母间隔连字符等方式标注,用以构成复杂的轴网系统,但需要注意的是系统按照《房屋建筑制图统一标准》的相关规定，字母 I、O、Z 不能用于轴号，在排序时会自动跳过这些字母。

5.3.1 多轴标注

对已建立的轴网进行标注，可在选项卡中选择双侧标注、单侧标注、对侧标注等模式。

1. 执行方式

命令行：ZWBZ。

菜单："轴网柱子"→"轴网标注"。

2. 操作步骤

1）打开图 5-1。

2）单击"轴网标注"命令，弹出图 5-7 所示对话框，进入"多轴标注"选项卡。

3）进行竖直轴网标注，在"多轴标注"文本框中的默认起始轴号是 1。选择"双侧标注"，如图 5-7 所示，此时命令行提示为：

请选择起始轴线〈退出〉:选择起始轴线 A

请选择终止轴线〈退出〉:选择终止轴线 B

请选择不需要标注的轴线:选择无须进行标注的轴线

请选择起始轴线〈退出〉:按〈Enter〉键退出

完成由左至右的垂直轴网标注。

4）再次执行本命令，选择水平轴网，在"起始轴号"文本框中的默认起始轴号是 A。

完成由下（选择起始轴线 C）至上（选择终止轴线 D）的水平轴网标注，如图 5-8 所示。

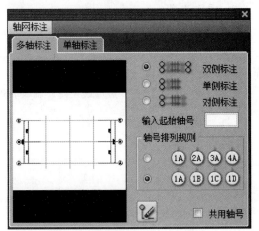

图 5-7 "多轴标注"选项卡

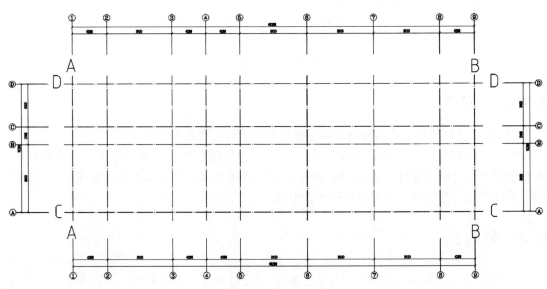

图 5-8 轴网标注

5.3.2 单轴标注

本命令用于标注指定轴线的轴号,该命令标注的轴号是一个独立的对象,不参与轴号和尺寸重排,多适用于立面、剖面和房间详图中标注单独轴号。

1. 执行方式

命令行:DZBZ。

菜单:"轴网柱子"→"轴网标注"→"单轴标注"。

2. 操作步骤

执行命令后,弹出图5-7所示对话框,单击"单轴标注"选项卡,如图5-9所示。可以在选项卡中直接输入轴号信息,并根据需要设置引线长度。

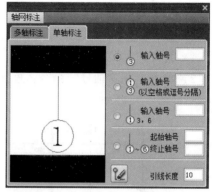

图5-9 "单轴标注"选项卡

5.4 轴号编辑

5.4.1 添补轴号

"添补轴号"功能是在轴网中对新添加的轴线赋予轴号。新添加的轴号与原有轴号是一个整体,适用于以其他方式增添或修改轴线后进行轴号标注。

1. 执行方式

命令行:TBZH。

菜单:"轴网柱子"→"添补轴号"。

2. 操作步骤

1) 打开图5-7,用偏移命令在图5-10所示区域增添轴线,为新增添的轴线赋予轴号。

2) 单击"添补轴号"命令,打开"添补轴号"对话框,如图5-11所示,勾选"双侧"与"重排轴号"选项。

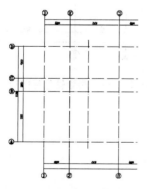

图5-10 添补轴号图源图

图5-11 "添补轴号"对话框

3) 命令行提示为:

请选择轴号对象〈退出〉:选择③

请单击新轴号的位置或[参考点(R)]〈退出〉:选择新轴线

则添补新轴号并重排轴号,如图5-12所示。

5.4.2 删除轴号

"删除轴号"命令用于删除不需要的轴号,可支持一次删除多个轴号,可根据需要决定是否重排轴号。

1. 执行方式

命令行:SCZH

菜单:"轴网柱子"→"删除轴号"

2. 操作步骤

1)打开图 5-12。

2)单击"删除轴号"命令,框选要删除的轴号③,本例选择不重排轴号的执行方式,完成后如图 5-13 所示。

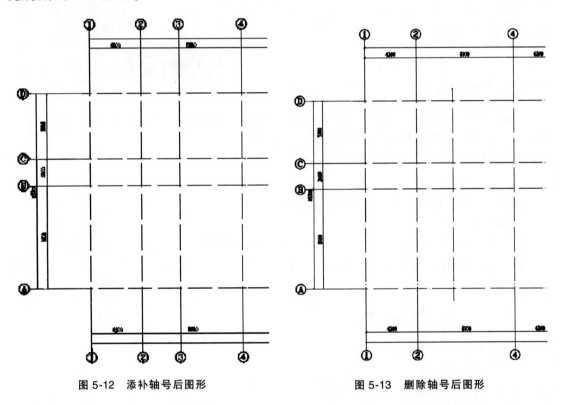

图 5-12 添补轴号后图形　　　　图 5-13 删除轴号后图形

5.5 柱子创建

5.5.1 标准柱

"标准柱"功能用来在轴线的交点处或任意位置插入矩形、圆形、正三角形、正五边形、正六边形、正八边形和正十二边形截面柱。

1. 执行方式

命令行:BZZ。

菜单:"轴网柱子"→"标准柱"。

2. 操作步骤

1)打开图 5-8。

2)执行"标准柱"命令,打开图 5-14 所示"标准柱"选项卡。

3)在"材料"中选择默认数值为钢筋混凝土。

4)在"形状"中选择默认数值为矩形。

5)在"柱子尺寸"区域,"横向"中选择 500,"纵向"中选择 500,"柱高"中选择默认数值为 3000。

6)"转角"中选择默认数值为 0。

7)单击"点选插入柱子"按钮 ⊕,布置柱子。

8)参数设定完毕后,在绘图区域捕捉轴线交点插入柱子,没有轴线交点时即在所选点位置插入柱子。

9)将不同的柱子按照不同的插入方式进行操作,在插入方式中选择"沿轴线布置"时,命令行提示为:

请选择一轴线〈退出〉:沿着一根轴线布置,位置在所选轴线与其他轴线相交点处

在插入方式中选择"矩形区域布置"时,命令提示行显示:

第一个角点〈退出〉:框选的一个角点

另一个角点〈退出〉:框选的另一个对角点

命令执行完毕后如图 5-15 所示。

图 5-14 "标准柱"选项卡

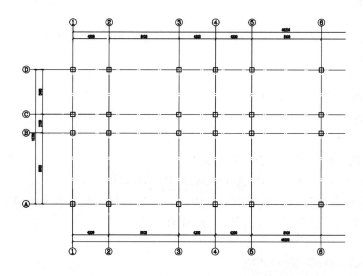

图 5-15 插入标准柱后图形(局部)

5.5.2 角柱

角柱用来在墙角插入形状与墙角一致的柱子,可改变柱子各肢的长度和宽度,并且能自动适应墙角的形状。

1. 执行方式

命令行：JZ。

菜单："轴网柱子"→"角柱"。

2. 操作步骤

1）绘制源图，如图 5-16 所示。

2）执行"角柱"命令，命令行提示：

请选取墙角或[参考点(R)]〈退出〉:选 A

打开"转角柱参数"对话框，如图 5-17 所示。

3）单击"取点 A〈"按钮，在"长度"中选择 500，在"宽度"中选择默认 240。

4）单击"取点 B〈"按钮，在"长度"中选择 500，在"宽度"中选择默认 240。

5）单击"确定"按钮，结果如图 5-18 所示。

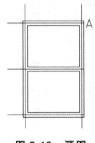
图 5-16　源图

图 5-17　"转角柱参数"对话框

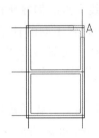
图 5-18　角柱图

5.5.3　构造柱

构造柱仅用于二维施工图中，因此不能用"对象编辑"命令修改。

1. 执行方式

命令行：GZZ。

菜单："轴网柱子"→"构造柱"。

2. 操作步骤

1）打开图 5-16。

2）执行"构造柱"命令，命令行提示为：

请选取墙角或[参考点(R)]〈退出〉:选取需要添加构造柱的墙角

弹出"构造柱参数"对话框，如图 5-19 所示，默认构造柱材料为钢筋混凝土。

3）单出"确定"按钮，结果如图 5-20 所示。

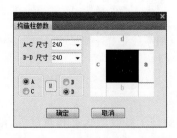
图 5-19　"构造柱参数"对话框

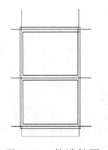
图 5-20　构造柱图

5.6 柱子编辑

5.6.1 柱子替换

1. 执行方式

命令行：BZZ。

菜单："轴网柱子"→"标准柱"。

2. 操作步骤

1）打开图 5-15。

2）执行"标准柱"命令，打开"标准柱"选项卡，单击"替换柱子"按钮，如图 5-21 所示。

3）在"柱子尺寸"区域，"横向"中选择 600，"纵向"中选择 600，"柱高"中选择默认值 3000。

4）参数设定完毕后，在绘图区域 A、B、C 处单击选择。

命令执行完毕后如图 5-22 所示。

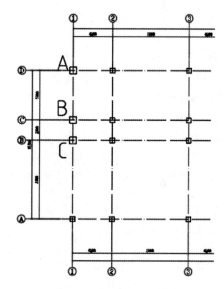

图 5-21 "标准柱"选项卡　　　　图 5-22 柱子替换后图形

5.6.2 柱子修改

已经插入图中的柱子，用户如需要成批修改，可使用柱子替换功能或者特性编辑功能，当需要个别修改时应充分利用夹点编辑和对象编辑功能。柱子对象编辑采用双击要替换的柱子，显示"标准柱"选项卡，修改参数后单击"确定"按钮即可更改选中的柱子。

操作步骤如下：

1）绘制源图，如图 5-23 所示。

2）双击图 5-22 中要替换的柱子 A，打开"标准柱"选项卡，如图 5-21 所示。

3) 在"横向"中选择700,在"纵向"中选择700,编辑结果如图5-24所示。

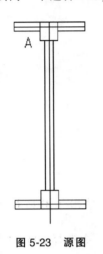

图5-23 源图

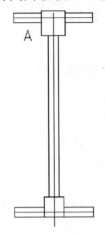

图5-24 柱编辑后图形

5.6.3 柱齐墙边

"柱齐墙边"命令用于将柱边与指定墙边对齐,可以选择多个柱子与墙边对齐,条件是各柱都在同一墙段,且对齐方向的柱子尺寸相同。

1. 执行方式

命令行:ZQQB。

菜单:"轴网柱子"→"柱齐墙边"。

2. 操作步骤

1) 绘制源图,如图5-25所示。

2) 执行"柱齐墙边"命令,打开"柱齐墙边"对话框,命令行提示为:

请点取墙边〈退出〉:<u>选取 A 柱左侧墙边</u>

选择对齐方式相同的多个柱子〈退出〉:<u>点选 A、B、C 三个柱子</u>

选择对齐方式相同的多个柱子〈退出〉:<u>按〈Enter〉键结束选择</u>

请点取柱边〈退出〉:<u>单击与基准墙面对齐的柱边</u>

结果如图5-26所示。

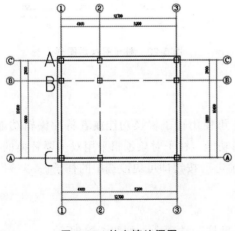

图5-25 柱齐墙边源图

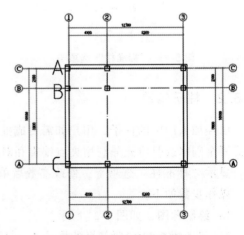

图5-26 柱齐墙边后图形

5.7 墙体

5.7.1 墙体创建

墙体是建筑物中最重要的组成部分,可使用"绘制墙体"和"单线变墙"命令创建。

1. 绘制墙体

单击"绘制墙体"菜单,打开如图 5-27 所示选项卡,根据选项卡输入相应墙体高度、宽度、属性等相关参数,然后在绘图区指定位置完成墙体的绘制。

(1)执行方式

命令行:HZQT

菜单:"墙体"→"绘制墙体"

图 5-27 "绘制墙体"选项卡

(2)操作步骤

1)打开图 5-15。

2)执行"绘制墙体"命令,绘制连续双线直墙和弧墙。

3)选取"左宽"为 120,选取"右宽"为 250。

4)选取"高度"为当前层高,选取"材料"为砖墙,"用途"为外墙。

5)单击"直墙"按钮,命令行提示为:

起点或[参考点(R)]〈退出〉:选 A

直墙下一点或[弧墙(A)/矩形画墙(R)/闭合(C)/回退(U)]〈另一段〉:B

直墙下一点或[弧墙(A)/矩形画墙(R)/闭合(C)/回退(U)]〈另一段〉:C

直墙下一点或[弧墙(A)/矩形画墙(R)/闭合(C)/回退(U)]〈另一段〉:D

绘制结果如图 5-28 所示。

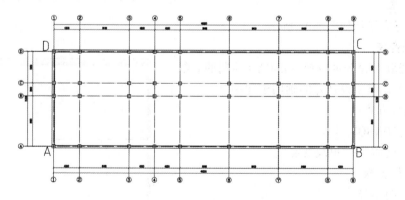

图 5-28 绘制外墙后图形

6)根据房间要求为室内添加"左宽"为 100、"右宽"为 100 的内墙,绘制结果如图 5-29 所示。

2. 等分加墙

"等分加墙"命令是在墙段的每一等分处,绘制与所选墙体垂直的墙体,所加墙体延伸至与指定边界相交。

(1) 执行方式

命令行：DFJQ。

菜单："墙体"→"等分加墙"。

(2) 操作步骤

1) 绘制源图，如图 5-30 所示。

2) 执行"等分墙体"命令，选择等分参照的墙段。打开"等分加墙"对话框，如图 5-31 所示。

3) 在"等分数"中选择 2，"墙厚"中选择 240，在"材料"中选择"砖"。

4) 在绘图区域内单击，进入绘图区，选择作为另一边界的墙段。

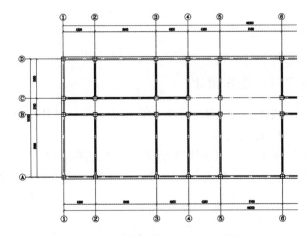

图 5-29 绘制内墙后图形（局部）

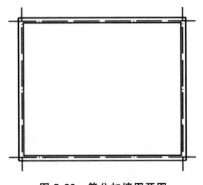

图 5-30 等分加墙图源图

图 5-31 "等分加墙"对话框

命令执行完毕后如图 5-32 所示。

3. 单线变墙

"单线变墙"命令可以把 AutoCAD 绘制的直线生成墙体，可以基于设计好的轴网创建墙体。

(1) 执行方式

命令行：DXBQ。

菜单："墙体"→"单线变墙"。

(2) 操作步骤

1) 打开图 5-15。

2) 执行"单线变墙"命令，打开"单线变墙"对话框，如图 5-33 所示。

3) 选择要变成墙体的直线、圆弧、圆或多段线，指定对角点：

选择要变成墙体的直线、圆弧或多段线:指定对角点:找到 13 个

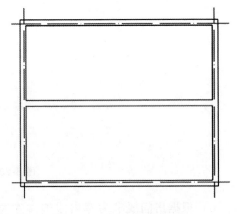

图 5-32 等分加墙后图形

选择要变成墙体的直线、圆弧或多段线:按
〈Enter〉键结束选择

处理重线...

处理交线...

识别外墙...

生成的墙体如图 5-34 所示。

图 5-33 "单线变墙"对话框

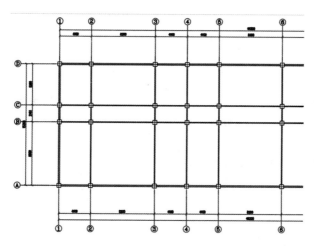

图 5-34 单线变墙后图形（局部）

5.7.2 墙体编辑

天正建筑软件针对墙体有多种编辑命令,如倒墙角、修墙角、基线对齐等。

可采用 AutoCAD 命令对墙体对象进行编辑,如偏移（Offset）、修剪（Trim）、延伸（Extend）等命令,还可以用双击墙体进入参数编辑。

1. 倒墙角

"倒墙角"命令用于对两段不平行墙体进行倒角处理,使两段墙以指定的圆角半径进行连接,生成圆墙角,其中圆角半径按墙中线计算。

（1）执行方式

命令行:DQJ。

菜单:"墙体"→"倒墙角"

（2）操作步骤。

1）打开图 5-32。

2）执行"倒墙角"命令,命令行提示为:

选择第一段墙线[设圆角半径(R),当前=0]〈退出〉:R

请输入圆角半径〈0〉:1000

选择第一段墙线[设圆角半径(R),当前=1000]〈退出〉:选中 A 处一墙线

选择另一段墙〈退出〉:选中 A 处另一墙线

完成 A 处倒墙角操作。

3）使用"倒墙角"命令完成 B、C、D 处操作。

绘制结果如图 5-35 所示。

2. 修墙角

"修墙角"命令用于属性相同的墙体相交的清理功能，当运用某些编辑命令造成墙体相交部分未打断时，可以采用本命令进行处理。

（1）执行方式

命令行：XQJ。

菜单："墙体"→"修墙角"。

（2）操作步骤　单击命令菜单后，命令行显示为：

请单击第一角点或[参考点(R)]〈退出〉:请框选需要处理的墙角、柱子或墙体造型,输入第一点

单击另一个角点〈退出〉:单击对角另一点

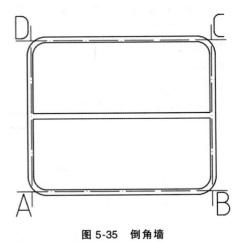

图 5-35　倒角墙

3. 边线对齐

"边线对齐"是墙边线通过指定点，偏移到指定位置的命令。

（1）执行方式

命令行：BXDQ。

菜单："墙体"→"边线对齐"。

（2）操作步骤

1）打开图 5-32，取轴线端点 A 与墙体 B，如图 5-36 所示。

2）执行"边线对齐"命令，命令行提示为：

请单击墙角边应通过的点或[参考点(R)]〈退出〉:选择轴线南侧起点 A

请单击一段墙〈退出〉:选择需要对齐的墙体 B

3）打开"请您确认"对话框，如图 5-37 所示，单击"是"按钮。

结果如图 5-38 所示。

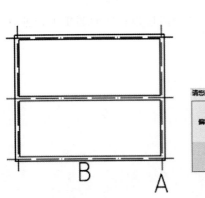
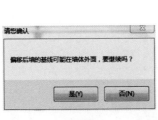
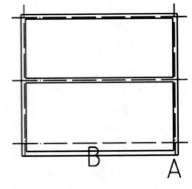

图 5-36　边线对齐　　　图 5-37　"请您确认"对话框　　　图 5-38　边线对齐后图形

4. 净距偏移

"净距偏移"命令与 AutoCAD 的 Offset（偏移）命令相似，命令会自动处理墙端接头。

（1）执行方式

命令行：JJPY

菜单："墙体"→"净距偏移"

（2）操作步骤

1）打开图 5-32。

2）单击"净距偏移"命令，输入偏移距离 1000。单击 A 墙内侧，生成的墙体 B，如图 5-39 所示，墙线之间距离为净距。

5．墙柱保温

"墙柱保温"命令可在图中已有的墙段上加入或删除保温层线，遇到门该线自动打断，遇到窗自动把窗厚度增加。

（1）执行方式

命令行：QZBW。

菜单："墙体"→"墙柱保温"。

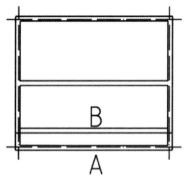

图 5-39 净距偏移图

（2）操作步骤

1）绘制源图，如图 5-40 所示。

2）确定墙体保温层厚度，执行"墙柱保温"命令，提示如下：

指定墙、柱、墙体造型保温的一侧或[内保温（I）/外保温（E）/消保温层（D）/保温层厚（当前=80）（T）]〈退出〉:T

保温层厚〈80〉:100（输入保温层厚度100）

指定墙、柱、墙体造型保温的一侧或[内保温（I）/外保温（E）/消保温层（D）/保温层厚（当前=100）（T）]〈退出〉:选择需要添加保温的墙体

3）墙体保温效果如图 5-41 所示。

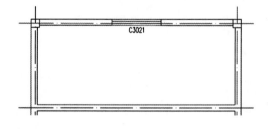

图 5-40 墙保温层源图

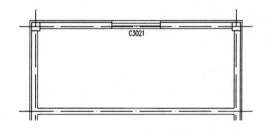

图 5-41 墙体保温后图形

6．墙体造型

"墙体造型"命令可在平面墙体上绘制凸出的墙体，并与原有墙体附加在一起形成一体，墙体造型高度与其关联墙高保持一致，可以双击加以修改。

（1）执行方式

命令行：QTZX。

菜单："墙体"→"墙体造型"。

（2）操作步骤

1）打开图 5-32。

2) 执行"墙体造型"命令,命令提示行为:

[外凸造型(T)/内凹造型(A)]〈外凸造型〉:T(选择外凸造型)

墙体造型轮廓起点或[单击图中曲线(P)/单击参考点(R)]〈退出〉:选择A处外墙与轴线交点

直段下一点或[弧段(A)/回退(U)]〈结束〉:@ 0,-500

直段下一点或[弧段(A)/回退(U)]〈结束〉:@ 600,0

直段下一点或[弧段(A)/回退(U)]〈结束〉:@ 0,500

直段下一点或[弧段(A)/回退(U)]〈结束〉:按〈Enter〉键退出

墙体造型效果如图5-42中A处墙体所示。

3) 加B处墙体的墙体造型,执行"墙体造型"命令,命令提示行为:

[外凸造型(T)/内凹造型(A)]〈外凸造型〉:T(选择外凸造型)

墙体造型轮廓起点或[单击图中曲线(P)/单击参考点(P)]〈退出〉:选择B处外墙与轴线交点

直段下一点或[弧段(A)/回退(U)]〈结束〉:A(选择弧段命令)

弧段下一点或[弧段(L)/回退(U)]〈结束〉:选择B处墙与轴线另一交点

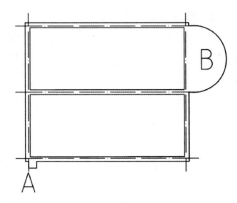

图5-42 墙体造型后图形

点取弧上一点或[输入半径(R)]:2100

直段下一点或[弧段(A)/回退(U)]〈结束〉:按〈Enter〉键退出

墙体造型效果如图5-42中B处墙体所示。

5.7.3 墙体编辑工具

1. 改墙厚

改墙厚用于批量修改多段墙体的厚度,且修改后墙体的墙基线保持居中不变。

(1) 执行方式

命令行:GQH。

菜单:"墙体"→"墙体工具"→"改墙厚"。

(2) 操作步骤 执行"改墙厚"命令,选择墙体,输入新的墙宽即可修改墙体厚度。

2. 改外墙厚

改外墙厚用于整体修改外墙厚度。

(1) 执行方式

命令行:GWQH。

菜单:"墙体"→"墙体工具"→"改外墙厚"。

(2) 操作步骤 执行"改外墙厚"命令,请选择外墙,输入内、外侧宽即可修改外墙厚度。

3. 改高度

改高度可对选中的柱、墙体及其造型的高度和底标高成批进行修改,是调整这些构件竖向位置的主要手段。

（1）执行方式

命令行：GGD。

菜单："墙体"→"墙体工具"→"改高度"。

（2）操作步骤

1）绘制源图，如图5-43所示。

2）执行"改高度"命令，命令提示行为：

请选择墙体、柱子或墙体造型：选墙体

新的高度〈3000〉：3000

新的标高〈0〉：-300

是否维持窗墙底部间距不变？[是(Y)/否(N)]：Y

命令执行完毕后如图5-44a所示。

3）执行"改高度"命令，命令提示行为：

请单击墙边应通过的点或[参考点(R)]〈退出〉：

请选择墙体、柱子或墙体造型：选墙体

请选择墙体、柱子或墙体造型：

新的高度〈3000〉：3000

新的标高〈0〉：-300

是否维持窗墙底部间距不变？[是(Y)/否(N)]〈N〉：N

命令执行完毕后如图5-44b所示。

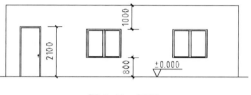

图 5-43　源图

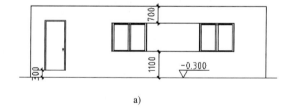

a)

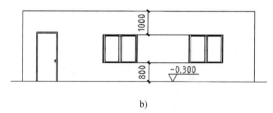

b)

图 5-44　改高度

a）改高度时门窗底标高不变　b）改高度时门窗底标高改变

4. 改外墙高

改外墙高仅是改变外墙高度，同"改高度"命令类似，执行前先做内外墙识别工作，自动忽略内墙。

5. 墙端封口

本命令可以改变墙体对象自由端的二维显示形式，墙端封口命令可以使墙端在封口和开口两种形式之间转换。

（1）执行方式

命令行：QDFK。

菜单："墙体"→"墙体工具"→"墙端封口"。

（2）操作步骤

1）绘制源图，如图5-45a所示。

2）执行"墙端封口"命令，命令行提示为：

选择墙体:指定对角点:(框选源图图元)找到17个

按〈Enter〉键，即可完成操作

墙端开口效果如图5-45b所示。

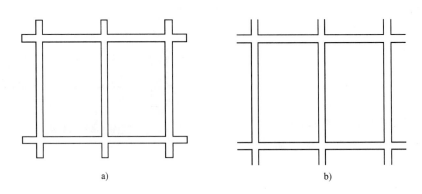

图 5-45　墙端开口

a）源图　b）墙端开口后图形

5.7.4　墙体立面工具

1．异形立面

异形立面可以在立面显示状态下，将墙按照指定的轮廓线剪裁生成非矩形的立面。

（1）执行方式

命令行：YXLM。

菜单："墙体"→"墙体立面"→"异形立面"。

（2）操作步骤

1）打开图5-43。

2）执行"异形立面"命令，命令提示行为：

选择定制墙立面的形状的不闭合多段线〈退出〉:选分割斜线

选择墙体:选下侧墙体

绘制结果如图5-46所示。

2．矩形立面

矩形立面是异形立面的反命令，可将异形立面墙恢复为标准的矩形立面图。

（1）执行方式

命令行：JXLM。

菜单："墙体"→"墙体立面"→"矩形立面"。

（2）操作步骤

1）打开图5-46。

2）执行"矩形立面"命令，命令提示行为：

选择墙体:选择要创建的矩形立面墙体

命令执行完毕后如图 5-47 所示。

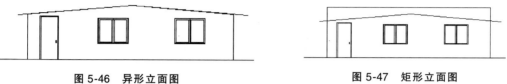

图 5-46　异形立面图　　　　　　　图 5-47　矩形立面图

5.8　门窗

5.8.1　门窗创建

门窗是建筑物的重要组成部分,门窗创建就是在墙上确定门窗的位置。

1. 门窗

天正门窗分普通门窗与特殊门窗两类自定义门窗对象。

（1）执行方式

命令行:MC。

菜单:"门窗"→"门窗"。

（2）操作步骤

1）打开图 5-29。

2）执行"门窗"命令,打开"门"对话框,如图 5-48 所示。

图 5-48　"门"对话框

3）选择插门,打开"门"对话框,在门窗样式图框中选择相应平开门样式,在"编号"中输入 M1521,在"门高"中输入 2100,在"门宽"中输入 1500,在"门槛高"中输入 0,如图 5-49 所示。

图 5-49　门参数设置

4）在下侧工具栏图标左侧中选择插入门的方式"轴线定距插入",距离输入 750。

5）在绘图区域中单击,单击门窗插入位置,则"M1521 门"插入指定位置。

6）选择插窗,打开"窗"对话框,绘制方法与插门相同。

绘制结果如图 5-50 所示。

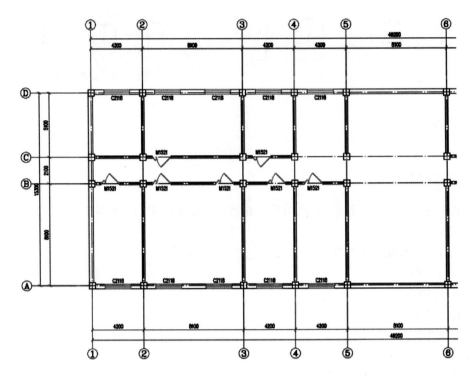

图 5-50　插入门窗后图形（局部）

2. 转角窗

转角窗可以在墙角两侧插入。转角窗包括普通角窗和角凸窗两种形式。

（1）执行方式

命令行：ZJC。

菜单："门窗"→"转角窗"。

（2）操作步骤

1）打开图 5-16。

2）执行"转角窗"命令，打开"绘制角窗"对话框。

3）定义"延伸1""延伸2"均为100，"出挑长1""出挑长2"均为600，"窗高"为2000，"窗台高"为600，"编号"为ZJC3020，如图 5-51 所示。

图 5-51　"绘制角窗"对话框

4）单击绘图区域，命令行提示为：

请选取墙角〈退出〉：

转角距离 1〈1000〉：1400

转角距离 2〈1000〉：1600

请选取墙角〈退出〉：按〈Enter〉键退出

绘制结果如图 5-52 所示。

5.8.2 门窗编号与门窗表

1. 门窗编号

"门窗编号"命令可以生成或者修改门窗编号。

（1）执行方式

命令行：MCBH。

菜单："门窗"→"门窗编号"。

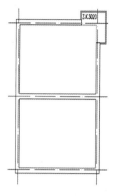

图 5-52 转角窗图

（2）操作步骤

1）绘制源图 5-53。

2）执行"门窗编号"命令，选择需要修改编号的门窗，则门窗编号改变，绘制结果如图 5-54 所示。重复调用此命令，也可对门进行操作。

请选择需要改编号的门窗的范围〈退出〉:找到 6 个,总计 6 个
请选择需要改编号的门窗的范围〈退出〉:按〈Enter〉键结束选择
请输入新的门窗编号或[删除编号(E)]〈C1215〉:C-1

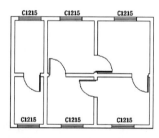

图 5-53 门窗编号源图

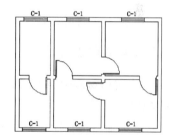

图 5-54 门窗编号后图形

2. 门窗检查

门窗检查显示门窗参数表格，检查当前图中门窗数据是否合理。

（1）执行方式

命令行：MCJC。

菜单："门窗"→"门窗检查"。

（2）操作步骤

1）执行"门窗检查"命令，打开"门窗检查"对话框，如图 5-55 所示。

2）选择门窗，再单击"观察"对话框，检查当前图中门窗数据是否合理。

3. 门窗表

"门窗表"命令统计本图中的门窗参数。

（1）执行方式

命令行：MCB。

菜单："门窗"→"门窗表"。

（2）操作步骤

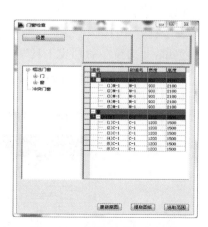

图 5-55 "门窗检查"对话框

1）打开图 5-50。

2）执行"门窗表"命令,命令行提示为:

请选择当前层门窗:框选门窗

门窗表位置(左上角点)或[参考点(R)]〈退出〉:选择门窗表插入位置

命令执行完毕后如图 5-56 所示。

类型	设计编号	洞口尺寸(mm)	数量	图集名称	页次	选用型号	备注
普通门	M1521	1500X2100	14				
普通窗	C2118	2100X1800	20				

图 5-56 门窗表图

4. 门窗总表

门窗总表用于生成整座建筑的门窗表,统计本工程中多个平面图使用的门窗编号,生成门窗总表。执行方式如下:

命令行:MCZB。

菜单:"门窗"→"门窗总表"。

5.8.3 门窗编辑和工具

本节主要讲解门窗编辑的方式和常用工具。

1. 编号复位

"编号复位"命令的功能是把用夹点编辑改变过位置的门窗编号恢复到默认位置。

(1) 执行方式

命令行:BHFW。

菜单:"门窗"→"门窗工具"→"编号复位"。

(2) 操作步骤 执行"编号复位"命令,选择名称待复位的窗。

2. 门窗套

"门窗套"命令的功能是在门窗四周加门窗框套。

(1) 执行方式

命令行:MCT。

菜单:"门窗"→"门窗工具"→"门窗套"。

(2) 操作步骤

1）打开图 5-50。

2）执行"门窗套"命令,打开如图 5-57 所示的"门窗套"对话框,定义"伸出墙长

图 5-57 "门窗套"对话框

度"为 200,"门窗套宽度"为 200,选中"加门窗套"复选框。

命令执行完毕后如图 5-58 所示。

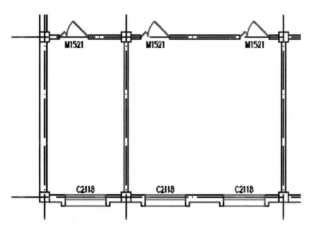

图 5-58 加门窗套后图形

3. 加装饰套

"加装饰套"命令用于添加门窗套线,可以选择各种装饰风格和参数的装饰套。装饰套描述了门窗属性的三维特征,用于室内设计中的立、剖面图的门窗部位。

(1)执行方式

命令行:JZST

菜单:"门窗"→"门窗工具"→"加装饰套"。

(2)操作步骤

执行"加装饰套"命令,打开图 5-59 所示的"门窗套设计"对话框,在相应栏目中填入截面的形式和尺寸参数。

图 5-59 "门窗套设计"对话框

5.9 房间和屋顶

5.9.1 房间面积的创建

房间面积分为建筑面积、使用面积和套内面积。

1. 搜索房间

搜索房间是新生成或更新已有的房间信息对象,同时生成房间地面,标注位置位于房间的中心。

(1)执行方式

命令行:SSFJ。

菜单:"房间屋顶"→"搜索房间"。

(2)操作步骤

1）打开图 5-50，将相应的门窗按需求补充完整。
2）执行"搜索房间"命令，打开"搜索房间"对话框，如图 5-60 所示。
3）单击绘图区域，命令行提示如下：

请选择构成一完整建筑物的所有墙体(或门窗):框选建筑物
请单击建筑物面积的标注位置〈退出〉:选择标注建筑面积的位置

绘制结果如图 5-61 所示。

图 5-60 "搜索房间"对话框

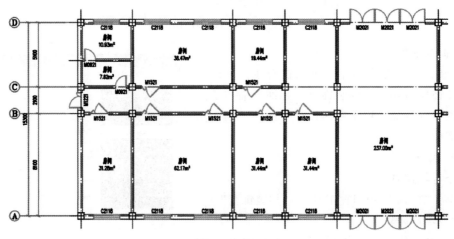

图 5-61 搜索房间后图形（局部）

直接在房间名称上双击即可修改房间名称。

2. 查询面积

"查询面积"命令可以查询由墙体组成的房间面积、阳台面积和闭合多段线面积。

（1）执行方式

命令行：CXMJ。

菜单："房间屋顶"→"查询面积"。

（2）操作步骤 "查询面积"与"搜索房间"命令相似，可参照搜索房间命令。

3. 套内面积

"套内面积"命令的功能是计算住宅单元的套内面积，并创建套内面积的房间对象。

（1）执行方式

命令行：TNMJ。

菜单："房间屋顶"→"套内面积"。

（2）操作步骤

1）打开图 5-61。

2）执行"搜索房间"命令，打开"套内面积"对话框，如图5-62所示。

3）执行"套内面积"命令，命令行提示如下：

请选择构成一套房子的所有墙体（或门窗）：窗选住宅单元

请选择构成一套房子的所有墙体（或门窗）：按〈Enter〉键结束选择

图5-62 "套内面积"对话框

请点取面积标注位置〈中心〉：

绘制结果如图5-63所示。

4．面积计算

"面积计算"命令用于将通过"查询面积"或"套内面积"等命令获得的面积进行叠加计算，并将结果标注在图上。

（1）执行方式

命令行：MJJS。

菜单："房间屋顶"→"面积计算"。

（2）操作步骤 "面积计算"与"套内面积"命令相似，可参照套内面积命令。绘制结果如图5-64所示。

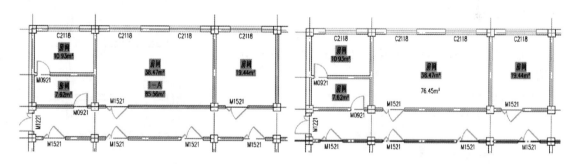

图5-63 添加套内面积后图形　　　图5-64 面积计算后图形

5.9.2 房间布置

1．加踢脚线

"加踢脚线"命令是生成房间的踢脚线。

执行方式：

命令行：JTJX。

菜单："房间屋顶"→"房间布置"→"加踢脚线"。

单击菜单命令后，显示"加踢脚线"对话框，在对话框控件中选择相应数据，单击"确定"按钮完成操作。

2．奇数分格

"奇数分格"命令绘制按奇数分格的地面或吊顶平面。

（1）执行方式

命令行：JSFG。

菜单："房间屋顶"→"房间布置"→"奇数分格"。

（2）操作步骤

1）打开图 5-61。

2）执行"奇数分格"命令，命令行提示如下：

请用三点定一个要奇数分格的四边形,第一点〈退出〉:点选 A 角点

第二点〈退出〉:点选 B 角点

第二点〈退出〉:点选 C 角点

第一、二点方向上的分格宽度(小于 100 为格数)〈500〉:600

第二、三点方向上的分格宽度(小于 100 为格数)〈600〉:按〈Enter〉键退出

完成房间奇数分格，绘制结果如图 5-65 所示。

3. 偶数分格

"偶数分格"命令绘制按偶数分格的地面或吊顶平面。

（1）执行方式

命令行：OSFG。

菜单："房间屋顶"→"房间布置"→"偶数分格"。

（2）操作步骤 执行"偶数分格"命令，命令行提示同"奇数分格"。

4. 布置洁具

"布置洁具"命令可以在卫生间或浴室中选取相应的洁具类型，布置卫生洁具等设施。

（1）执行方式

命令行：BZJJ。

菜单："房间屋顶"→"房间布置"→"布置洁具"。

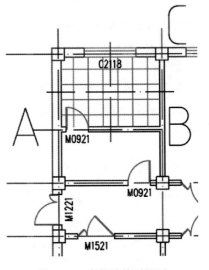

图 5-65 奇数分格后图形

（2）操作步骤

1）打开图 5-61，选取卫生间位置。

2）执行"布置洁具"命令，打开"天正洁具"对话框，如图 5-66 所示。

3）单击"洗脸盆"，右侧双击选定的洗脸盆，打开"布置洗脸盆 07"对话框，在对话框中设定洗脸盆的参数，插入方式选择沿墙内侧边线布置，如图 5-67 所示。

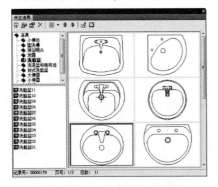

图 5-66 "天正洁具"对话框

图 5-67 "布置洗脸盆 07"对话框

4）单击绘图区域，选择墙体边线。

5）其他卫生洁具的布置方法同"洗脸盆",绘制结果如图 5-68 所示。

5. 布置隔断

"布置隔断"命令是通过使用两点直线来选取房间已经插入的洁具,输入隔板长度和隔断门宽来布置卫生间隔断。

(1) 执行方式

命令行:BZGD。

菜单:"房间屋顶"→"房间布置"→"布置隔断"。

(2) 操作步骤

1) 打开图 5-68。

2) 执行"布置隔断"命令,命令提示行如下:

输入一直线来选洁具!
起点:选择起点 A
终点:选择终点 B
隔板长度〈1200〉:1200
隔断门宽〈600〉:600

命令执行完毕后如图 5-69 所示。

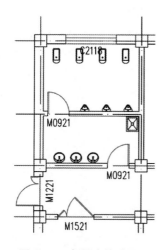

图 5-68 布置洁具后图形

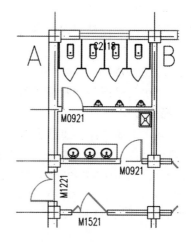

图 5-69 布置隔断后图形

6. 布置隔板

"布置隔板"命令通过两点直线选取房间已经插入的洁具,输入隔板长度完成卫生间小便器之间的隔板布置。

(1) 执行方式

命令行:BZGB。

菜单:"房间屋顶"→"房间布置"→"布置隔板"。

(2) 操作步骤 "布置隔板"命令同"布置隔断",命令执行完毕后如图 5-70 所示。

5.9.3 屋顶创建

本节主要介绍各种屋顶以及在屋顶中加老虎窗。

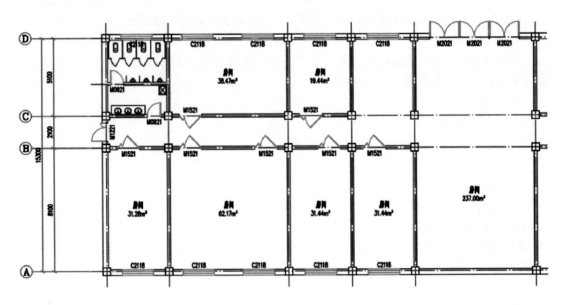

图 5-70　布置隔板后图形（局部）

1. 搜屋顶线

"搜屋顶线"命令是搜索整体墙线，按照外墙的外边生成屋顶平面的轮廓线。

（1）执行方式

命令行：SWDX。

菜单："房间屋顶"→"搜屋顶线"。

（2）操作步骤

1）绘制一个源文件，如图 5-71 所示。

2）执行"搜屋顶线"命令，命令行提示如下：

请选择构成一完成建筑物的所有墙体(或门窗):框选建筑物

偏移外皮距离〈600〉:按〈Enter〉键退出

绘制结果如图 5-72 所示。

图 5-71　墙体图

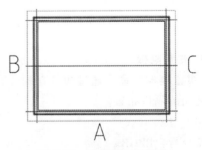

图 5-72　搜屋顶线后图形

2. 人字坡顶

"人字坡顶"命令可由封闭的多段线生成指定坡度角的单坡或双坡屋面对象。

（1）执行方式

命令行：RZPD。

菜单:"房间屋顶"→"人字坡顶"。

(2)操作步骤

1)打开图 5-72。

2)执行"人字坡顶"命令,命令行提示如下:

请选择一封闭的多段线〈退出〉:选择封闭的多段线 A

请输入屋脊线的起点〈退出〉:选择 B 点

请输入屋脊线的终点〈退出〉:选择 C 点

3)打开"人字坡顶"对话框,如图 5-73 所示。

在对话框中设置参数,然后单击"确定",绘制结果如图 5-74 所示。

图 5-73 "人字坡顶"对话框

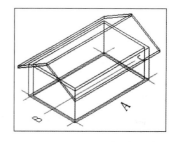

图 5-74 人字坡顶后图形

3. 任意坡顶

"任意坡顶"命令由封闭的多段线生成指定坡度的坡形屋面,对象编辑可分别修改各坡面坡度。

(1)执行方式

命令行:RYPD

菜单:"房间屋顶"→"任意坡顶"

(2)操作步骤

1)打开图 5-72。

2)执行"任意坡顶"命令,命令行提示如下:

选择一封闭的多段线〈退出〉:选择封闭的多段线

请输入坡度〈30〉:30

出檐长〈600〉:600

绘制结果如图 5-75 所示。

4. 攒尖屋顶

"攒尖屋顶"命令可以生成对称的正多边锥形攒尖屋顶,考虑出挑与起脊,可加宝顶与尖锥。

(1)执行方式

命令行:CJWD。

菜单:"房间屋顶"→"攒尖屋顶"。

(2)操作步骤

1)首先绘制一个源文件,如图 5-76 所示。

2)执行"攒尖屋顶"命令,打开"攒尖屋

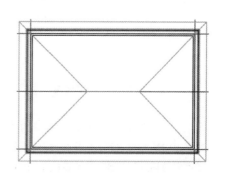

图 5-75 任意坡顶后图形

顶"对话框，如图 5-77 所示。

3）在对话框中输入相应的数值，在"边数"文本框内输入数值 6，在"屋顶高"文本框内输入数值 3000，在"出檐长"文本框内输入数值 600，命令行提示为：

请输入屋顶的中心位置：选 A
获得第二个点：选 B

绘制结果如图 5-78 所示。

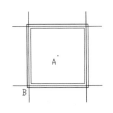

图 5-76　源图　　　　　图 5-77　"攒尖屋顶"对话框　　　图 5-78　攒尖屋顶后图形

5. 加老虎窗

"加老虎窗"命令是在三维屋顶生成多种老虎窗形式。

（1）执行方式

命令行：JLHC。

菜单："房间屋顶"→"加老虎窗"。

（2）操作步骤

1）首先绘制一坡屋顶图，如图 5-79 所示。

2）执行"加老虎窗"命令，命令行提示如下：

请选择三维坡屋顶坡面〈退出〉：选 A 所在坡面

打开"加老虎窗"对话框，如图 5-80 所示，输入相应数值。

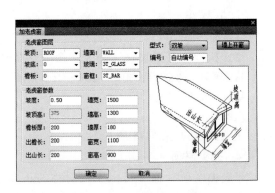

图 5-79　坡屋顶图　　　　　图 5-80　"加老虎窗"对话框

3）单击"确定"按钮，命令行提示为：

老虎窗的插入位置或[参考点(R)]〈退出〉：选 A
老虎窗的插入位置或[参考点(R)]〈退出〉：选 B

完成 A、B 处老虎窗插入。

命令执行完毕后如图 5-81 所示。

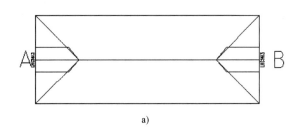
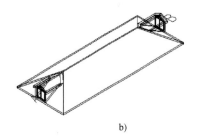

a)   b)

图 5-81 加老虎窗后图形

a) 老虎窗平视图 b) 加老虎窗立体视图

5.10 楼梯及其他设施

5.10.1 各种楼梯的创建

1. 直线梯段

"直线梯段"命令在对话框中输入梯段参数绘制直线梯段,用来组合复杂楼梯。

(1)执行方式

命令行:ZXTD。

菜单:"楼梯其他"→"直线梯段"。

(2)操作步骤 执行"直线梯段"命令,打开"直线梯段"对话框,如图 5-82 所示。命令行提示如下:

点取位置或 [转 90 度(A)/左右翻(S)/上下翻(D)/对齐(F)/改转角(R)/改基点(T)]〈退出〉:选 A

绘制结果如图 5-83 所示。

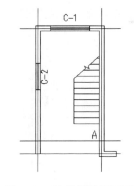

图 5-82 "直线梯段"对话框   图 5-83 直线梯段后图形

2. 圆弧梯段

"圆弧梯段"命令可在对话框中输入梯段参数,绘制弧形楼梯,用来组合复杂楼梯。

(1)执行方式

命令行:YHTD。

菜单:"楼梯其他"→"圆弧梯段"。

（2）操作步骤

1）执行"圆弧梯段"命令，打开"圆弧梯段"对话框，如图5-84所示。

2）在对话框中输入相应的数值，命令行提示如下：

点取位置或[转90度(A)/左右翻(S)/上下翻(D)/对齐(F)/改转角(R)/改基点(T)]〈退出〉:选A

绘制结果如图5-85所示。

图5-84　"圆弧梯段"对话框

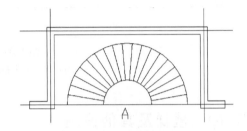
图5-85　圆弧梯段后图形

3. 任意梯段

"任意梯段"命令可以选择图中直线或圆弧作为梯段边线输入踏步参数绘制楼梯。

（1）执行方式

命令行：RYTD。

菜单："楼梯其他"→"任意梯段"。

（2）操作步骤

1）首先绘制一边线图，如图5-86所示。

2）执行"任意梯段"命令，命令行提示如下：

请单击梯段左侧边线(LINE/ARC):选择边线A
请单击梯段右侧边线(LINE/ARC):选择边线B

3）打开"任意梯段"对话框，在对话框输入相应的数值，绘制结果如图5-87所示。任意梯段的三维显示如图5-88所示。

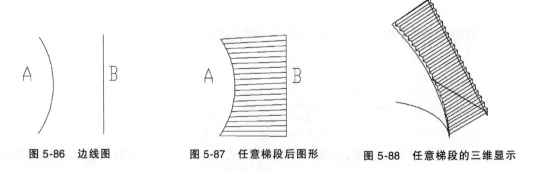

图5-86　边线图　　　图5-87　任意梯段后图形　　　图5-88　任意梯段的三维显示

4. 添加扶手

"添加扶手"命令的功能是沿楼梯或Pline路径生成扶手。

（1）执行方式

命令行：TJFS。

菜单："楼梯其他"→"添加扶手"。

(2) 操作步骤

1) 打开图 5-87。

2) 执行"添加扶手"命令，命令行提示如下：

请选择梯段或作为路径的曲线(线/弧/圆/多段线)：选择楼梯的左边沿 A

扶手宽度〈60〉：60

扶手顶面高度〈900〉：900

扶手距边〈0〉：0

生成楼梯左边扶手。

3) 重复上述命令生成楼梯右边扶手，绘制结果如图 5-89 所示，添加扶手的三维显示如图 5-90 所示。双击创建的扶手，可以进入对象编辑状态。

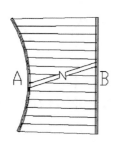

图 5-89　添加扶手后图形

图 5-90　扶手的三维显示

5．连接扶手

"连接扶手"命令的功能是把两段扶手连成一段。执行方式如下：

命令行：LJFS。

菜单："楼梯其他"→"连接扶手"。

6．双跑楼梯

"双跑楼梯"命令的功能是在对话框中输入梯间参数，直接绘制双跑楼梯。

(1) 执行方式

命令行：SPLT。

菜单："楼梯其他"→"双跑楼梯"。

(2) 操作步骤

1) 打开图 5-70。

2) 执行"双跑楼梯"命令，打开"双跑楼梯"对话框，如图 5-91 所示。

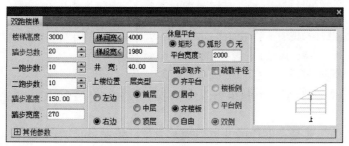

图 5-91　"双跑楼梯"对话框

3）在对话框中输入相应的数值，如图 5-91 所示，命令行提示：

单击位置或[转 90 度(A)/左右翻(S)/上下翻(D)/对齐(F)/改转角(R)/改基点(T)]〈退出〉:<u>选择房间左上内角点</u>

绘制结果如图 5-92 所示。双跑楼梯的三维显示如图 5-93 所示。

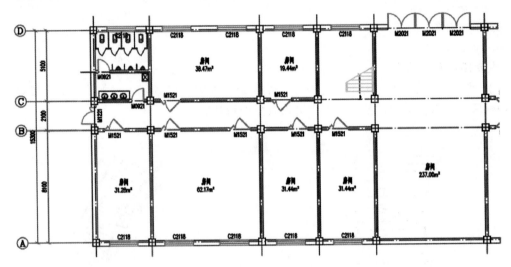

图 5-92　双跑楼梯后图形（局部）

7. 多跑楼梯

"多跑楼梯"命令的功能是在输入关键点建立多跑楼梯。

（1）执行方式

命令行：DPLT。

菜单："楼梯其他"→"多跑楼梯"。

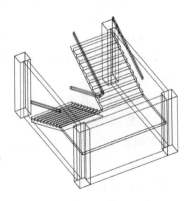

（2）操作步骤

1）执行"多跑楼梯"命令，打开"多跑楼梯"对话框，如图 5-94 所示。在对话框输入相应的数值。

2）命令行提示如下：

图 5-93　双跑楼梯的三维显示

单击位置或[转 90 度(A)/左右翻(S)/上下翻(D)/对齐(F)/改转角(R)/改基点(T)]〈退出〉:<u>选择房间左上内角点</u>

起点〈退出〉:<u>选 A</u>

输入新梯段的终点〈退出〉:<u>选 B</u>

输入新休息平台的终点或[撤销上一梯段(U)]〈退出〉:<u>选 D</u>

输入新梯段的终点或[撤销上一平台(U)]〈退出〉:<u>选 E</u>

输入新休息平台的终点或[撤销上一梯段(U)]〈退出〉:<u>选 G</u>

输入新梯段的终点或[撤销上一平台(U)]〈退出〉:<u>选 H</u>

绘制结果如图 5-95 所示。多跑楼梯的三维显示如图 5-96 所示。

8. 电梯

"电梯"命令的功能是在电梯间井道内插入电梯，绘制电梯简图。

（1）执行方式

第 5 章 天正建筑平面图绘制

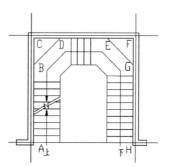
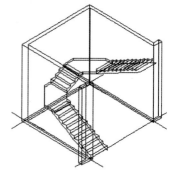

图 5-94 "多跑楼梯"对话框　　图 5-95 多跑楼梯后图形　　图 5-96 多跑楼梯的三维显示

命令行：DT。

菜单："楼梯其他"→"电梯"。

（2）操作步骤

1）执行"电梯"命令，打开"电梯参数"对话框，如图 5-97 所示。

2）在对话框中输入相应的数值，命令行提示如下：

请给出电梯间的一个角点或[参考点(R)]〈退出〉：

再给出上一角点的对角点：

请单击开电梯门的墙线〈退出〉：

请单击平衡块的所在的一侧〈退出〉：

请单击其他开电梯门的墙线〈无〉：

按命令行提示操作后，绘制的电梯图如图 5-98 所示。

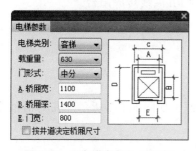
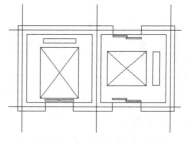

图 5-97 "电梯参数"对话框　　　　　图 5-98 电梯图

9．自动扶梯

"自动扶梯"命令可以在对话框中输入梯段参数，绘制单台或双台自动扶梯。

（1）执行方式

命令行：ZDFT。

菜单："楼梯其他"→"自动扶梯"。

（2）操作步骤

1）执行"自动扶梯"命令，打开"自动扶梯"对话框，如图 5-99 所示。

2）在对话框中输入相应的数值，勾选"单

图 5-99 "自动扶梯"对话框

141

梯"选项，命令行提示为：

点取位置或[转90度(A)/左右翻(S)/上下翻(D)/对齐(F)/改转角(R)/改基点(T)]〈退出〉:<u>点选插入点</u>

绘制结果如图5-100所示。

3)"双梯"选项，绘制方法同"单梯"。绘制结果如图5-101所示。

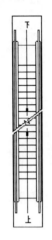

图5-100 添加单梯后图形

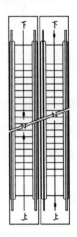

图5-101 添加双梯后图形

5.10.2 其他设施

1. 阳台

"阳台"命令可以直接绘制阳台或把预先绘制好的Pline线转成阳台。

（1）执行方式

命令行：YT。

菜单："楼梯其他"→"阳台"。

（2）操作步骤

1）执行"阳台"命令，打开"绘制阳台"对话框，如图5-102所示。在对话框中输入相应的阳台参数。

2）选择图样中插入阳台的位置，命令行提示如下：

阳台起点〈退出〉:<u>选择起点</u>

阳台终点或[翻转到另一侧(F)]〈取消〉:<u>选择添加阳台终点(按〈F〉键可改变创建阳台的方向)</u>

绘制结果如图5-103所示。

图5-102 "绘制阳台"对话框

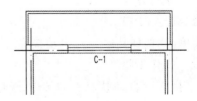

图5-103 添加阳台后图形

2. 台阶

"台阶"命令可以直接绘制台阶或把预先绘制好的 Pline 线转成台阶。

（1）执行方式

命令行：TJ。

菜单："楼梯其他"→"台阶"。

（2）操作步骤

1）打开图 5-92。

2）执行"台阶"命令，打开"台阶"对话框，在对话框中输入相应的数值，如图 5-104 所示。命令行提示如下：

指定第一点[中心定位(C)/门窗对中(D)]〈退出〉:选择台阶第一点

第二点或[翻转到另一侧(F)]〈取消〉:选择台阶第二点

指定第一点[中心定位(C)/门窗对中(D)]〈退出〉:按〈Enter〉键退出

绘制结果如图 5-105 所示。

图 5-104 "台阶"对话框

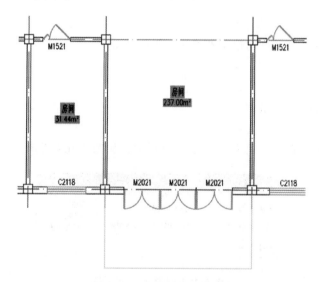

图 5-105 添加台阶后图形

3. 坡道

（1）执行方式

命令行：PD。

菜单："楼梯其他"→"坡道"。

（2）操作步骤

1）打开图 5-105。

2）执行"坡道"命令，打开"坡道"对话框，在对话框中输入相应的数值，如图 5-106 所示。命令行提示如下：

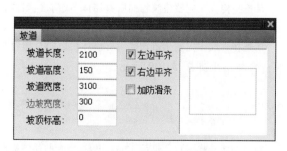

图 5-106 "坡道"对话框

点取位置或[转90度(A)/左右翻(S)/上下翻(D)/对齐(F)/改转角(R)/改基点(T)]〈退出〉:
按命令行提示进行相关操作,绘制结果如图5-107所示。

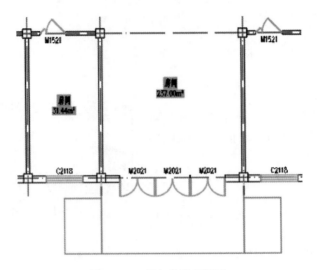

图5-107　添加坡道后图形

4. 散水

"散水"命令可以通过自动搜索外墙线,绘制散水。

(1) 执行方式

命令行:SS。

菜单:"楼梯其他"→"散水"。

(2) 操作步骤

1) 执行"散水"命令,打开"散水"对话框,如图5-108所示。

图5-108　"散水"对话框

2) 在对话框中输入相应的数值,命令行提示为:

请选择构成一完整建筑物的所有墙体(或门窗、阳台)〈退出〉:框选平面图
请选择构成一完整建筑物的所有墙体(或门窗、阳台)〈退出〉:生成散水
请选择构成一完整建筑物的所有墙体(或门窗、阳台)〈退出〉:按〈Enter〉键退出
绘制结果如图5-109所示。

绘制一张一梯三户,进深12m、开间15m的住宅标准层平面图。

第 5 章 天正建筑平面图绘制

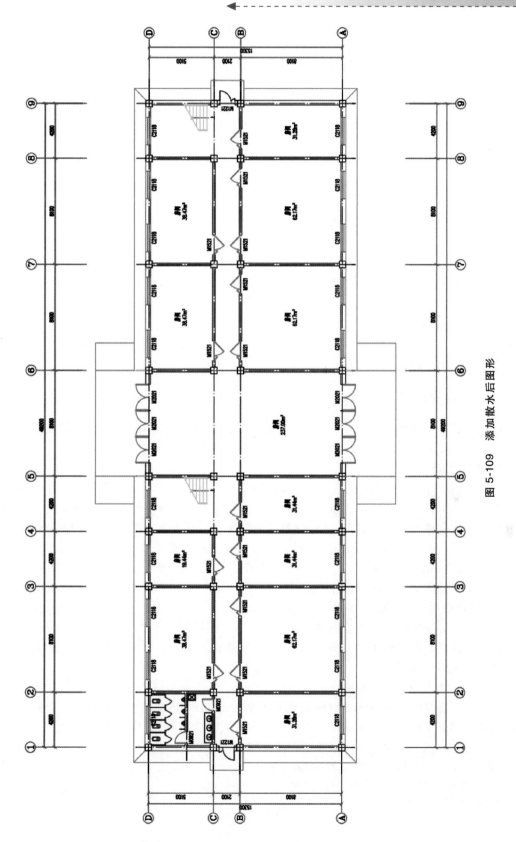

图 5-109 添加散水后图形

第6章 天正建筑立面图与建筑剖面图绘制

在绘制完工程的平面图后，还需要绘制建筑的立面图和剖面图。建筑立面图主要用来表示建筑物的外形及外墙面装饰要求等方面的内容。

建筑剖面图是用来表达建筑物的剖面设计细节的图形。天正剖面图是通过平面图中构件的三维信息在指定剖切位置消隐获得的二维图形，除了符号与尺寸标注对象及可见的门窗、阳台图块是天正自定义对象外，墙线、梁线等构成元素都是AutoCAD的基本对象。

6.1 建筑立面图绘制

立面图绘制分创建立面图和立面编辑两部分。

6.1.1 创建立面图

绘制建筑的立面可以形象地表达出建筑物的三维信息，受建筑物的细节和视线方向的遮挡，建筑立面在天正系统中为二维信息。立面的创建可以通过天正命令自动生成。

1. 建筑立面

"建筑立面"命令可以生成建筑物立面，但生成的立面需以平面图为基础，在当前工程为空的情况下执行本命令，会出现警告对话框"请打开或新建一个工程管理项目，并在工程数据库中建立楼层表"。所以在执行建筑立面命令前，首先需要进行工程管理的创建。

1）创建工程管理项目。执行"工程管理"命令，选取新建工程，出现新建工程的对话框，如图6-1所示。在"文件名"中输入文件名称为"办公楼"，然后单击"保存"按钮，即可生成工程管理器，如图6-2所示。

2）组合楼层。组合楼层有两种方式：

方式一：如果每层平面图均有独立的图纸文件，此时可将多个平面图文件放在同一文件夹下，在工程管理器中单击"打开"按钮打开所需平面，确定每个标准层都有的共同对齐点，然后完成组合楼层。

方式二：如果多个平面图放在一个图纸文件中，可以在楼层栏的电子表格中分别选取图中的平面图，指定共同对齐点，然后完成组合楼层（以图6-5作为组合楼层平面图）。同时，也可以指定部分平面图在其他图纸文件中，采用方式二比较灵活，适用性也强。

为了综合演示，采用方式一。单击相应按钮，命令行提示如下：

选择第一个角点〈取消〉:选择所选楼层的左下角
另一个角点〈取消〉:选择所选楼层的右上角
对齐点〈取消〉:选择开间和进深的第一轴线交点
成功定义楼层！

图 6-1 新建工程管理

图 6-2 工程管理器

此时将所选的楼层定义为第一层,如图 6-3 所示。然后重复上面的操作完成各楼层的定义,如图 6-4 所示。当所在标准层不在同一图纸中的时候,可以通过单击文件后面的方框"选择层文件"选择需要装入的楼层。

图 6-3 定义第一层

图 6-4 定义楼层

3)执行"建筑立面"命令,命令行提示如下

请输入立面方向或[正立面(F)/背立面(B)/左立面(L)/右立面(R)]〈退出〉:<u>选择正立面 F</u>

请选择要出现在立面图上的轴线:<u>选择轴线</u>

请选择要出现在立面图上的轴线:<u>选择轴线</u>

请选择要出现在立面图上的轴线:<u>按〈Enter〉键退出</u>

4)打开"立面生成设置"对话框,如图 6-6 所示。

5)在对话框中输入相应的参数,然后单击"生成立面"按钮,输入要生成的立面文件的名称和保存的位置。

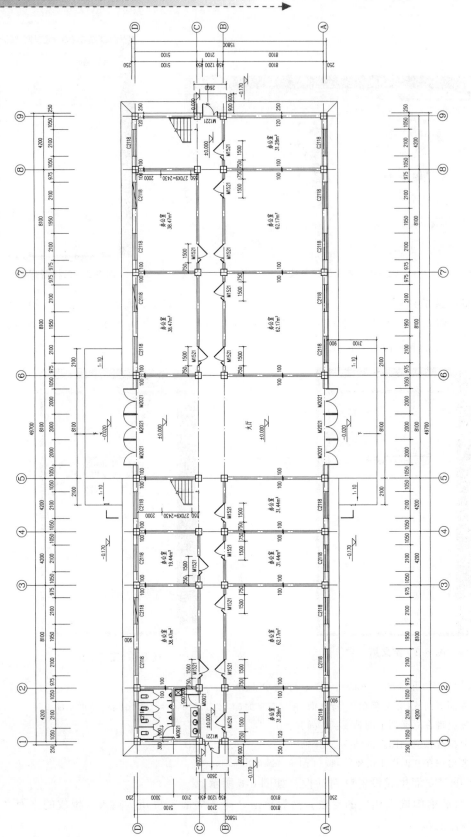

图 6-5 首层平面图 1:100

第6章 天正建筑立面图与建筑剖面图绘制

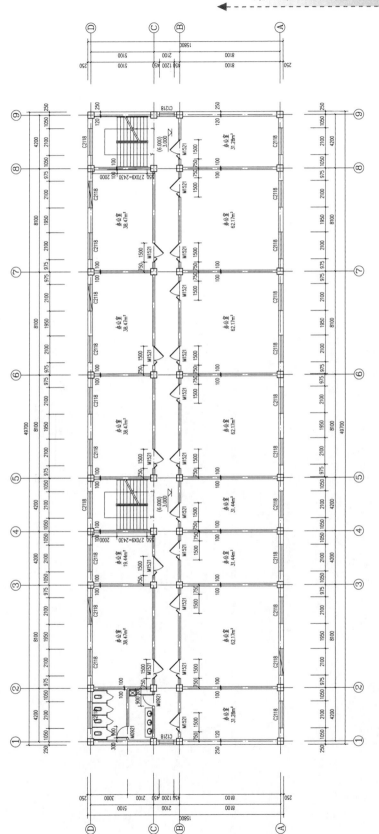

图 6-5 平面图（续）

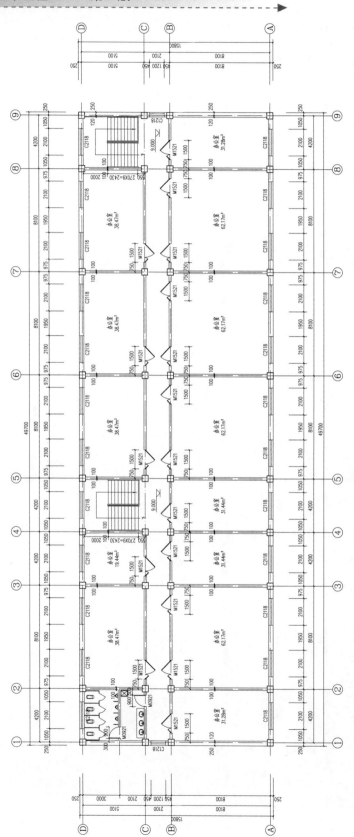

图 6-5 平面图（续）

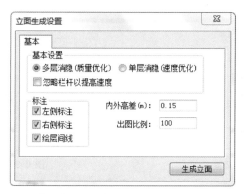

图 6-6 "立面生成设置"对话框

6）单击"保存"按钮，即可在指定位置生成立面图，如图 6-7 所示。

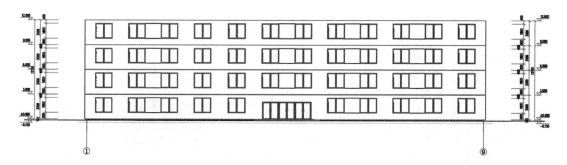

图 6-7 立面图

2. 构件立面

"构件立面"命令可以对选定的三维对象生成立面形状。

（1）执行方式

命令行：GJLM。

菜单："立面"→"构件立面"。

（2）操作步骤

1）打开源图 6-8。

2）执行"构件立面"命令，命令行提示如下：

请输入立面方向或[正立面(F)/背立面(B)/左立面(L)/右立面(R)/顶视图(T)]〈退出〉:F
请选择要生成立面的建筑构件:
请选择要成成立面的建筑构件:按〈Enter〉键结束选择
请单击放置位置:选择楼梯立面

按〈Enter〉键，绘制结果如图 6-9 所示。

6.1.2 立面编辑

根据立面构件的要求，对生成的建筑立面进行编辑，可以完成创建门窗、阳台、屋顶、门窗套、雨水管、轮廓线等功能。

1. 立面门窗

"立面门窗"命令可以插入、替换立面图上的门窗，同时对立面门窗库进行维护。

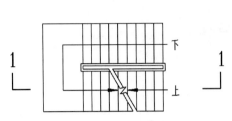

图6-8 楼梯平面图

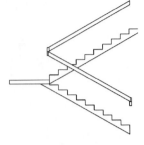

图6-9 楼梯构件立面图

（1）执行方式

命令行：LMMC。

菜单："立面"→"立面门窗"。

（2）操作步骤

1）打开图6-7。

2）执行"立面门窗"命令，打开"天正图库管理系统"窗口，如图6-10所示。单击上方的"替换"按钮。

天正自动选择新选的门窗替换原有的门窗，结果如图6-11所示。

2．门窗参数

"门窗参数"命令可以修改立面门窗的尺寸和位置。

（1）执行方式

命令行：MCCS。

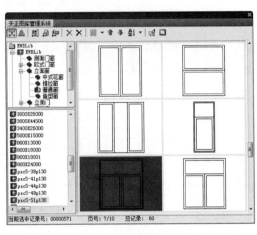

图6-10 "天正图库管理系统"对话框

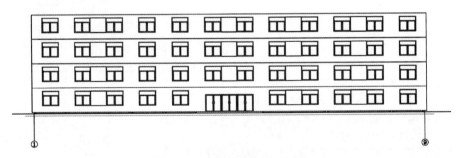

图6-11 替换门窗后的立面图

菜单："立面"→"门窗参数"。

（2）操作步骤

1）打开图6-11。

2）执行"门窗参数"命令，查询并更改左上侧的窗参数，命令行提示如下：

选择立面门窗:选 A、B、C、D....

选择立面门窗:按〈Enter〉键结束选择

底标高〈不变〉:按〈Enter〉键确定

高度〈1800〉:1800
宽度〈2100〉:1500

天正自动按照尺寸更新所选立面窗,结果如图6-12所示。

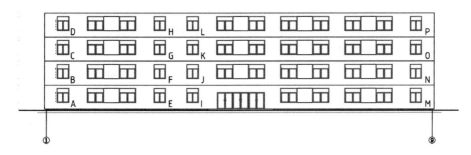

图6-12 修改窗参数后的立面图

3. 立面窗套命令

"立面窗套"命令可以生成全包的窗套或者窗上沿线和下沿线。

(1) 执行方式

命令行:LMCT

菜单:"立面"→"立面窗套"。

(2) 操作步骤

1) 打开图6-12。

2) 执行"立面窗套"命令,命令行提示如下:

请指定窗套的左下角点〈退出〉:选择窗A的左下角
请指定窗套的右上角点〈退出〉:选择窗A的右上角

3) 打开"窗套参数"对话框,如图6-13所示,选择全包模式,在对话框中输入窗套宽数值150,然后单击"确定"按钮,A窗加上窗套。B、C、D等窗加窗套同A窗。

图6-13 "窗套参数"对话框

4) 同理也可以对其他窗户进行加窗套程序,绘制结果如图6-14所示。

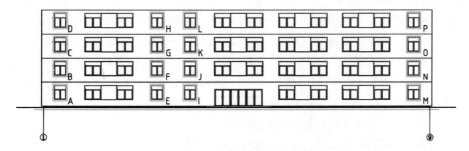

图6-14 加立面窗套后的立面图

4. 立面阳台

"立面阳台"命令可以插入、替换立面阳台和对立面阳台库进行维护。

(1) 执行方式

命令行：LMYT。

菜单："立面"→"立面阳台"。

（2）操作步骤

1）打开图 6-14。

2）执行"立面阳台"命令，打开"天正图库管理系统"窗口，单击选择阳台图块"阳台 1—正立面"，命令行提示如下：

点取插入点[转 90(A)/左右(S)/上下(D)/对齐(F)/外框(E)/转角(R)/基点(T)/更换(C)]〈退出〉：插入阳台

绘制结果如图 6-15 所示。

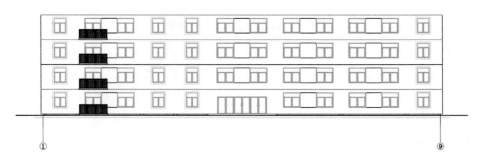

图 6-15　加阳台后的立面图

5．立面屋顶

"立面屋顶"命令可以完成多种形式的屋顶立面图。

（1）执行方式

命令行：LMWD。

菜单："立面"→"立面屋顶"。

（2）操作步骤

1）打开图 6-14。

2）执行"立面屋顶"命令，打开"立面屋顶参数"对话框，如图 6-16 所示，在其中填入歇山顶正立面的相关数据。

3）在"坡顶类型"中选择歇山顶正立面，在"屋顶高"中选择 2500，在"坡长"中选择 1600，在"歇山高"中选择 1500，在"出挑长"中选择 500，在"檐板宽"中选择 200，在"屋顶特性"中选择"全"，在"瓦楞线"中选择间距 200，单击"定位点 PT1-2"〈按钮，在图中选择屋顶的外侧，然后单击"确定"按钮完成操作，命令行提示如下：

请单击墙顶角点 PT1〈返回〉：指定歇山左侧的角点

请单击墙顶另一角点 PT2〈返回〉：指定歇山右侧的角点

绘制结果如图 6-17 所示。

6．雨水管线

"雨水管线"命令可以按给定的位置生成竖直向下的雨水管。

（1）执行方式

命令行：YSGX。

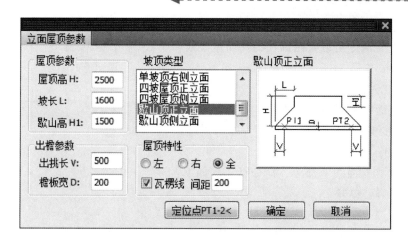

图 6-16 "立面屋顶参数"对话框

图 6-17 生成立面屋顶后的立面图

菜单:"立面"→"雨水管线"。

(2) 操作步骤

1) 打开图 6-17。

2) 执行"雨水管线"命令,命令行提示如下:

请指定雨水管的起点[参考点(R)/管径(D)]〈退出〉:<u>立面左上侧</u>
请指定雨水管的下一点[管径(D)/回退(U)]〈退出〉:<u>立面左下侧</u>
请指定雨水管的下一点[管径(D)/回退(U)]〈退出〉:<u>按〈Enter〉键</u>
请指定雨水管的管径〈100〉:<u>100</u>

绘制结果如图 6-18 所示。

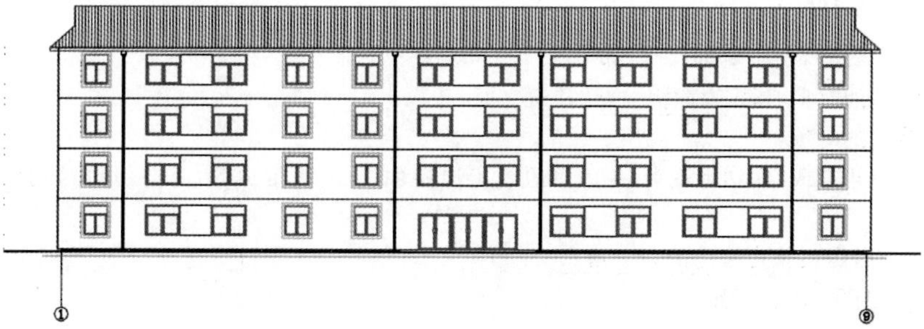

图 6-18 生成雨水管线后的立面图

7. 柱立面线

"柱立面线"命令可以绘制圆柱的立面过渡线。

(1) 执行方式

命令行：ZLMX。

菜单："立面"→"柱立面线"。

(2) 操作步骤

1) 绘制源图 6-19。

2) 执行"柱立面线"命令，命令行提示如下：

输入起始角〈180〉：180

输入包含角〈180〉：90

输入立面线数目〈12〉：36

输入矩形边界的第一个角点〈选择边界〉：A

输入矩形边界的第二个角点〈退出〉：B

绘制结果如图 6-20 所示。

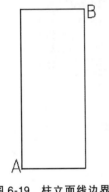

图 6-19 柱立面线边界

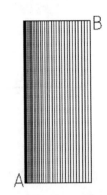

图 6-20 柱立面线图

8. 图形裁剪

"图形裁剪"命令可以对立面图形进行裁剪，实现立面遮挡。

(1) 执行方式

命令行：TXCJ。

菜单："立面"→"图形裁剪"。

(2) 操作步骤

1) 打开图 6-18。

2) 执行"图形裁剪"命令，命令行提示如下：

请选择被裁剪的对象：指定对角点：框选建筑立面

请选择被裁剪的对象：

矩形的第一个角点或[多边形裁剪(P)/多短线定边界(L)/图块定边界(B)]〈退出〉：指定框选的左下角点

另一个角点〈退出〉：指定框选的右上角点

绘制结果如图 6-21 所示。

9. 立面轮廓

"立面轮廓"命令可以对立面图搜索轮廓，生成轮廓粗线。

（1）执行方式

命令行：LMLK。

菜单："立面"→"立面轮廓"。

（2）操作步骤

1）打开图6-18。

2）执行"立面轮廓"命令，命令行提示如下：

选择二维对象:指定对角点:<u>框选立面图形</u>

选择二维对象:<u>按〈Enter〉键结束选择</u>

请输入轮廓线宽度(按模型空间的尺寸)〈0〉:<u>100</u>

成功地生成了轮廓线

绘制结果如图6-22所示。

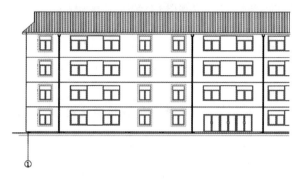

图6-21 裁剪后的立面图

图6-22 添加轮廓粗线后的立面图

6.2 建筑剖面图绘制

6.2.1 剖面创建

与建筑立面相似，绘制建筑的剖面也可以形象地表达出建筑物的三维信息，建筑剖面在天正系统中为二维信息。剖面的创建可以通过天正命令自动生成。

1．建筑剖面

"建筑剖面"命令可以生成建筑物剖面。在当前工程为空的时候执行本命令，会出现对话框"请打开或新建一个工程管理项目，并在工程数据库中建立楼层表"。

（1）执行方式

命令行：JZPM。

菜单："剖面"→"建筑剖面"。

（2）操作步骤

1）打开图6-5。

2）在首层确定剖面剖切位置，然后建立工程项目，执行"建筑剖面"命令，命令行提示如下：

请选择一剖切线:<u>选择剖切线</u>

请选择要出现在剖面图上的轴线:选择轴线

3）打开"剖面生成设置"对话框，在对话框中输入标注的数值，然后单击"生成剖面"按钮。

4）打开"输入要生成的文件"对话框，在对话框中输入要生成的剖面文件的名称和保存位置。

5）单击"保存"按钮，在指定位置生成剖面图，如图6-23所示。

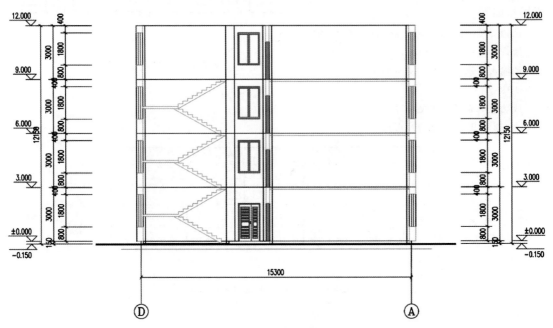

图 6-23 剖面图

2．构件剖面

"构件剖面"命令可以对选定的三维对象生成剖面形状。

（1）执行方式

命令行：GJPM。

菜单："剖面"→"构件剖面"。

（2）操作步骤

1）打开图6-8。

2）执行"构件剖面"命令，命令行提示如下：

请选择一剖切线:选择剖切线
请选择需要剖切的建筑构件:
请选择需要剖切的建筑构件:按〈Enter〉键结束选择
请单击放置位置:

绘制结果如图6-24所示。

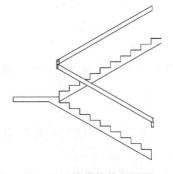

图 6-24 楼梯构件剖面图

6.2.2 剖面绘制

1．画剖面墙

"画剖面墙"命令可以绘制剖面双线墙。

(1) 执行方式

命令行：HPMQ。

菜单："剖面"→"画剖面墙"。

(2) 操作步骤

1) 打开图6-23，取局部如图6-25所示。

2) 执行"画剖面墙"命令，命令行提示如下：

请单击墙的起点(圆弧墙宜逆时针绘制)[取参照点(F)/单段(D)]〈退出〉:<u>单击墙体的起点A</u>
请单击直墙的下一点[弧墙(A)/墙厚(W)/取参照点(F)/回退(U)]〈结束〉:<u>W</u>
请输入左墙厚〈120〉:<u>按〈Enter〉键确定</u>
请输入右墙厚〈120〉:<u>按〈Enter〉键确定</u>
请单击直墙的下一点[弧墙(A)/墙厚(W)/取参照点(F)/回退(U)]〈结束〉:<u>单击墙体的终点B</u>

绘制结果如图6-26所示。

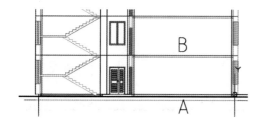

图6-25 原有剖面图　　　　图6-26 画剖面墙后图

2. 双线楼板

"双线楼板"命令可以绘制剖面双线楼板。

(1) 执行方式

命令行：SXLB。

菜单："剖面"→"双线楼板"。

(2) 操作步骤

1) 打开图6-23，取局部如图6-27所示。

2) 执行"双线楼板"命令，命令行提示如下：

请输入楼板的起始点〈退出〉:<u>单击楼板起始点A</u>
结束点〈退出〉:<u>单击楼板结束点B</u>
楼板顶面标高〈3000〉:<u>按〈Enter〉键确定</u>
楼板的厚度(向上加厚输负值)〈200〉:<u>120</u>

绘制结果如图6-28所示。

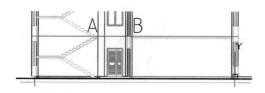 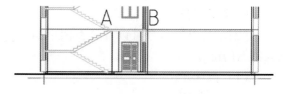

图6-27 未加楼板前图　　　　图6-28 加双线楼板后图

3. 预制楼板

"预制楼板"命令可以绘制剖面预制楼板。

(1) 执行方式

命令行：YZLB。

菜单："剖面"→"预制楼板"。

(2) 操作步骤

1) 打开图 6-28，取局部如图 6-29 所示。

2) 单击"预制楼板"按钮，显示对话框，输入相关数据，然后单击"确定"按钮，命令行提示如下：

请给出楼板的插入点〈退出〉：A

再给出插入方向〈退出〉：B

绘制结果如图 6-30 所示。

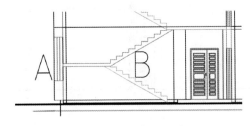

图 6-29 未加预制楼板前图

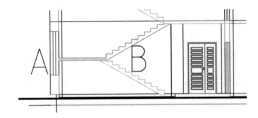

图 6-30 加预制楼板后图

4. 加剖断梁

"加剖断梁"命令可以绘制楼板、休息平台下的梁截面。

(1) 执行方式

命令行：JPDL。

菜单："剖面"→"加剖断梁"。

(2) 操作步骤

1) 打开图 6-23。

2) 执行"加剖断梁"命令，命令行提示如下：

请输入剖面梁的参照点〈退出〉：参照点

梁左侧到参照点的距离〈150〉：100

梁右侧到参照点的距离〈150〉：100

梁底边到参照点的距离〈450〉：300

加剖断梁后图如图 6-31 所示。

5. 剖面门窗

"剖面门窗"命令可以直接在图中插入剖面门窗。

(1) 执行方式

命令行：PMMC。

菜单："剖面"→"剖面门窗"。

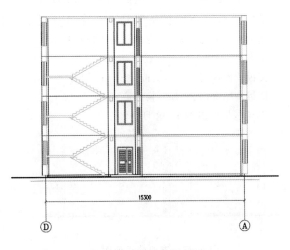

图 6-31 加剖断梁后图

(2) 操作步骤

1) 执行"剖面门窗"命令,打开"剖面门窗的默认形式"对话框。

2) 如果所选的剖面门窗形式不是默认形式,单击"剖面门窗的默认形式"对话框中下侧图形,进入"天正图库管理系统"窗口的剖面门窗,在其中选择合适的剖面门窗样式。

6. 剖面檐口

"剖面檐口"命令可以直接在图中绘制剖面檐口。

(1) 执行方式

命令行:PMYK。

菜单:"剖面"→"剖面檐口"。

(2) 操作步骤

1) 打开图 6-31。

2) 执行"剖面檐口"命令,打开"剖面檐口参数"对话框,在"檐口类型"中选择檐口类型(本例选用现浇挑檐),在"檐口参数"中输入数据,然后单击"确定"按钮,在图中选择插入点位置,命令行显示为:

请给出剖面檐口的插入点〈退出〉:选择所需插入的点

绘制结果如图 6-32 所示。

7. 门窗过梁

"门窗过梁"命令可以在剖面门窗上加过梁。

(1) 执行方式

命令行:MCGL。

菜单:"剖面"→"门窗过梁"。

(2) 操作步骤 执行"门窗过梁"命令,选择需要加过梁的剖面门窗,输入梁高。生成的剖面门窗过梁如图 6-33 所示。

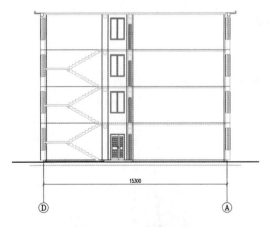

图 6-32 加剖面檐口后图

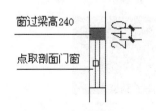

图 6-33 加门窗过梁后图

6.2.3 剖面楼梯与栏杆

1. 参数楼梯

"参数楼梯"命令可以按照参数交互方式生成楼梯。

(1) 执行方式

命令行：CSLT。

菜单："剖面"→"参数楼梯"。

(2) 操作步骤

1) 打开"参数楼梯"对话框，具体数据参照对话框，如图6-34所示。

2) 单击"确定"按钮，命令行提示如下：

请给出剖面楼梯的插入点〈退出〉:选取插入点

此时即可在指定位置生成剖面梯段，如图6-35所示。

图6-34　"参数楼梯"对话框

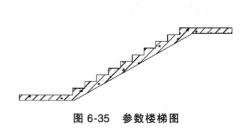

图6-35　参数楼梯图

2. 参数栏杆

"参数栏杆"命令可以按参数交互方式生成楼梯栏杆。

(1) 执行方式

命令行：CSLG。

菜单："剖面"→"参数栏杆"。

(2) 操作步骤

1) 打开"剖面楼梯栏杆参数"对话框，如图6-36所示。

2) 单击"确定"按钮，命令行提示如下：

请给出剖面楼梯的插入点〈退出〉:选取插入点

此时即可在指定位置生成剖面楼梯栏杆，绘制结果如图6-37所示。

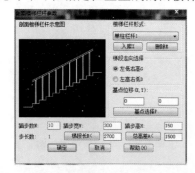

图6-36　"剖面楼梯栏杆参数"对话框

图6-37　参数栏杆图

3. 楼梯栏杆

"楼梯栏杆"命令可以自动识别剖面楼梯与可见楼梯，绘制楼梯栏杆和扶手。

（1）执行方式

命令行：LTLG。

菜单："剖面"→"楼梯栏杆"。

（2）操作步骤 "楼梯栏杆"与"参数栏杆"命令相似，可参照参数栏杆命令。

请输入楼梯扶手的高度〈1000〉：键入新值或按〈Enter〉键接受默认值
是否打断遮挡线〈Y/N〉？〈Yes〉:键入 N 或者按〈Enter〉键使用默认值
输入楼梯扶手的起始点〈退出〉：
结束点〈退出〉：
……

重复输入各梯段扶手的起始点与结束点，分段画出楼梯栏杆扶手，按〈Enter〉键退出。结果如图 6-38 所示。

4. 楼梯栏板

"楼梯栏板"命令可以自动识别剖面楼梯与可见楼梯，绘制实心楼梯栏板。

（1）执行方式

命令行：LTLB。

菜单："剖面"→"楼梯栏板"。

（2）操作步骤 执行"楼梯栏板"命令，操作与"楼梯栏杆"命令相同。

5. 扶手接头

"扶手接头"命令可以对楼梯扶手的接头位置做细部处理。

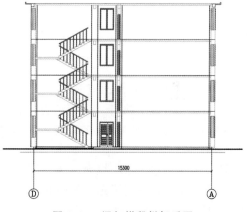

图 6-38　添加梯段栏杆后图

（1）执行方式

命令行：FSJT。

菜单："剖面"→"扶手接头"。

（2）操作步骤

1）打开图 6-38。

2）执行"扶手接头"命令，命令行提示如下：

请输入扶手伸出距离〈60〉：
请选择是否增加栏杆[增加栏杆(Y)/不增加栏杆(N)]〈增加栏杆(Y)〉：
请单击楼梯扶手的第一组接头线(近段)〈退出〉:选择扶手一端
再单击第二组接头线(远段)〈退出〉:选择扶手另一端
扶手接头的伸出长度〈150〉:键入新值或按〈Enter〉键接受默认值

此时在指定位置生成楼梯扶手接头，如图 6-39 所示。

6.2.4　剖面填充与加粗

通过命令直接对墙体进行填充和加粗。

1. 剖面填充

"剖面填充"命令可以识别天正生成的剖面构件，进行图案填充。

（1）执行方式

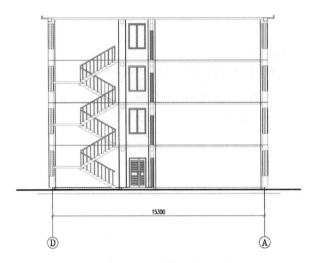

图 6-39　添加楼梯扶手接头后图

命令行：PMTC。

菜单："剖面"→"剖面填充"。

（2）操作步骤　执行"剖面填充"命令，命令行提示如下：

请选取要填充的剖面墙线梁板楼梯〈全选〉:选择要填充的墙线

选择对象:按〈Enter〉键结束

打开"请点取所需的填充图案"对话框，如图 6-40 所示。然后单击"确定"按钮，此时在指定位置生成剖面填充，如图 6-41 所示。

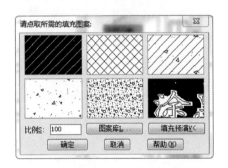

图 6-40　请点取所需的"填充图案"对话框

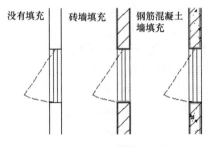

图 6-41　剖面填充后图

2. 居中加粗

"居中加粗"命令可以将剖面图中的剖切线向墙两侧加粗。

（1）执行方式

命令行：JZJC。

菜单："剖面"→"居中加粗"。

（2）操作步骤　执行"居中加粗"命令，命令行提示如下：

请选取要变粗的剖面墙线梁板楼梯线（向两侧加粗）〈全选〉:选择墙线

选择对象:按〈Enter〉键结束

此时在指定位置生成居中加粗，如图 6-42 所示。

3. 向内加粗

"向内加粗"命令可以将剖面图中的剖切线向墙内侧加粗。

(1) 执行方式

命令行：XNJC。

菜单："剖面"→"向内加粗"。

(2) 操作步骤　执行"向内加粗"命令，命令行提示如下：

请选取要变粗的剖面墙线梁板楼梯线(向内侧加粗)〈全选〉:选择墙线 A

选择对象:选择墙线 B

选择对象:按〈Enter〉键结束

此时在指定位置生成向内加粗，如图 6-43 所示。

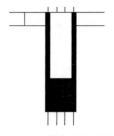

图 6-42　居中加粗后图

4. 取消加粗

"取消加粗"命令可以将已经加粗的剖切线恢复原状。

(1) 执行方式

命令行：QXJC。

菜单："剖面"→"取消加粗"。

(2) 操作步骤　打开图 6-43，执行"取消加粗"命令，命令行提示如下：

请选取要恢复细线的剖切线〈全选〉:选择墙线 A

选择对象:选择墙线 B

选择对象:按〈Enter〉键结束

此时在指定位置取消加粗，如图 6-44 所示。

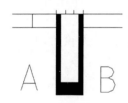

图 6-43　向内加粗后图

图 6-44　取消加粗后图

复习题

1. 在第 5 章复习题的基础上绘制其立面图（层数为六层）。
2. 绘制第 5 章复习题的剖面图。

天正文字表格与尺寸标注 第7章

文字是建筑绘图中的重要组成部分，所有的设计说明、符号标注和尺寸标注等都需要文字去表达。而且在图样中必不可少的设计说明也是由文字和表格组成的。天正软件推出的自定义表格对象具备特有的电子表格绘制和编辑功能，不仅可以方便地生成表格，还可以方便地通过夹点拖动与对象编辑功能进行修改和编辑。

尺寸标注也是建筑设计的重要组成部分。天正软件全面使用了自定义专业对象技术，专门针对建筑行业图样的尺寸标注开发了自定义尺寸标注对象，取代了 AutoCAD 的尺寸标注，该对象按照我国建筑制图规范的标注要求，对 AutoCAD 的通用尺寸标注进行了优化。

7.1 文字表格

7.1.1 文字工具的相关命令

1. 文字样式

"文字样式"命令可以创建或修改命名天正扩展文字样式，并设置图形中的当前文字样式。

（1）执行方式

命令行：WZYS。

菜单："文字表格"→"文字样式"。

（2）操作步骤　执行"文字样式"命令，打开"文字样式"对话框，如图 7-1 所示。具体文字样式应根据相关规定执行，在此不做示例。

2. 单行文字

"单行文字"命令可以创建符合中国建筑制图标准的单行文字。

（1）执行方式

命令行：DHWZ。

菜单："文字表格"→"单行文字"。

（2）操作步骤

1）执行"单行文字"命令，打开"单行文字"对话框，如图 7-2 所示。

2）将对话框中的"文字输入"清空，然后输入"1~2 轴间建筑面积 100m2，用的钢筋为"。在该段

图 7-1 "文字样式"对话框

文字中选中 1，单击圆圈文字①；选中 2，单击圆圈文字①；选中 m 后面的 2，单击上标 m^2；右文来选择合适的钢筋符号（如Φ）插入。

在绘图区中单击，命令行显示：

请点取插入位置〈退出〉:将文字内容插入需要的位置
请点取插入位置〈退出〉:按〈Enter〉键结束

绘制结果如图 7-3 所示。

图 7-2 "单行文字"对话框 　　图 7-3 单行文字图

3. 多行文字

"多行文字"命令可以创建符合我国建筑制图标准的整段文字。

（1）执行方式

菜单："文字表格"→"多行文字"。

（2）操作步骤

1）执行"多行文字"命令，打开"多行文字"对话框，如图 7-4 所示。

2）将"文字输入区"清空，输入文字。

在绘图区中单击，命令行显示：

左上角或[参考点(R)]〈退出〉:将文字内容插入指定的位置

图 7-4 "多行文字"对话框

绘制结果如图 7-5 所示。

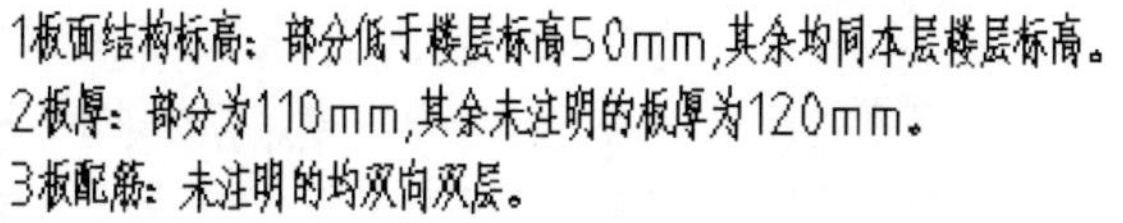

图 7-5 多行文字图

4. 曲线文字

"曲线文字"命令可以直接按弧线方向书写中英文字符串，或者在已有的多段线上布置中英文字符串，可将图中的文字改排成曲线。

（1）执行方式

命令行：QXWZ。

菜单："文字表格"→"曲线文字"。

（2）操作步骤

1）编辑一源文件，如图 7-6 所示。

2) 执行"曲线文字"命令，命令行提示如下：

A-直接写弧线文字/P-按已有曲线布置文字〈A〉:P

请选取文字的基线〈退出〉:选择曲线

输入文字:天正建筑文字

请键入模型空间字高〈500〉:

绘制结果如图 7-7 所示。

图 7-6　曲线文字源图　　　　　　图 7-7　曲线文字图

5. 专业词库

"专业词库"命令可以输入或维护专业词库中的内容，由用户扩充的专业词库，提供了一些常用的建筑专业词汇，可以随时插入图中，词库还可在各种符号标注命令中调用，其中作法标注命令可调用北方地区常用的 88J1-X12000 版工程作法作为主要内容。

（1）执行方式

命令行：ZYCK。

菜单："文字表格"→"专业词库"。

（2）操作步骤

1）执行"专业词库"命令，打开"专业词库"对话框，如图 7-8a 所示。单击"材料做法"中的"墙面作法"，右侧选择纸软木墙面（20），在编辑框内显示要输入的文字。

a)　　　　　　　　　　　　　　　　　　b)

图 7-8　专业词库

a)"专业词库"对话框　b)专业词库图

2）单击绘图区域，命令行显示如下：

请指定文字的插入点〈退出〉:将文字内容插入需要的位置

绘制结果如图 7-8b 所示。

6. 转角自纠

"转角自纠"命令可以把不符合建筑制图标准的文字予以纠正。

（1）执行方式

命令行：ZJZJ。

菜单："文字表格"→"转角自纠"。

（2）操作步骤

1）编辑一源文件，如图7-9所示。

2）执行"转角自纠"命令，命令行提示如下：

请选择天正文字：框选待修正的文字

绘制结果如图7-10所示。

图 7-9 文字源图

图 7-10 转角自纠后图

7．文字转化

"文字转化"命令可以把 AutoCAD 单行文字转化为天正单行文字。

（1）执行方式

命令行：WZZH。

菜单："文字表格"→"文字转化"。

（2）操作步骤 执行"文字转化"命令，命令行提示如下：

请选择 ACAD 单行文字：选择字体

结果生成符合要求的天正文字。

8．文字合并

"文字合并"命令可以把天正单行文字的段落合成一个天正多行文字。

（1）执行方式

命令行：WZHB。

菜单："文字表格"→"文字合并"。

（2）操作步骤

1）编辑一源文件，如图7-11所示。

2）执行"文字合并"命令，命令行提示如下：

请选择要合并的文字段落〈退出〉：框选天正单行文字的段落

请选择要合并的文字〈合并为多行文字〉段落〈退出〉：

[合并为单行文字(D)]〈合并为多行文字〉：

移动到目标位置〈替换原文字〉：选取文字移动到的位置

绘制结果如图7-12所示。

9．统一字高

"统一字高"命令可以把选择的文字字高统一为给定的字高。

（1）执行方式

命令行：TYZG。

菜单："文字表格"→"统一字高"。

（2）操作步骤

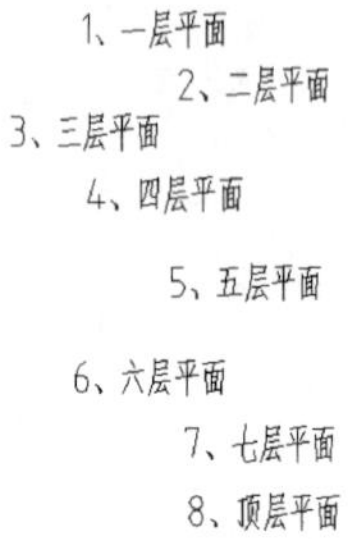
1、一层平面
2、二层平面
3、三层平面
4、四层平面
5、五层平面
6、六层平面
7、七层平面
8、顶层平面

图 7-11　文字源图

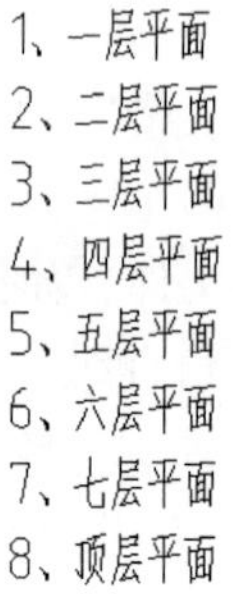
1、一层平面
2、二层平面
3、三层平面
4、四层平面
5、五层平面
6、六层平面
7、七层平面
8、顶层平面

图 7-12　文字合并后图

1）编辑一源文件，如图 7-13 所示。

2）执行“统一字高”命令，命令行提示如下：

请选择要修改的文字(ACAD 文字,天正文字)〈退出〉:指定对角线:框选需要统一字高的文字
请选择要修改的文字(ACAD 文字,天正文字)〈退出〉:按〈Enter〉键结束选择
字高()〈3.5mm〉:按〈Enter〉键结束

绘制结果如图 7-14 所示。

一层平面
二层平面
三层平面
四层平面
五层平面

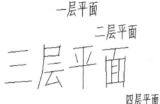

图 7-13　文字源图

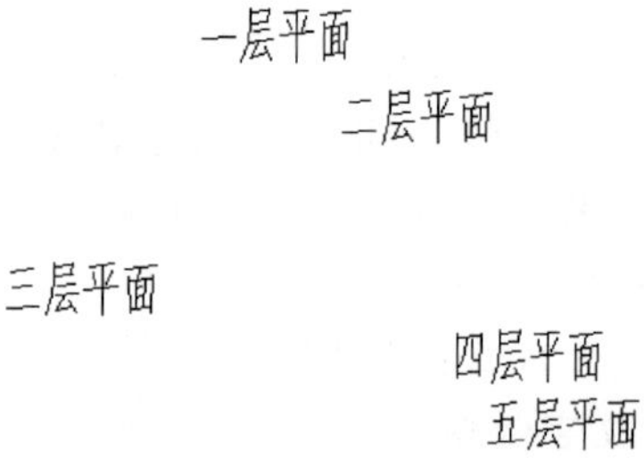
一层平面
二层平面
三层平面
四层平面
五层平面

图 7-14　统一字高后图

10. 查找替换

“查找替换”命令可以把当前图形中所有的文字进行查找和替换。

（1）执行方式

命令行：CZTH。

菜单：“文字表格”→“查找替换”。

（2）操作步骤

1）编辑一源文件，如图 7-15 所示。

2）执行“查找替换”命令，打开“查找和替换”对话框。

3）在“搜索范围”中选择文字区域，在“查找字符串”中输入“图”，在“替换为”中输入“土”，然后单击“全部替换”按钮完成操作。

绘制结果如图 7-16 所示。

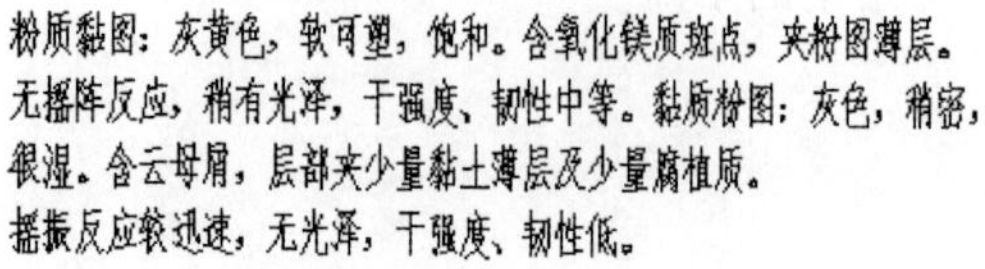
粉质黏图：灰黄色，软可塑，饱和。含氧化铁质斑点，夹粉图薄层。
无摇振反应，稍有光泽，干强度、韧性中等。黏质粉图：灰色，稍密，
很湿。含云母屑，层部夹少量黏土薄层及少量腐植质。
摇振反应较迅速，无光泽，干强度、韧性低。

图 7-15　文字源图

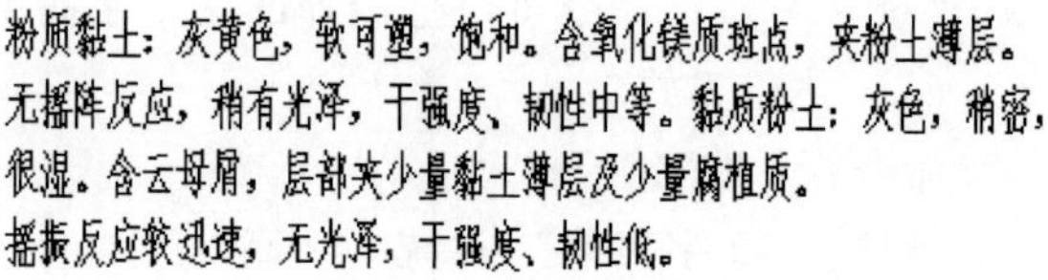
粉质黏土：灰黄色，软可塑，饱和。含氧化铁质斑点，夹粉土薄层。
无摇振反应，稍有光泽，干强度、韧性中等。黏质粉土：灰色，稍密，
很湿。含云母屑，层部夹少量黏土薄层及少量腐植质。
摇振反应较迅速，无光泽，干强度、韧性低。

图 7-16　查找替换后图

7.2 表格工具

表格是建筑绘图中的重要组成部分，通过表格可以层次清楚地表达大量的数据内容，表格可以独立绘制，也可以在门窗表和图纸目录中应用。

1. 新建表格

"新建表格"命令可以绘制表格并输入文字。

（1）执行方式

命令行：XJBG。

菜单："文字表格"→"新建表格"。

（2）操作步骤

1) 执行"新建表格"命令，打开"新建表格"对话框，如图 7-17 所示，输入图中所示数据，然后单击"确定"按钮，命令行显示为：

左上角点或[参考点(R)]〈退出〉:选取表格左上角在图纸中的位置

完成表格的创建。

2) 在表格中添加文字。单击选中表格，双击进行编辑，打开"表格设定"对话框，"文字参数"选项卡的内容按图 7-18 所示进行设置。

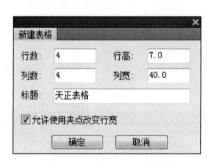

图 7-17 "新建表格"对话框

图 7-18 "表格设定"对话框

3) 单击"标题"选项卡，填写相关内容。

4) 单击右侧"全屏编辑"按钮，弹出图 7-19 所示对话框，按图 7-20 填写表格内容，单击"确定"按钮完成内容输入。

2. 转出 Excel

"转出 Excel"命令可以把天正表格输出到 Excel 新表单中或者更新到当前表单的选中区域。

（1）执行方式

菜单："文字表格"→"转出 Excel"。

（2）操作步骤

1) 打开图 7-20。

2) 执行"转出 Excel"命令，命令行提示如下：

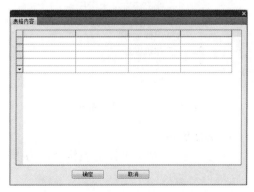

图 7-19 "表格内容"对话框

建筑经济技术指标			
序号	名称	数量	单位
1	总用地面积		
2	总建筑面积		
3	容积率		
4	绿化率		

图 7-20　新建表格图

Sheet2excel宏名称(N):

请选择表格〈退出〉:选中需要转出的表格对象

此时系统自动打开一个 Excel,并将表格内容输入到 Excel 表格中,如图 7-21 所示。

3. 全屏编辑

"全屏编辑"命令可以对表格内容进行全屏编辑。

(1) 执行方式

命令行:QPBJ。

菜单:"文字表格"→"表格编辑"→"全屏编辑"。

(2) 操作步骤

1) 打开图 7-20。

2) 执行"全屏编辑"命令,命令行提示如下:

选择表格:点选表格

3) 打开"表格内容"对话框,在其中输入内容,然后单击"确定"按钮,生成表格如图 7-22 所示。

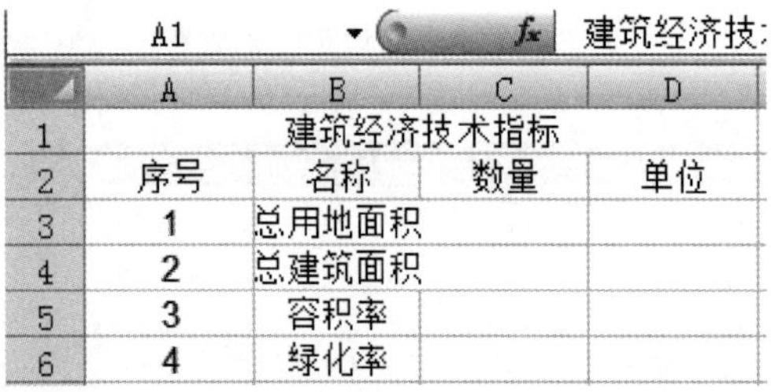

图 7-21　转出 Excel 图　　　　图 7-22　全屏编辑图

4. 拆分表格

"拆分表格"命令可以把表格分解为多个子表格,有行拆分和列拆分两种。

(1) 执行方式

命令行:CFBG。

菜单:"文字表格"→"表格编辑"→"拆分表格"。

(2) 操作步骤

1) 打开图 7-22 的图例表格。

2) 执行"拆分表格"命令，打开"拆分表格"对话框。

3) 在左选项组中勾选"行拆分"，在中选项组内取消"自动拆分"勾选，在右侧勾选"带标题"，"表头行数"选 1，如图 7-23 所示，然后单击"拆分〈"按钮，命令行提示如下：

请点取要拆分的起始行〈退出〉:选表格中序号下的第 3 行
请点取插入位置〈返回〉:在图中选择新表格的插入位置

绘制结果如图 7-24 所示，此方式可依次拆分原表格。

图 7-23 "拆分表格"对话框　　　图 7-24 拆分表格后图

5. 合并表格

"合并表格"命令可以把多个表格合并为一个表格，有行合并和列合并两种。

（1）执行方式

命令行：HBBG。

菜单："文字表格"→"表格编辑"→"合并表格"。

（2）操作步骤

1) 打开图 7-24。

2) 执行"合并表格"命令，命令行提示如下：

选择第一个表格或[列合并(C)]〈退出〉:选择上面的表格
选择第一个表格〈退出〉:选择下面的表格
选择第一个表格〈退出〉:按〈Enter〉键结束

完成后表格行数合并，最终表格行数等于所选各个表格行数之和，标题保留第一个表格的标题，如图 7-25 所示。

注意：如果被合并的表格有不同列数，最终表格的列数为最多的列数，各个表格的合并后多余的表头由用户自行删除。

图 7-25 合并表格后图

6. 表列编辑

"表列编辑"命令可以编辑表格的一列或多列。

(1) 执行方式

命令行：BLBJ。

菜单："文字表格"→"表格编辑"→"表列编辑"。

(2) 操作步骤

1) 打开图 7-25。

2) 执行"表列编辑"命令，命令行提示如下：

请点取一表列以编辑属性或[多列属性(M)/插入列(A)/加末列(T)/删除列(E)/交换列(X)]〈退出〉：在第一列中单击

3) 打开"列设定"对话框，在"水平对齐"中选择"居中"，然后单击"确定"完成操作，绘制结果如图 7-26 所示。

7．表行编辑

"表行编辑"命令可以编辑表格的一行或多行。

(1) 执行方式

命令行：BHBJ。

菜单："文字表格"→"表格编辑"→"表行编辑"。

(2) 操作步骤

1) 打开图 7-26。

2) 执行"表行编辑"命令，命令行提示如下：

请点取一表行以编辑属性或[多列属性(M)/增加行(A)/末尾加行(T)/删除行(E)/复制行(C)/交换列(X)]〈退出〉：在序号表行的表格处单击

3) 打开"行设定"对话框，在"行高特性"中选择"固定"，在"行高"单击，选择 14，在"文字对齐"中选择"居中"，然后单击"确定"按钮完成操作，绘制结果如图 7-27 所示。

图 7-26 表格表列编辑后图

图 7-27 表格表行编辑后图

8．增加表行

"增加表行"命令可以在指定表格行之前或之后增加一行。

(1) 执行方式

命令行：ZJBH。

菜单："文字表格"→"表格编辑"→"增加表行"。

(2) 操作步骤

1) 打开图 7-26。

2) 执行"增加表行"命令，命令行提示如下：

请点取一表行以(在本行之前)插入新行或 [在本行之后插入(A)/复制当前行(S)]〈退出〉：……

绘制结果如图 7-28 所示。

9. 删除表行

"删除表行"命令可以删除指定行。

(1) 执行方式

命令行：SCBH。

菜单："文字表格"→"表格编辑"→"删除表行"。

(2) 操作步骤

1) 打开图 7-28。

2) 执行"删除表行"命令，命令行提示如下：

请点取要删除的表行〈退出〉:点取表格时显示高亮的表行,单击要删除的某一行

请点取要删除的表行〈退出〉:按〈Enter〉键结束

绘制结果如图 7-29 所示。

图 7-28 表格增加表行后图

图 7-29 表格删除表行后图

10. 单元编辑

"单元编辑"命令可以编辑表格单元格,修改属性或文字。

(1) 执行方式

命令行：DYBJ。

菜单："文字表格"→"表格编辑"→"单元编辑"。

(2) 操作步骤

1) 打开图 7-29。

2) 执行"单元编辑"命令，命令行提示如下：

请点取一单元格进行编辑 [多格属性(M)/单元分解(X)]〈退出〉:选择序号单元格

3) 打开"单元格编辑"对话框，内容由"序号"变更为"指标序号"，然后单击"确定"按钮，按〈Enter〉键退出操作。

绘制结果如图 7-30 所示。

11. 单元递增

"单元递增"命令可以复制单元文字内容,并将单元内容的某一项递增或递减。同时按〈Shift〉键为直接拷贝,按〈Ctrl〉键为递减。

(1) 执行方式

命令行：DYDZ。

菜单："文字表格"→"表格编辑"→"单元递增"。

(2) 操作步骤

1) 打开图 7-30。

2) 执行"单元递增"命令，命令行提示如下：

请点第一个单元格〈退出〉:选第 1 单元格

请点最后一个单元格〈退出〉:选取下面第 4 单元格

绘制结果如图 7-31 所示。

建筑经济技术指标			
指标序号	名称	数量	单位
1	总用地面积	33233	m²
2	总建筑面积	14934.3	m²
3	容积率	0.45	
4	绿化率	35.2%	

图 7-30　表格单元编辑后图

建筑经济技术指标			
指标序号	名称	数量	单位
1	总用地面积	33233	m²
2	总建筑面积	33234	m²
3	容积率	33235	
4	绿化率	33236	

图 7-31　表格单元递增后图

12. 单元复制

"单元复制"命令可以复制表格中某一单元内容或者图块、文字对象至目标表格单元。

（1）执行方式

命令行：DYFZ。

菜单："文字表格"→"表格编辑"→"单元复制"。

（2）操作步骤

1）打开图 7-31。

2）执行"单元复制"命令，命令行提示如下：

点取拷贝源单元格或［选取文字(A)/选取图块(B)］〈退出〉:选取第二个"m²"单元格

点取粘贴至单元格(按 CTRL 键重新选择复制源)或[选取文字(A)/选取图块(B)]〈退出〉:选下面第一个表格

点取粘贴至单元格(按 CTRL 键重新选择复制源)或[选取文字(A)/选取图块(B)]〈退出〉:选下面第二个表格

绘制结果如图 7-32 所示。

13. 单元合并

"单元合并"命令可以合并表格的单元格。

（1）执行方式

命令行：DYHB。

菜单："文字表格"→"表格编辑"→"单元合并"。

（2）操作步骤

1）打开图 7-30。

2）执行"单元合并"命令，命令行提示如下：

点取第一个角点:以两点定范围框选表格中要合并的单元格

点取另一个角点:即可完成合并

合并后的文字居中，绘制结果如图 7-33 所示。

建筑经济技术指标			
指标序号	名称	数量	单位
1	总用地面积	33233	m²
2	总建筑面积	33234	m²
3	容积率	33235	m²
4	绿化率	33236	m²

图 7-32　表格单元复制后图

建筑经济技术指标			
	名称	数量	单位
指标序号	总用地面积	33233	m²
	总建筑面积	14934.3	m²
	容积率	0.45	
	绿化率	35.2%	

图 7-33　表格单元合并后图

14. 撤销合并

"撤销合并"命令可以撤销已经合并的单元格。

(1) 执行方式

命令行：CXHB。

菜单："文字表格"→"表格编辑"→"撤销合并"。

(2) 操作步骤

1) 打开图 7-33。

2) 执行"撤销合并"命令，命令行提示如下：

点取已经合并的单元格〈退出〉：选择需要撤销合并的单元格

绘制结果如图 7-34 所示。

建筑经济技术指标			
指标序号	名称	数量	单位
指标序号	总用地面积	33233	m²
指标序号	总建筑面积	14934.3	m²
指标序号	容积率	0.45	
指标序号	绿化率	35.2%	

图 7-34　表格撤销合并后图

7.3　尺寸标注

7.3.1　尺寸标注的创建

尺寸标注是建筑绘图中的重要组成部分，通过尺寸标注可以对图上的门窗、墙体等进行直线角度、弧长等标注。

1. 门窗标注

"门窗标注"命令可以标注门窗的定位尺寸。

(1) 执行方式

命令行：MCBZ。

菜单："尺寸标注"→"门窗标注"。

(2) 操作步骤

1) 打开图 5-64。

2) 执行"门窗标注"命令，命令行提示如下：

请用线选第一、二道尺寸线及墙体!

起点〈退出〉：选 A

终点〈退出〉：选 B

选择其他墙体：可选择临近的墙体进行补充标注

3) 单击"门窗标注"，命令行提示如下：

请用线选第一、二道尺寸线及墙体!

起点〈退出〉：选 C

终点〈退出〉:选 D
选择其他墙体:选择右侧墙体,找到 1 个
选择其他墙体:选择右侧墙体,找到 1 个,总计 2 个
选择其他墙体:可选择临近的墙体进行补充标注

用以上方式完成所有外墙门窗的尺寸标注,绘制结果如图 7-35 所示。

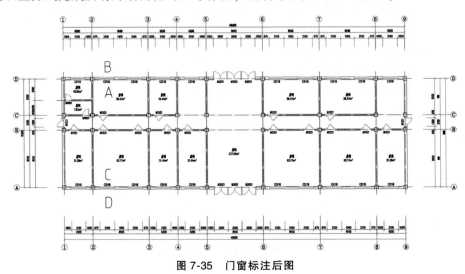

图 7-35　门窗标注后图

2. 墙厚标注

"墙厚标注"命令可以对两点连线穿越的墙体进行墙厚标注。

(1) 执行方式

命令行:QHBZ。

菜单:"尺寸标注"→"墙厚标注"。

(2) 操作步骤

1) 打开图 7-35。

2) 执行"墙厚标注"命令,命令行提示如下:

直线第一点〈退出〉:选 A

直线第二点〈退出〉:选 B

直线第一点〈退出〉:选 C

直线第二点〈退出〉:选 D

通过直线选取经过墙体的墙厚尺寸,如图 7-36 所示。

3. 两点标注

"两点标注"命令为两点连线附近有关系的轴线、墙线、门窗、柱子等构件标注尺寸,并可标注墙中点或者添加其他标注点。

(1) 执行方式

命令行:LDBZ。

菜单:"尺寸标注"→"两点标注"。

(2) 操作步骤

1) 打开图 7-36。

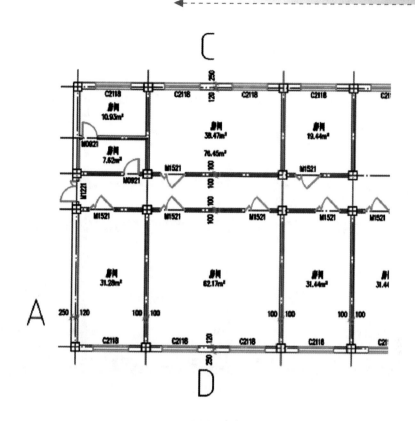

图 7-36 墙厚标注后图（局部）

2）执行"两点标注"命令，命令行提示如下：

起点(当前墙面标注)或[墙中标注(C)]〈退出〉:选 A

终点〈退出〉:选 B

选择标注位置点:选择生成标注的位置

选择终点或增删轴线、墙、门窗、柱子:如果要略过其中不需要标注的轴线和墙,在这里可以去掉这些对象

生成两点标注如图 7-37 所示。

4．内门标注

"内门标注"命令可以标注内墙门窗尺寸及门窗与最近的轴线或墙边的距离。

（1）执行方式

命令行：NMBZ。

菜单："尺寸标注"→"内门标注"。

（2）操作步骤

1）打开图 7-36。

2）执行"内门标注"命令，在弹出的对话框中选取轴线定位，命令行提示如下：

标注方式:轴线定位,请用线选门窗,并且第二点作为尺寸线位置！

起点〈退出〉:选 A

终点〈退出〉:选 B

相同方式标注其他内门，绘制结果如图 7-38 所示。

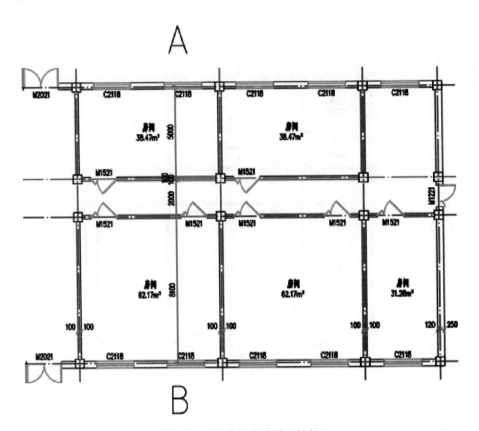

图 7-37　两点标注后图（局部）

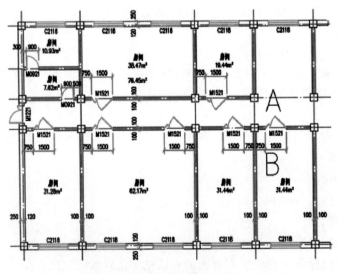

图 7-38　内门标注后图（局部）

5. 快速标注

"快速标注"命令可快速识别图形外轮廓或者基线点，沿着对象的长宽方向标注对象的几何特征尺寸。

(1) 执行方式

命令行：KSBS。

菜单："尺寸标注"→"快速标注"。

(2) 操作步骤

1) 打开图 7-36。

2) 执行"快速标注"命令，命令行提示如下：

请选择需要尺寸标注的墙[带柱子(Y)]〈退出〉:指定对角点:<u>框选 A 到 B</u>

请选择需要尺寸标注的墙[带柱子(Y)]〈退出〉:按〈Enter〉键结束

系统会直接对框选的对象进行标注，绘制结果如图 7-39 所示。

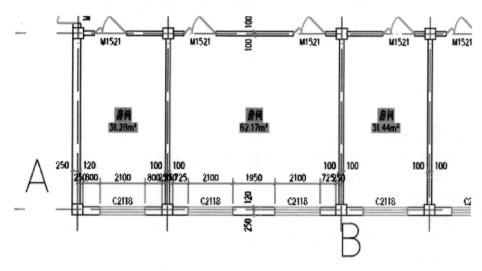

图 7-39 快速标注后图（局部）

6. 逐点标注

本命令是一个通用的灵活标注工具，对选取的一串给定点沿指定方向和选定的位置标注连续尺寸，特别适用于需要逐点定位标注的情况，以及其他标注命令难以完成的尺寸标注。

(1) 执行方式

命令行：ZDBZ。

菜单："尺寸标注"→"逐点标注"。

(2) 操作步骤

1) 打开图 7-36。

2) 执行"逐点标注"命令，命令行提示如下：

起点或[参考点(R)]〈退出〉:<u>选取待标注的起点</u>

第二点〈退出〉:<u>选取待标注的终点</u>

请单击尺寸线位置或[更正尺寸线方向(D)]〈退出〉:<u>创建标注尺寸线的位置</u>

请输入其他标注点或[撤销上一标注点(U)]〈退出〉:<u>依次选择其他需标注的点即可完成标注操作</u>

绘制结果如图 7-40 所示。

7. 半径标注

"半径标注"命令可以对弧墙或弧线进行半径标注。

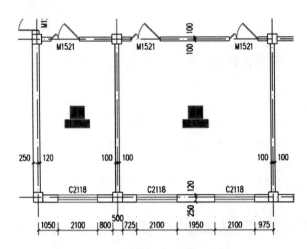

图 7-40　逐点标注后图（局部）

（1）执行方式

命令行：BJBZ。

菜单："尺寸标注"→"半径标注"。

（2）操作步骤　执行"半径标注"命令，命令行提示如下：

请选择待标注的圆弧〈退出〉:选择圆弧

绘制结果如图 7-41 所示。

8．直径标注

"直径标注"命令可以对圆进行直径标注。

（1）执行方式

命令行：ZJBZ。

菜单："尺寸标注"→"直径标注"。

（2）操作步骤　执行"直径标注"命令，命令行提示如下：

请选择待标注的圆弧〈退出〉:选择待标注的圆弧

绘制结果如图 7-42 所示。

图 7-41　半径标注后图

图 7-42　直径标注后图

9．角度标注

"角度标注"命令可按逆时针方向标注两根直线之间的夹角，请注意按逆时针方向选择要标注直线的先后顺序。

（1）执行方式

命令行：JDBZ。

菜单："尺寸标注"→"角度标注"。
(2) 操作步骤
1) 绘制一源图，如图7-43所示。
2) 执行"角度标注"命令，命令行提示如下：
请选择第一条直线〈退出〉:选 A
请选择第二条直线〈退出〉:选 B
绘制结果如图7-44a所示。
请选择第一条直线〈退出〉:选 B
请选择第二条直线〈退出〉:选 A
完成标注后，绘制结果如图7-44b所示。

图7-43 角度标注源图

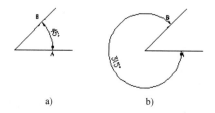

图7-44 角度标注后图
a) 角度标注1 b) 角度标注2

10. 弧长标注

"弧长标注"命令可以按国家规定方式标注弧长。
(1) 执行方式
命令行：HCBZ。
菜单："尺寸标注"→"弧长标注"。
(2) 操作步骤 执行"弧弦标注"命令，命令行提示如下：
请选择要标注的弧段:选择准备标注的弧墙、弧线
请移动光标位置确定要标注的尺寸类型〈退出〉:确定标注类型为弧长或弧度
请点取尺寸线位置〈退出〉:类似逐点标注,拖动到标注的最终位置
请输入其他标注点〈结束〉:继续选择其他标注点
……
请输入其他标注点〈结束〉:按〈Enter〉键结束。
绘制结果如图7-45所示。

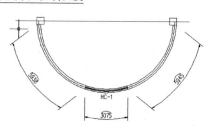

图7-45 弧长标注后图

7.3.2 尺寸标注的编辑

尺寸标注的编辑是对尺寸标注进行各种编辑的命令。

1. 文字复位

将尺寸标注中被拖动夹点移动过的文字恢复回原来的初始位置，可解决夹点拖动不当时与其他夹点合并的问题。
(1) 执行方式

命令行：WZFW。

菜单："尺寸标注"→"尺寸编辑"→"文字复位"。

（2）操作步骤

1）绘制一源图，如图 7-46 所示。

2）执行"文字复位"命令，命令行提示如下：

请选择需复位文字的对象:选择要恢复的天正尺寸标注,可多选

请选择需复位文字的对象:按〈Enter〉键结束

绘制结果如图 7-47 所示。

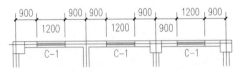
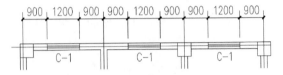

图 7-46　文字复位源图　　　　　图 7-47　文字复位后图

2．文字复值

"文字复值"命令可以把尺寸文字恢复为默认的测量值。

（1）执行方式

命令行：WZFZ。

菜单："尺寸标注"→"尺寸编辑"→"文字复值"。

（2）操作步骤　执行"文字复值"命令，命令行提示如下：

请选择天正尺寸标注:选择要恢复的天正尺寸标注,可多选

请选择天正尺寸标注:按〈Enter〉键结束命令,系统把选中的尺寸标注中所有文字恢复实测数值

3．剪裁延伸

"剪裁延伸"命令可以根据指定的新位置，对尺寸标注进行剪裁或延伸。

（1）执行方式

命令行：CJYS。

菜单："尺寸标注"→"尺寸编辑"→"剪裁延伸"。

（2）操作步骤

1）编辑一源图，如图 7-48 所示。

2）执行"剪裁延伸"命令，命令行提示如下：

要裁剪或延伸的尺寸线〈退出〉:选外轮廓尺寸线

请给出裁剪延伸的基准点或[参考点(R)]〈退出〉:选择外墙墙角点

以上完成裁剪延伸的标注，绘制结果如图 7-49 所示。

4．取消尺寸

"取消尺寸"命令可以取消连续标注中的一个尺寸标注区间。

（1）执行方式

命令行：QXCC。

菜单："尺寸标注"→"尺寸编辑"→"取消尺寸"。

（2）操作步骤

1）打开图 7-40。

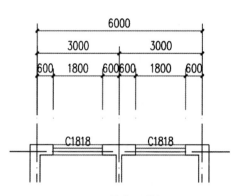
图 7-48 剪裁延伸源图

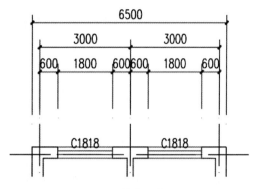
图 7-49 剪裁延伸后图

2）执行"取消尺寸"命令，命令提示如下：

请选择待取消的尺寸区间的文字〈退出〉:选择要删除的尺寸线区间内的文字及尺寸线

请选择待取消的尺寸区间的文字〈退出〉:按〈Enter〉键结束

以上完成取消尺寸的标注，绘制结果如图 7-50 所示。

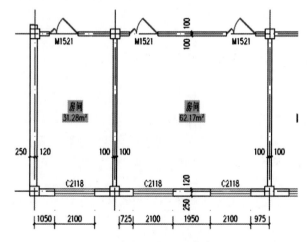
图 7-50 取消尺寸后图

5. 连接尺寸

"连接尺寸"命令可以把平行的多个尺寸标注连接成一个连续的尺寸标注对象。

（1）执行方式

命令行：LJCC。

菜单："尺寸标注"→"尺寸编辑"→"连接尺寸"。

（2）操作步骤

1）打开图 7-50。

2）执行"连接尺寸"命令，命令行提示如下：

请选择主尺寸标注〈退出〉:选择左侧标注

请选择需要连接的其他尺寸标注〈结束〉:选择右侧标注

请选择需要连接的其他尺寸标注〈结束〉:按〈Enter〉键结束

完成连接尺寸的标注，绘制结果如图 7-51 所示。

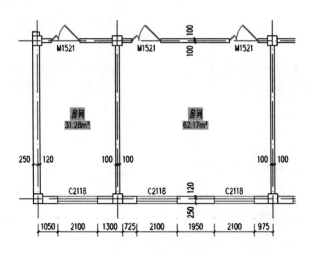

图 7-51 连接尺寸后图

6. 尺寸打断

"尺寸打断"命令可以把一组尺寸标注打断为两组独立的尺寸标注。

（1）执行方式

命令行：CCDD。

菜单："尺寸标注"→"尺寸编辑"→"尺寸打断"。

（2）操作步骤

1) 打开图 7-51。

2) 执行"尺寸打断"命令，命令行提示如下：

请要在打断的一侧单击尺寸线〈退出〉:在要打断的位置点取尺寸线

绘制结果如图 7-52 所示，其中 A 左侧为一组，A 右侧为一组。

7. 合并区间

"合并区间"命令可以把天正标注对象中的相邻区间合并为一个区间。

（1）执行方式

命令行：HBQJ。

菜单："尺寸标注"→"尺寸编辑"→"合并区间"。

（2）操作步骤

1) 打开图 7-52。

2) 执行"合并区间"命令，命令行提示如下：

请框选合并区间中的尺寸界线箭头〈退出〉:框选要合并区间 AB 之间的尺寸界线

请框选合并区间中的尺寸界线箭头或［撤销(U)]〈退出〉:框选其他要合并区间之间的尺寸界线或者键入 U 撤销合并

绘制结果如图 7-53 所示。

8. 等分区间

"等分区间"命令可以把天正标注对象的某一个区间按指定等分数等分为多个区间。

（1）执行方式

命令行：DFQJ。

第 7 章 天正文字表格与尺寸标注

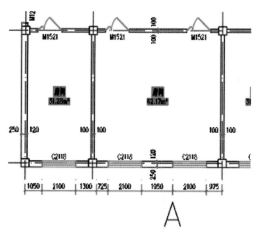

图 7-52 尺寸打断后图

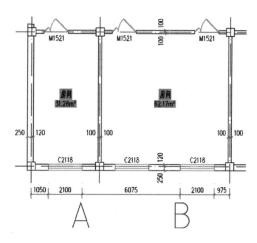

图 7-53 合并区间后图

菜单:"尺寸标注"→"尺寸编辑"→"等分区间"。

(2) 操作步骤

1) 打开图 7-53。

2) 执行"等分区间"命令,命令行提示如下:

请选择需要等分的尺寸区间〈退出〉:选 AB 段尺寸区间

输入等分数〈退出〉:3

绘制结果如图 7-54 所示。

9. 对齐标注

"对齐标注"命令可以把多个天正标注对象按参考标注对象对齐排列。

(1) 执行方式

命令行:DQBZ。

菜单:"尺寸标注"→"尺寸编辑"→"对齐标注"。

(2) 操作步骤

1) 编辑一源图,如图 7-55 所示。

2) 执行"对齐标注"命令,命令行提示如下:

选择参考标注〈退出〉:选 A

选择参考标注〈退出〉:选 B

选择参考标注〈退出〉:选 C

选择参考标注〈退出〉:按〈Enter〉键结束

绘制结果如图 7-56 所示。

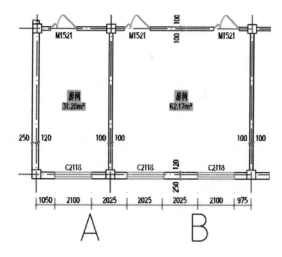

图 7-54 等分区间后图

10. 增补尺寸

"增补尺寸"命令可以对已有的尺寸标注增加标注点。

(1) 执行方式

命令行:ZBCC。

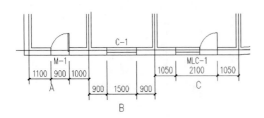 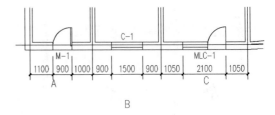

图 7-55 源图　　　　　　　　　　　图 7-56 对齐标注后图

菜单:"尺寸标注"→"尺寸编辑"→"增补尺寸"。

(2) 操作步骤

1) 编辑一源图,如图 7-57 所示。

2) 执行"增补尺寸"命令,命令行提示如下:

单击待增补的标注点的位置或[参考点(R)]〈退出〉:选 A

单击待增补的标注点的位置或[参考点(R)/撤销上一标注点(U)]〈退出〉:选 B

单击待增补的标注点的位置或[参考点(R)/撤销上一标注点(U)]〈退出〉:按〈Enter〉键结束

绘制结果如图 7-58 所示。

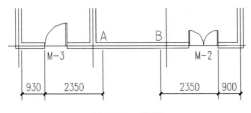 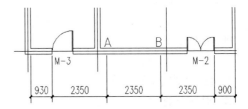

图 7-57 源图　　　　　　　　　　　图 7-58 增补尺寸后图

11. 切换角标

"切换角标"命令可以对角度标注、弦长标注和弧长标注进行相互转化。

(1) 执行方式

命令行:QHJB。

菜单:"尺寸标注"→"尺寸编辑"→"切换角标"。

(2) 操作步骤

1) 打开图 7-45。

2) 执行"切换角标"命令,命令行提示如下:

请选择天正角度标注:选标注

请选择天正角度标注:按〈Enter〉键结束

绘制结果如图 7-59 所示。

12. 尺寸转化

"尺寸转化"命令可以把 AutoCAD 的尺寸标注转化为天正的尺寸标注。

(1) 执行方式

命令行:CCZH。

菜单:"尺寸标注"→"尺寸编辑"→"尺寸转化"。

(2) 操作步骤

1）编辑一源图，如图 7-60 所示。

2）执行"尺寸转化"命令，命令行提示如下：

请选择 ACAD 尺寸标注:选择多个尺寸标注

请选择 ACAD 尺寸标注:按〈Enter〉键结束

绘制结果如图 7-61 所示。

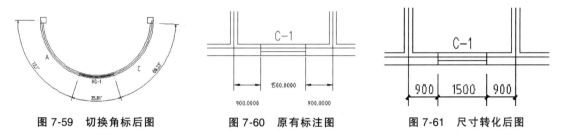

图 7-59　切换角标后图　　　图 7-60　原有标注图　　　图 7-61　尺寸转化后图

13. 尺寸自调

"尺寸自调"命令可以对天正尺寸标注的文字位置进行自动调整，使得文字不重叠。

（1）执行方式

命令行：CCZT。

菜单："尺寸标注"→"尺寸编辑"→"尺寸自调"。

（2）操作步骤　执行"尺寸自调"命令，命令行提示如下：

请选择天正尺寸标注:选择待调整的尺寸

请选择天正尺寸标注:按〈Enter〉键结束

7.4　符号标注

7.4.1　标高符号

标高符号是表示某个点的高程或者垂直高度。

1. 标高标注

"标高标注"命令可以标注各种标高符号，可连续标注标高。

（1）执行方式

命令行：BGBZ。

菜单："符号标注"→"标高标注"。

（2）操作步骤

1）打开图 6-22。

2）执行"标高标注"命令，打开"标高标注"对话框，如图 7-62 所示。

3）在绘图区域左击，命令行提示如下：

请单击标高点或[参考标高(R)]〈退出〉:选取参考标高 0.000 线的位置

请单击标高方向〈退出〉:选标标高方向(此时基准标高就已定义完成,在执行添加其他标高点之前,需要

图 7-62　"标高标注"对话框

注意此时将之前勾选的"手工输入"取消勾选,这样再添加其他标高点时,就会以之前定义的标高参考线为基准,对新的标高点进行自动计算)

下一点或[第一点(F)]〈退出〉:依次选取窗上沿及窗下沿

下一点或[第一点(F)]〈退出〉:按〈Enter〉键结束

最终绘制结果如图 7-63 所示。

2. 标高检查

"标高检查"命令可以通过一个给定标高对立面和剖面图中其他标高符号进行检查。

(1) 执行方式

命令行:BGJC。

菜单:"符号标注"→"标高检查"。

(2) 操作步骤

1) 打开图 7-63,将二层窗底标高数据进行修改,得到图 7-64。

2) 对图 7-64 执行"标高检查"命令,命令行提示如下:

选择参考标高或[参考当前用户坐标系(T)]〈退出〉:选择检查标高的参考标高

选择待检查的标高标注:选择图中标高

检查后,会找到错误的标注,可选择纠正或退出。

此时刚刚修改的标高会被修正,如图 7-63 所示。

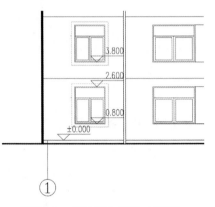

图 7-63 标高标注后图(局部)

7.4.2 工程符号的标注

工程符号的标注是在图中添加具有工程含义的图形符号对象。

1. 箭头引注

"箭头引注"命令可以绘制指示方向的箭头及引线。

(1) 执行方式

命令行:JTYZ。

菜单:"符号标注"→"箭头引注"。

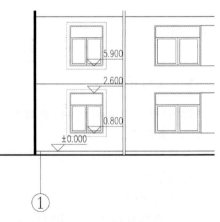

图 7-64 标高检查后图

(2) 操作步骤

1) 打开图 7-63。

2) 执行"箭头引注"命令,打开"箭头引注"对话框,如图 7-65 所示。

3) 在对话框中选择适当的选项,在"上标文字"文本框中输入"窗户",然后在绘图区域单击,命令行提示如下:

箭头起点或[单击图中的曲线(P)/单击参考点(R)]〈退出〉:选择箭头起点

直段下一点或[弧段(A)/回退(U)]〈结束〉:绘制引线垂直段

直段下一点或[弧段(A)/回退(U)]〈结束〉:绘制引线水平段

直段下一点或[弧段(A)/回退(U)]〈结束〉:按〈Enter〉键结束

绘制结果如图 7-66 所示。

图 7-65 "箭头引注"对话框

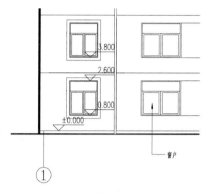

图 7-66 箭头引注后图

2. 引出标注

"引出标注"命令可用于对多个标注点进行说明性的文字标注,自动按端点对齐文字,具有拖动自动跟随的特性,常用于立面材质的标注等。

（1）执行方式

命令行：YCBZ。

菜单："符号标注"→"引出标注"。

（2）操作步骤

1) 打开图 7-63。

2) 执行"引出标注"命令,打开"引出标注"对话框。

3) 在"上标注文字"文本框中输入"铝合金",在"下标注文字"文本框中输入"两玻",如图 7-67 所示,命令行提示如下：

请给出标注第一点〈退出〉:选择窗内一点

输入引线位置或[更改箭头型式(A)]〈退出〉:单击引线位置

单击文字基线位置〈退出〉:选取文字基线位置

输入其他的标注点〈结束〉:按〈Enter〉键结束

绘制结果如图 7-68 所示。

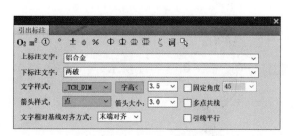

图 7-67 "引出标注"对话框

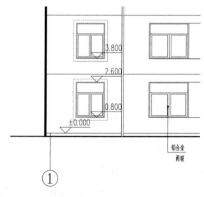

图 7-68 引出标注后图

3. 做法标注

"做法标注"命令可以从专业词库中获得标准做法，用以标注工程做法。

（1）执行方式

命令行：ZFBZ。

菜单："符号标注"→"做法标注"。

（2）操作步骤　执行"做法标注"命令，打开"做法标注"对话框。在文本框中分行输入"20厚1∶2.5水泥砂浆找平""60厚 XPS保温板""100厚 C15砼垫层""素土夯实"，如图7-69所示。

在绘图区域点一下，命令行提示如下：

请给出标注第一点〈退出〉:选择标注起点

请给出标注第二点〈退出〉:确定引线转折的位置

请给出文字线方向和长度〈退出〉:拖动选取文字长度及位置

请给出标注第一点〈退出〉:按〈Enter〉键结束

绘制结果如图7-70所示。

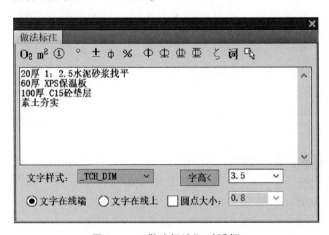

图7-69　"做法标注"对话框　　　图7-70　做法标注后图

4. 索引符号

"索引符号"命令包括剖切索引和指向索引，索引符号的对象编辑提供了增加索引号和改变剖切长度的功能。指向索引的执行方式和操作步骤如下：

（1）执行方式

命令行：ZXSY。

菜单："符号标注"→"指向索引"。

（2）操作步骤

1）打开图7-63。

2）执行"指向索引"命令，打开"指向索引"对话框，如图7-71所示。

3）在绘图区域单击，命令行提示如下：

请给出索引节点的位置〈退出〉:选择窗内一点

请给出索引节点的范围〈0,0〉:30

请给出转折点的位置〈退出〉:选择转折点位置

请给出文字索引点的位置〈退出〉：选择文字索引点位置
请给出索引点的位置〈退出〉：按〈Enter〉键结束
绘制结果如图 7-72 所示。

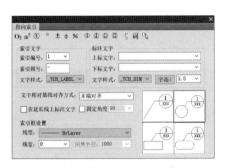

图 7-71 "指向索引"对话框

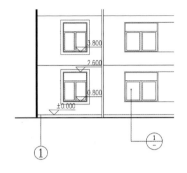

图 7-72 指向索引后图

5．索引图名

"索引图名"命令可以为图中局部详图标注索引图号。

（1）执行方式

命令行：SYTM。

菜单："符号标注"→"索引图名"。

（2）操作步骤

1）执行"索引图名"命令，打开图 7-73 所示对话框，在"索引编号"中输入 A，并进行其他设置，然后在图纸中指定插入位置。结果如图 7-74a 所示。

图 7-73 "索引图名"对话框

2）当被索引的详图在第 18 张图纸中时，在"索引图名"对话框的"索引编号"中选择"1"，"索引图号"中输入"18"，然后在图纸中指定插入位置，绘制结果如图 7-73b 所示。

图 7-74 索引图名图

a）索引图名 1　b）索引图名 2

6．剖切符号

在图中标注国标规定的断面剖切符号，用于定义一个编号的剖面图，表示剖切断面上的构件及从该处沿视线方向可见的建筑部件,生成的剖面要依赖此符号定义剖面方向。

(1) 执行方式

命令行:PQFH。

菜单:"符号标注"→"剖切符号"。

(2) 操作步骤

1) 打开图 7-38。

2) 执行"剖切符号"命令,打开图 7-75 所示对话框,单击左下角"正交剖切"按钮，在对话框中输入文字样式、字高等基础信息后,命令行提示如下:

图 7-75 "剖切符号"对话框

点取第一个剖切点〈退出〉:选 A
点取第二个剖切点〈退出〉:选 B
点取剖视方向〈当前〉:选择剖切线的视线方向

绘制结果如图 7-76 所示。

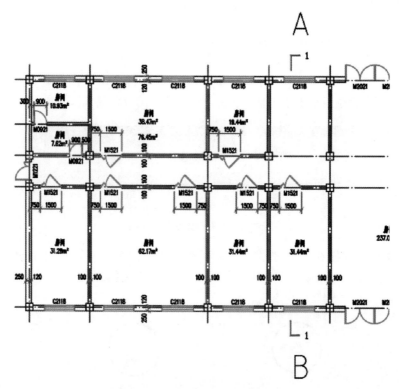

图 7-76 剖切符号图

7. 图名标注

"图名标注"命令可以在图中以一个整体符号对象标注图名比例。

(1) 执行方式

命令行:TMBZ。

菜单:"符号标注"→"图名标注"。

(2)操作步骤

1)执行"图名标注"命令,打开"图名标注"对话框,输入图名"剖面图",如图 7-77 所示。

2)在对话框中选择"国标"方式,命令行提示如下:

请单击插入位置〈退出〉:单击图名标注的位置

绘制结果如图 7-78a 所示。

3)在对话框中选择"传统"方式,命令行提示如下:

请单击插入位置〈退出〉:单击图名标注的位置

绘制结果如图 7-78b 所示。

图 7-77 "图名标注"对话框

图 7-78 图名标注图

a)图名标注 1　b)图名标注 2

天正应用(1) 平面图绘制

天正应用(2) 立面及剖面图绘制

复习题

对第 6 章复习题进行尺寸、符号标注,完善住宅标准层绘制。

天正建筑工程绘图实例 第8章

　　本章以一个坐落于南方某城市的独栋小型别墅为例（图 8-1～图 8-5），进行天正 TArch20 软件的绘图练习，包括绘制平面图中的各种建筑构件，生成墙体、门窗、楼梯及台阶等，进行尺寸标注和符号标注，练习以平面图为基础生成立面图及剖面图。

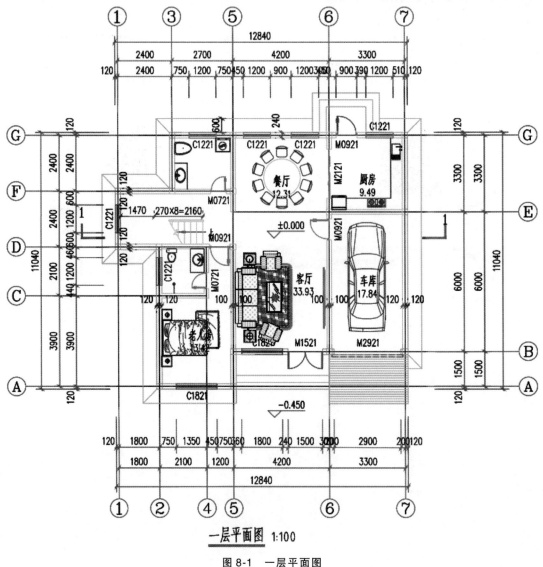

图 8-1　一层平面图

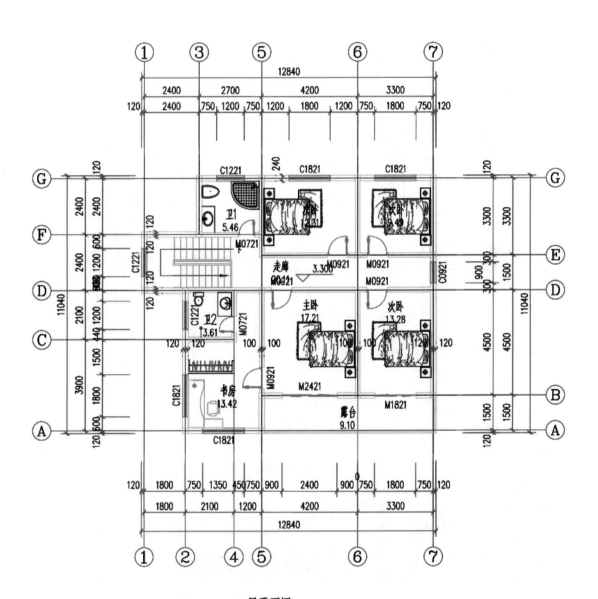

图 8-2 二层平面图

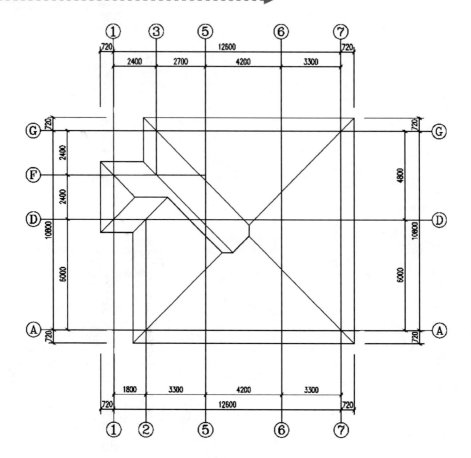

图 8-3 屋顶平面图

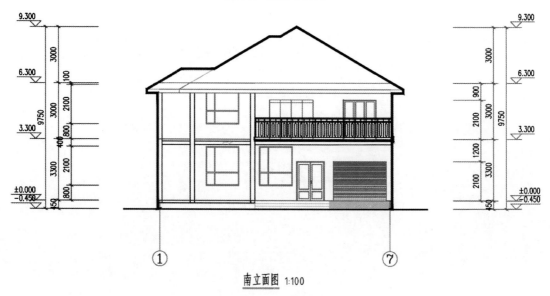

图 8-4 南立面图

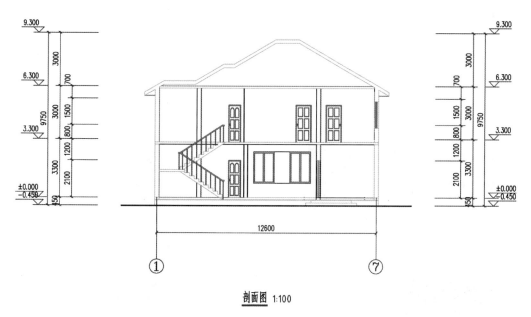

剖面图 1:100

图 8-5　剖面图

8.1　平面图的绘制

8.1.1　轴网柱子

首先进行图形初始化，在下拉菜单中选择"设置"，在"设置"对话框中选择"天正选项"卡，按图 8-6 所示设置参数。

将首层平面图的对象比例设为 1∶100，当前层高设为 3300，设定完成后单击"确定"按钮。此参数设置只对当前图形有效。绘制首层平面图的轴线。单击"轴网柱子"→"直线轴网"，弹出图 8-7 所示对话框，在其中分别设置开间和进深后单击"确定"按钮。

图 8-6　天正选项卡

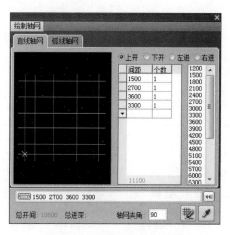

图 8-7　"直线轴网"对话框

单击"轴网柱子"→"两点轴标",弹出"轴网标注"对话框,如图 8-8 所示,进行轴网标注设置。

单击"轴网柱子"→"标准柱",弹出图 8-9 所示"标准柱"对话框,进行标准柱设置。图 8-10 是轴网柱子标注后的结果。

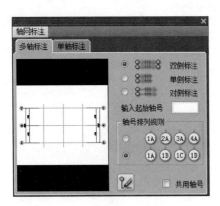
图 8-8 "两点轴标"对话框

图 8-9 "标准柱"对话框

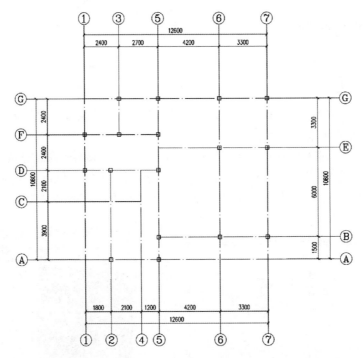
图 8-10 轴网柱子及标注

8.1.2 墙体

单击"墙体"→"绘制墙体",弹出"墙体"对话框,如图 8-11 所示,先布置外墙再布置内墙。墙体绘制结果如图 8-12 所示。

8.1.3 门窗

选择"门窗"→"门窗",弹出"门"对话框,如图 8-13 所示,设置好各项参数;单击左侧预览框可以打开"天正图库管理系统"窗口,如图 8-14 所示,在其中选择相应门图块,单击 OK 按钮;单击右侧图形预览框选择三维图块,如图 8-15 所示,单击 OK 按钮,回到图 8-13 所示对话框,选择相应布置方式,在墙体上插入门。同理插入其他门窗。门窗插入结果如图 8-16 所示。

图 8-11 "墙体"对话框

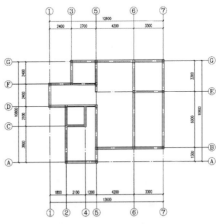

图 8-12 墙体绘制结果

图 8-13 "门"对话框

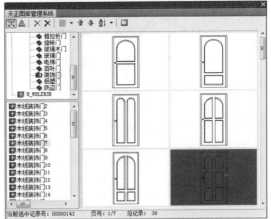

图 8-14 "天正图库管理系统"窗口   图 8-15 三维门窗图库

8.1.4 楼梯其他

1) 选择"楼梯其他"→"双跑楼梯",参数设置如图 8-17 所示,设置完成后单击"确定"按钮，将楼梯插入图中即可。

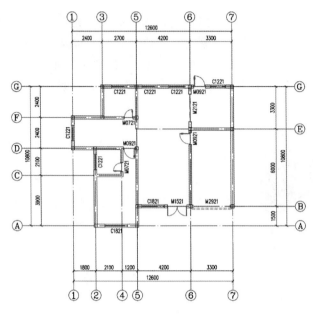

图 8-16 门窗插入后结果

2) 选择"楼梯其他"→"台阶"，弹出图 8-18 所示"台阶"对话框，输入相应参数，选取台阶起点及终点，即可生成台阶。

图 8-17 "双跑楼梯"对话框

图 8-18 "台阶"对话框

3) 选择"楼梯其他"→"坡道"，弹出图 8-19 所示"坡道"对话框，输入相应参数，单击平面插入点，即可生成坡道。

4) 选择"楼梯其他"→"散水"，弹出图 8-20 所示"散水"对话框，输入相应参数，全选平面图元，系统自动识别散水基线，生成平面散水。

图 8-19 "坡道"对话框

图 8-20 "散水"对话框

"楼梯其他"布置后，调整完善尺寸标注，绘制结果如图 8-21 所示。其中散水与台阶、坡道等重合部分采用 CAD 基本绘图命令进行修改。

第 8 章 天正建筑工程绘图实例

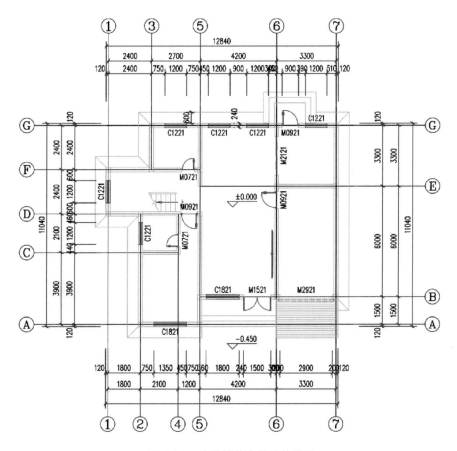

图 8-21 楼梯其他布置后的结果

8.1.5 房间屋顶

选择"房间屋顶"→"房间布置"→"布置洁具",弹出图 8-22 所示房间布置下拉菜单及图 8-23 所示"天正洁具"窗口,选择相应的洁具后,系统弹出对话框要求输入洁具尺寸,如图 8-24 所示。同样插入坐便器及洗手盆,绘制结果如图 8-25 所示。

图 8-22 房间布置下拉菜单

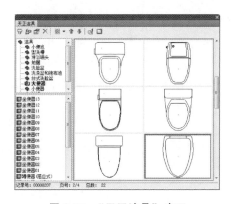

图 8-23 "天正洁具"窗口

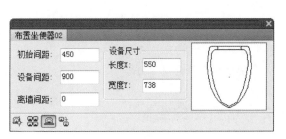

图 8-24 洁具尺寸设置

203

8.1.6 标注

选择"尺寸标注"→"门窗标注"或"尺寸标注"→"逐点标注"等标注选项,即可将门窗、墙体等详细尺寸尺寸标出。

选择"符号标注"→"图名标注"可以完成图名的标注。

选择"房间屋顶"→"搜索房间"后,选中整个平面图,程序自动计算并标出房间名称和面积,默认的房间名称均为"房间",可以通过对象编辑对其名称进行修改。单击房间名称,在右键菜单选择"对象编辑",弹出图 8-26 所示"编辑房间"对话框,可依次进行修改。

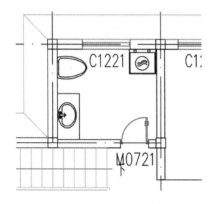

图 8-25 洁具布置后图(局部)

图 8-26 "编辑房间"对话框

一层平面图绘制结果如图 8-1 所示。

8.1.7 二层平面图

在一层平面图的基础上生成二层平面图:把一层平面图完全复制过来,把多余的构件(如台阶、散水、坡道等)删除,楼梯改为中间层楼梯,墙体、门窗等也都做相应的修改。

绘制结果如图 8-2 所示。

8.1.8 屋顶平面图

在二层平面图的基础上生成屋顶平面图:把二层平面图完全复制过来,把多余的构件(如内墙体、门窗、洁具、家具等)删除。选择"房间屋顶"→"搜屋顶线"命令生成屋顶边界线。

选择"房间屋顶"→"任意坡顶"命令生成坡屋顶,然后单击刚刚绘制好的屋顶边界线,输入坡度角 45°,即生成坡屋顶。

绘制结果如图 8-3 所示。

8.2 立面图的绘制

选择"立面"→"建筑立面",弹出图 8-27 所示提示,单击"确定"按钮,右侧弹出菜单，单击"工程项目"弹出下拉菜单，选择"新建工程"，然后进行楼层设置，如图 8-28 所示。

图 8-27　新建工程项目提示　　　　　图 8-28　"楼层设置"对话框

单击"建筑立面"，确定立面方向，程序自动生成建筑立面图，利用建筑立面下拉菜单在其上做一些修改完善，即可得到图 8-4。

8.3　剖面图的绘制

剖面绘制前需要在一层平面图上作剖切符号，选择"符号标注"→"剖面剖切"，在平面图相应位置作剖切线即可。

选择"剖面"→"建筑剖面"，选择剖切线和轴线，右键确定后弹出图 8-29 所示"剖切生成设置"对话框，作相应设置后单击"生成剖面"，程序自动生成建筑剖面图，利用建筑剖面下拉菜单在其上做一些修改完善，即可得到图 8-5。

图 8-29　"剖面生成设置"对话框

复习题

1. 将本章的实例重做一遍，要求达到设计深度。
2. 通过本章别墅全过程的绘制与学习，举一反三，尝试绘制办公楼建筑图。

第 9 章 PKPM 系列设计软件简介

PKPM 系列 CAD 系统软件是目前国内建筑工程界应用最广、用户最多的一套计算机辅助设计系统。它是一套集建筑设计、结构设计、设备设计（给排水、采暖、通风空调、电气设计）于一体的大型综合 CAD 系统。PKPM 设计软件紧跟行业需求和规范更新，在操作菜单和界面上，尤其是在核心计算上，都结合现行规范的要求不断更新和改进，及时满足我国建筑行业快速发展的需要。本章对 PKPM 软件的发展、组成及概况等加以介绍。

9.1 PKPM 系列软件发展概况

在 PKPM 系列 CAD 软件开发之初，我国的建筑工程设计领域计算机应用水平相对较落后，计算机仅用于结构分析，CAD 技术应用还很少，主要原因是缺乏适合我国国情的 CAD 软件。国外的一些较好的软件，如阿波罗、Intergraph 等都是在工作站上实现的，不仅引进成本高，应用效果也很不理想，能在国内普及率较高的 PC 上运行的软件几乎是空白。因此开发一套建筑工程 CAD 软件，对提高工程设计质量和效率，提高计算机应用水平是极为迫切的。

针对上述情况，中国建筑科学研究院经过几年的努力研制开发了 PKPM 系列 CAD 软件。该软件自 1987 年推广以来，历经多次更新改版，目前已经发展为面向建筑工程全生命周期的集建筑、结构、设备、节能、概预算、施工技术、施工管理、企业信息化于一体的大型建筑工程软件系统，拥有用户上万家，市场占有率达 95%以上。

伴随着国内市场的成功，从 1995 年起，PKPMCAD 工程部开始着手国际市场的开拓工作，并根据国际市场的需求，积极开拓海外市场。目前已开发出 PKPM 系列软件的英国规范版本、欧洲规范版本和美国规范版本，并进入了新加坡、马来西亚、韩国、越南等国的软件市场，使其成为国际化产品，提高了国产软件在国际竞争中的地位和竞争力。

PKPM 系列 CAD 软件，以其雄厚的开发实力和技术优势，必将越来越受到国内外建筑工程设计人员的青睐，为我国建设带来巨大的经济和社会效益。

对于结构设计来说，PKPM 是一个不可或缺的工具软件。

9.2 PKPM 系列软件组成

PKPM 系列软件包含结构、建筑、设备、BIM、绿建节能、施工等专业版块。每个专业版块下又包含了各自相关的若干软件模块。

PKPM 结构设计软件已更新至 5.1 版。该版 PKPM 结构设计软件包含了结构、砌体、钢结构、鉴定加固、预应力和工业工具六个主要分析与设计板块，如图 9-1 所示。

第 9 章　PKPM 系列设计软件简介

图 9-1　PKPM 主要专业模块

每个板块下，又包含了各自相关的若干软件模块。各模块的名称及基本功能见表 9-1。在上述功能模块的基础上，PKPM 结构软件针对常见混凝土结构与砌体结构设计，提供了 SATWE 核心的集成设计、PMSAP 核心的集成设计、砌体结构集成设计、配筋砌块砌体结构集成设计等系统，实现了由建模、分析、设计到出图的集成系统，提高了软件运行与操作效率。

表 9-1　PKPM 结构设计软件各模块名称及功能

板块	软件模块	功　　能
结构	PMCAD	结构平面计算机辅助设计
	SATWE	高层建筑结构空间有限元分析软件
	PMSAP	高层复杂空间结构分析与设计软件
	JCCAD	基础 CAD(独基、条基、桩基、筏基)软件
	SPASCAD	复杂空间结构建模软件
	SLABCAD	复杂楼板分析与设计软件
	砼结构施工图	混凝土结构施工图绘制软件
	施工图审查	施工图审查软件
	PAAD	基于 AutoCAD 平台的施工图设计软件
	EPDA&PUSH	多层及高层建筑结构弹塑性静力、动力分析软件
	STAT-S	工程量统计软件
	LTCAD	楼梯计算机辅助设计
	PK	钢筋混凝土框排架连续梁结构计算与施工图绘制
	GSEC	通用钢筋混凝土截面非线性承载力分析与配筋软件
	接口	与其他结构设计软件的数据转换

207

(续)

板块	软件模块	功能
砌体结构	QITI 砌体结构辅助设计软件	砌体结构设计
		底框结构设计
		配筋砌块砌体结构设计
		底框及连续梁 PK 二维分析
钢结构	STS 钢结构辅助设计软件	门式钢架设计
		框架设计
		桁架设计
		支架设计
		排架、框排架设计
	STPJ	钢结构重型工业厂房设计软件
	STWJ 及 STGHJ	网架网壳管桁架结构设计软件
	STXT	详图设计、结构建模、详图设计工具
	CSHCAD	低层冷弯薄壁型钢住宅设计软件
鉴定加固	JDJG 结构鉴定加固辅助设计软件	砌体及底框结构鉴定加固
		混凝土结构鉴定加固
		钢结构鉴定加固
预应力	PREC 预应力混凝土结构设计软件	预应力混凝土结构二维设计
		预应力混凝土结构三维设计
		预应力工具箱
工具工业	QY-TOOLS	设计工具箱
	QY-POOLS	水池设计软件
	QY-Chimney	烟囱设计软件
	智能详图	智能详图设计软件

下面对 PKPM 结构设计软件的常用功能及特点进行介绍。

1) 结构平面计算机辅助设计软件 PMCAD。PMCAD 采用人机交互方式，引导用户逐层布置各层平面和各层楼面，再输入层高就建立起一套描述建筑物整体结构的数据。PMCAD 具有较强的荷载统计和传导计算功能，除计算结构自重外，还自动完成从楼板到次梁、从次梁到主梁、从主梁到承重的柱墙，再从上部结构传到基础的全部计算，加上局部的外加荷载，PMCAD 可方便地建立整栋建筑的荷载数据。由于建立了整栋建筑的数据结构，PMCAD 成为 PKPM 系列结构设计各软件的核心，它为各分析设计模块提供必要的数据接口。

2) 多高层建筑结构空间有限元分析软件 SATWE。SATWE 采用空间杆单元模拟梁、柱及支撑等杆件，并采用在壳元基础上凝聚而成的墙元模拟剪力墙。对楼板则给出了多种简化方式，可根据结构的具体形式高效准确地考虑楼板刚度的影响。它可用于各种结构形式的分析、设计。SATWE 适用于高层和多层钢筋混凝土框架、框架-剪力墙、剪力墙结构，以及高层钢结构或钢-混凝土混合结构，并考虑了多、高层建筑中多塔、错层、转换层及楼板局部开大洞等特殊结构形式。SATWE 完成计算后，可经全楼归并接力 PK 绘制梁、柱施工图，接力 JLQ 绘制剪力墙施工图，并可为各类基础设计软件提供荷载。

3）高层复杂空间结构分析与设计软件 PMSAP。PMSAP 是独立于 SATWE 开发的多、高层建筑结构设计程序。该软件基于广义协调理论和子结构技术开发了能够任意开洞的细分墙单元和多边形楼板单元，在程序总体结构的组织上采用了通用程序技术，可适用于任意的结构形式。它在分析上直接针对多、高层建筑中出现的各种复杂情形，在设计上则着重考虑了多、高层钢筋混凝土结构和钢结构。PMSAP 为用户提供了进行复杂结构分析和设计的有力工具。

4）混凝土结构施工图绘制软件。混凝土结构施工图模块是 PKPM 设计系统的主要组成部分之一，其主要功能是辅助用户完成上部结构各种混凝土构件的配筋设计，并绘制施工图。该模块包括梁、柱、墙、板及组合楼板、层间板等多个子模块，用于处理上部结构中最常用到的各大类构件。施工图模块是 PKPM 软件的后处理模块，其中板施工图模块需要接力"结构建模"软件生成的模型和荷载导算结果来完成计算；梁、柱、墙施工图模块除了需要"结构建模"生成的模型与荷载外，还需要接力结构整体分析软件生成的内力与配筋信息才能正确运行。

5）基础 CAD 软件 JCCAD。可自动或交互完成工程实践中包括柱下独立基础、墙下条形基础、弹性地基梁基础、带肋筏板基础、柱下平板基础（板厚可不同）、墙下筏板基础、柱下独立桩基承台基础、桩筏基础、桩格梁基础等常用基础的设计，还可进行由上述多类基础组合的大型混合基础设计，以及同时布置多块筏板的基础设计。

6）多层及高层建筑结构弹塑性静力、动力分析软件 PUSH&EPDA。PUSH&EPDA 的基本功能是了解结构的弹塑性抗震性能、确定建筑结构的薄弱层及进行相应的建筑结构薄弱层验算。EPDA 是弹塑性动力分析，即 Elasto-Plastic Dynamic Analysis 的英文缩写，PUSH 是弹塑性静力分析 Elasto-Plastic Push-Over Analysis 的英文缩写。

7）楼梯计算机辅助设计软件 LTCAD。LTCAD 采用交互方式布置楼梯或直接与 APM 或 PMCAD 接口读入数据，适用于一跑、二跑、多跑等类型楼梯的辅助设计，完成楼梯内力与配筋计算及施工图设计，对异形楼梯还有图形编辑下拉菜单。

8）钢筋混凝土框架及连续梁结构计算与施工图绘制软件 PK。PK 采用二维内力计算模型，可进行平面框架、排架及框排架结构的内力分析和配筋计算（包括抗震验算及梁裂缝宽度计算），并完成施工图辅助设计工作。PK 接力多高层三维分析软件 TAT、SATWE、PMSAP 计算结果及砖混底框、框支梁计算结果，为用户提供四种绘制梁、柱施工图的方式，并能根据规范及构造手册要求自动完成构造钢筋配置。该软件计算所需的数据文件可由 PMCAD 自动生成，也可通过交互方式直接输入。

9）与其他结构设计软件的数据转换接口。PKPM 结构设计软件提供了与 YJK、ETABS、SAP2000、Midas、Staad、PDMS、SP3D/PDS 及 Revit 等软件的数据接口，可方便地实现数据转换。

10）砌体结构辅助设计软件 QITI。QITI 是 PKPM 系列结构设计软件中应用较广泛的功能模块之一，V5.1 版 QITI 软件进行了全新改版，根据不同结构体系形成对应的集成化设计功能菜单，操作便利，设计流程更为清晰。

11）钢结构辅助设计软件 STS。STS 是 PKPM 系列的一个功能模块，既能独立运行，又可与 SATWE、PMSAP、JCCAD 等其他模块数据共享，可以完成钢结构的二维及三维模型输入、优化设计、结构计算、连接节点设计与施工图辅助设计。

12) 结构鉴定加固辅助设计软件 JDJG。JDJG 可依据现行国家标准完成砌体结构、底层框架砌体结构、混凝土结构和钢结构的鉴定与加固设计。软件提供四种鉴定或加固设计标准供用户选择：A 类（《建筑抗震鉴定标准》GB 50023—2009）、B 类（1989 系列设计规范）、旧 C 类（2001 系列设计规范）、C 类（2010 系列设计规范），可根据建筑建造的年代、经济等条件进行选择。

13) 预应力混凝土结构设计软件 PREC。PREC 软件具有预应力筋的线型自动设计、预应力结构分析计算及施工图辅助设计等主要功能。该软件提供了三维整体分析和二维框架连续梁计算两种计算分析模型，其中二维计算模型是在 PK 基础上扩展预应力计算功能而完成的，三维计算模型是在 SATWE 的基础上扩展预应力计算功能而完成的。

复习题

1. PKPM 系列软件由哪些专业模块组成？都有什么功能？
2. 熟悉各快捷键的功能。

第10章 结构建模软件PMCAD

PMCAD 是 PKPM 系列 CAD 软件的基本组成模块之一，用于实现结构平面计算机辅助设计。它采用人机交互方式布置各层平面和各层楼面，从而建立整栋建筑的数据结构。PMCAD 具有较强的荷载统计和传导计算功能，除计算结构自重外，还自动完成从楼板到次梁、从次梁到主梁、从主梁到承重的柱墙，再从上部结构传到基础的全部计算，加上局部的外加荷载，可方便地建立整栋建筑的荷载数据。它为各功能设计提供数据接口，因此，它在整个系统中起到承前启后的作用。

10.1 PMCAD 的基本功能

PMCAD 的基本功能如下：

（1）智能交互建立全楼结构模型 以智能交互方式引导用户在屏幕上逐层布置柱、梁、墙、洞口、楼板等结构构件，快速搭起全楼的结构构架，输入过程伴有中文菜单及提示，并便于用户反复修改。

（2）自动导算荷载建立恒、活荷载库

1）设定楼面恒、活荷载后，程序自动进行楼板到次梁、次梁到主梁或承重墙的分析计算，所有次梁传到主梁的支座反力、各梁到梁、各梁到节点、各梁到柱传递的力均通过平面交叉梁系计算求得。

2）计算次梁、主梁及承重墙的自重。

3）人机交互地输入或修改各房间楼面荷载、次梁荷载、主梁荷载、墙间荷载、节点荷载及柱间荷载，并为用户提供复制、反复修改等功能。

（3）为各种计算模型提供计算所需数据文件

1）可指定任一个轴线形成 PK 模块平面杆系计算所需的框架计算数据文件，包括结构立面、恒荷载、活荷载、风荷载的数据。

2）可指定任一层平面的任一由次梁或主梁组成的多组连续梁，形成 PK 模块按连续梁计算所需的数据文件。

3）为空间有限元壳元计算软件 SATWE 提供数据，SATWE 用壳元模型精确计算剪力墙，对墙自动划分壳单元并写出 SATWE 数据文件。

4）为三维空间杆系薄壁柱软件 TAT 提供计算数据，PMCAD 把所有梁柱转换成三维空间杆系，把剪力墙墙肢转换成薄壁柱计算模型。

5）为特殊多、高层建筑结构分析与设计程序（广义协调墙元模型）PMSAP 提供计算数据。

（4）为上部结构各绘图 CAD 模块提供结构构件的精确尺寸 如梁柱施工图的截面、跨度、挑梁、次梁、轴线号、偏心等，剪力墙的平面与立面模板尺寸，楼板厚度，楼梯间布置等。

（5）为基础设计 CAD 模块提供布置数据与恒、活荷载　不仅为基础设计 CAD 模块提供底层结构布置与轴线网格布置，还提供上部结构传下的恒、活荷载。

10.2　PMCAD 的适用范围

PMCAD 适用于任意结构平面形式，平面网格可以正交，也可斜交成复杂体型平面，并可处理弧墙、弧梁、圆柱、各类偏心、转角等。其主要技术参数的适用范围见表 10-1。

表 10-1　PMCAD 的主要参数适用范围

分类	项目	适用范围
1. 层数	楼层数	≤190
	标准层数	≤190
2. 网格数	正交网格时，横向网格、纵向网格	≤170
	斜交网格时，每层网格线条数	≤32000
	用户命名的轴线总条数	≤5000
3. 节点数	每层节点总数	≤20000
4. 构件与荷载类型	标准柱截面	≤800
	标准梁截面	≤800
	标准墙体洞口	≤512
	标准楼板洞口	≤80
	标准墙截面	≤200
	标准斜杆截面	≤200
	标准荷载定义	≤9000
5. 构件根数	每层柱根数	≤3000
	每层梁根数（不包括次梁）	≤30000
	每层圈梁根数	≤20000
	每层墙数	≤2500
	每层房间总数	≤10000
	每层次梁总根数	≤6000
	每个房间周围最多可以容纳的梁墙数	≤150
	每节点周围不重叠的梁墙根数	≤15
	每层房间次梁布置种类数	≤40
	每层房间预制板布置种类数	≤40
	每层房间楼板开洞种类数	≤40
	每个房间楼板开洞数	≤7
	每个房间次梁布置数	≤16
	每层层内斜杆布置数	≤10000

此外，使用 PMCAD 时还应注意以下几点：

1) 两节点之间最多安置一个洞口。需安置两个时，应在两洞口间增设网格线与节点。

2) 结构平面上的房间数量的编号是自动生成的，将由墙或梁围成的一个个平面闭合体自动编成房间，房间可作为输入楼面上的次梁、预制板、洞口、导荷和画图的一个基本单元。

3) 次梁是指在房间内布置且在执行"构件布置"菜单中的"次梁"命令时输入的梁，不论在矩形房间或非矩形房间均可输入次梁。次梁布置时不需要网格线，次梁和主梁、墙相交处也不产生节点。若房间内的梁是使用"主梁"命令输入，该梁当作主梁处理。用户在操作时把一般的次梁在"次梁布置"时输入的好处是：可避免过多的无柱连接点，避免这些点将主梁分隔过细，或造成梁根数和节点个数过多而超界，或造成每层房间数量超过容量限制而导致软件无法运行。当工程规模较大而节点、杆件或房间数超界时，把主梁当作次梁输入可有效地大幅度减少节点、杆件或房间的数量。对于弧形梁，因目前软件无法输入弧形次梁，可把它作为主梁输入。

4) PMCAD 输入的墙应是结构承重墙或抗侧力墙，框架填充墙不应当作墙输入，它的重力可作为外加荷载输入，否则不能形成框架荷载。

5) 平面布置时，应避免出现大房间内套小房间的情况，否则会在荷载导算或材料统计时重叠计算，可在大小房间之间用虚梁（虚梁为截面 100mm×100mm 的主梁）连接，将大房间切割。

10.3 PMCAD 的启动与文件管理

10.3.1 启动 PMCAD

图 10-1 所示为 PKPM 结构设计软件 10 版 V5.1.3 的主界面，在对话框右上角的专业模块列表中选择"结构建模"选项，单击"SATWE 核心的集成设计"（普通标准层建模）按钮，或者"PMSAP 核心的集成设计"（普通标准层+空间层建模）。

PMCAD 应用（1）新建项目与轴网绘制

图 10-1 结构平面计算机辅助设计

10.3.2 PMCAD 的文件创建与打开

PMCAD 的文件创建与打开方式与 AutoCAD 有所不同。具体操作方法如下：

1）新建模型时，应建立该项工程专用的工作子目录，子目录名称任意，但不能超过 256 个英文字符或 128 个中文字符，也不能使用特殊字符（如 "?" "," "." 等）。需要说明的是，不同的工程应在不同的工作子目录下运行。打开已有模型时，可移动光标到相关的工程组装效果图上，双击启动 PMCAD，也可以单击 "应用" 按钮启动 PMCAD。

2）启动 PMCAD 后，屏幕显示 "请输入 pm 工程名"，此时输入要建立的新文件或要打开的旧文件的名称，然后按〈Enter〉键确认。

10.3.3 PMCAD 的文件组成

一个工程的数据结构，包括用户交互输入的模型数据、定义的各类参数和软件运算后得到的结果，都以文件方式保存在工程目录下。文件类型按照模块分类，如 PKPM 建模数据主要包括模型文件 "工程名.JWS" 和 "工程名.PM" 文件。若把上述文件复制到另一工作目录，就可在另一工作目录下恢复原有工程的数据结构。

10.4 PMCAD 界面环境与建模步骤

10.4.1 界面环境

PMCAD 的主界面如图 10-2 所示。

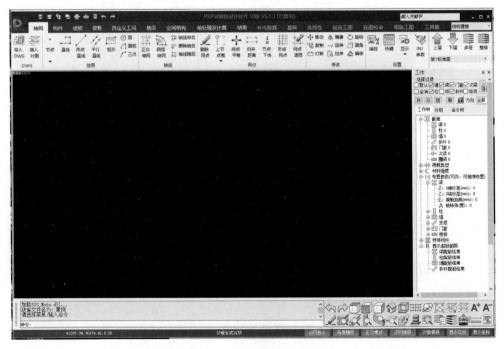

图 10-2　PMCAD 的主界面

屏幕上部为 Ribbon 菜单区、模块切换及楼层显示管理区、快捷命令按钮区，右侧为工作树、分组及命令树面板区，下部为命令提示区、快捷工具条按钮区、图形状态提示区和中部的图形显示区。各分区主要功能如下：

1) Ribbon 菜单区主要提供软件的专业功能，主要包含文件存储、图形显示、轴线网点生成、构件布置编辑、荷载输入、楼层组装、工具设置等功能。

2) 上部的模块切换及楼层管理区，可以在同一集成环境中切换到其他计算分析处理模块，而楼层显示管理区可以快速进行单层、全楼的展示。

3) 上部的快捷命令按钮区主要包含了模型的快速存储、恢复，以及编辑过程中的恢复（Undo）、重做（Redo）功能。

4) 下部的快捷工具条按钮区主要包含了模型显示模式快速切换，构件的快速删除、编辑、测量工具，楼板显示开关，模型保存、编辑过程中的恢复（Undo）、重做（Redo）等功能。

5) 右侧的工作树、分组及命令树面板区提供了一种全新的方式，可做到以前版本不能做到的选择、编辑交互。树表提供了 PM 中已定义的各种截面、荷载、属性，反过来可作为选择过滤条件，同时也可由树表内容看出当前模型的整体情况。

6) 下部的图形状态提示区包含了图形工作状态管理的一些快捷按钮，有点网显示、角度捕捉、正交模式、点网捕捉、对象捕捉、显示叉丝、显示坐标等功能，可以在交互过程中单击相关按钮，直接进行各种状态的切换。

7) 下部的命令提示区用于一些数据、选择和命令的输入，如果用户熟悉命令名，可以在"命令:"的提示下直接输入一个命令而不必使用菜单。

10.4.2 主要建模步骤

1) 布置各层平面的轴线网格，各层网格平面可以相同，也可以不同。
2) 输入柱、梁、墙、洞口、斜柱支撑、次梁、层间梁、圈梁的截面数据，并按设计方案将它们布置在平面网格和节点上。
3) 设置各结构层主要设计参数，如楼板厚度、混凝土强度等级等。
4) 生成房间和现浇板信息，布置预制板、楼板开洞、悬挑板、楼板错层等楼面信息。
5) 输入作用在梁、墙、柱和节点上的恒、活荷载。
6) 定义各标准层上的楼面恒、活荷载（均布荷载），并对各房间的荷载进行修改。
7) 根据结构标准层、荷载标准层和各层层高，楼层组装出总层数。
8) 设置设计参数、材料信息、风荷信息和抗震信息等。
9) 进行结构自重及楼面荷载的传导计算。
10) 保存数据，校核各层荷载，为后续分析做准备。

10.5 轴线与网格输入

绘制轴网是整个交互输入程序最为重要的一环。"轴网"菜单如图 10-3 所示，其中集成了轴线输入和网格生成两部分功能，只有在此绘制出准确的图形才能为以后的布置工作打下良好的基础。

PMCAD 应用
（2）网点编辑与轴网命名

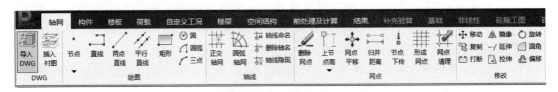

图 10-3 "轴网"菜单

10.5.1 轴线输入

绘图与轴线功能的子菜单如图 10-4 所示。绘图子菜单提供了节点、直线、两点直线、平行直线、矩形、圆、圆弧、三点等基本图素,它们配合各种捕捉工具、快捷键和其他一级菜单中的各项工具,构成了一个小型绘图系统,用于绘制各种形式的轴线。绘制图素的操作和 AutoCAD 完全相同。在轴线输入部分有"正交轴网"和"圆弧轴网"两种方式,可不通过屏幕画图方式,而采用参数定义方式形成平面正交轴线或圆弧轴网。

图 10-4 "绘图及轴线功能"菜单

1)节点。用于直接绘制白色节点,供以节点定位的构件使用,绘制是单个进行的,如果需要成批输入可以使用图编辑菜单进行复制。此外,软件提供了"定数等分"和"定距等分"两种快捷操作方式。

2)直线。用于绘制连续首尾相接的直轴线和弧轴线,按〈Esc〉键可以结束一条直线,输入另一条直线或切换为切向圆弧。

3)两点直线。用于绘制零散的直轴线。

4)平行直线。适用于绘制一组平行的直轴线。首先绘制第一条轴线,以第一条轴线为基准输入复制的间距和次数,间距值的正负决定了复制的方向。以"上、右为正",可以分别按不同的间距连续复制,提示区自动累计复制的总间距。

5)矩形。适用于绘制一个与 X、Y 轴平行的闭合矩形轴线,它只需要输入两个对角的坐标,因此比用"直线"绘制同样的轴线更快速。

6)圆。适用于绘制一组闭合同心圆环轴线。在确定圆心和半径或直径的两个端点或圆上的三个点后可以绘制第一个圆。输入复制间距和次数可绘制同心圆,复制间距值的正负决定了复制方向,以"半径增加方向为正",可以分别按不同间距连续复制,提示区自动累计半径增减的总和。

7)圆弧。适用于绘制一组同心圆弧轴线。按圆心、起始角、终止角的次序绘出第一条弧轴线,然后输入复制间距和次数绘制同心圆弧。绘制过程中还可以使用快捷键直接输入数值或改变顺逆时针方向。

8)正交轴网。以参数定义方式形成正交轴线,通过定义开间和进深形成正交网格,输入完毕后,单击"确定"按钮,此时移动光标可将形成的轴网布置在平面上任意位置。图

10-5 所示为"正交轴网"对话框。

9)圆弧轴网。开间是指轴线展开角度,进深是指半径方向的跨度,单击"确定"按钮时再输入径向轴线端部延伸长度和环向轴线端部延伸长度。图 10-6 所示为"圆弧轴网"对话框。

10)轴线命名。在网点生成之后为轴线命名。在此输入的轴线名将在施工图中使用。在输入轴线时,凡在同一条直线上的线段不论其是否贯通都视为同一轴线,在执行此命令时可以单击每根网格,为其所在的轴线命名。对于平行的直轴线,可以按一次〈Tab〉键后进行成批命名,这时要单击相互平行的起始轴线及不希望命名的轴线,然后输入一个字母或数字,系统自动按顺序为轴线编号。

11)删除轴名。轴线命名后,单击需要删除的轴号,按屏幕提示操作即可。

12)轴线隐现。在建模过程中,可通过点击该按钮选择是否显示轴线编号及定位尺寸。

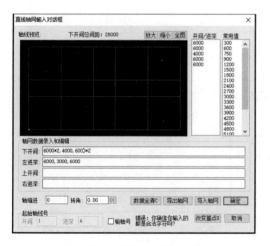

图 10-5 "正交轴网"对话框

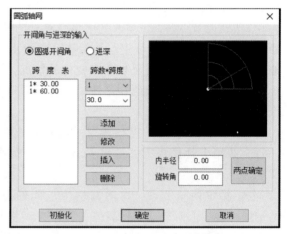

图 10-6 "圆弧轴网"对话框

10.5.2 网格生成

网格生成是软件自动将绘制的定位轴线分割为网格和节点。凡是轴线相交处都会产生一个节点,用户可对其做进一步的修改。网格生成部分的子菜单如图 10-7 所示。

(1)删除网点 在形成网点后可对节点进行删除。删除节点过程中若节点被布置的墙线挡住,可使用〈F9〉键中的"填充开关"项使墙线变为非填充状态。删除端节点将导致与之联系的网格也被删除。

图 10-7 网格生成部分的子菜单

(2)网点平移 可以不改变构件的布置情况,而对轴线、节点、间距进行调整。对于与圆弧有关的节点应使所有与该圆弧有关的节点一起移动,否则圆弧的新位置无法确定。

(3)形成网点 可将输入的几何线条转变成楼层布置需要的白色节点和红色网格线,并显示轴线与网点的总数。这项功能在输入轴线后自动执行,一般不必专门执行。

(4)网点清理 清除本层平面上没有用到的网格和节点。程序会把平面上的无用网点,如作辅助线用的网格、从其他层复制的网格等进行清理，以避免无用网格对程序运行产生负面影响。

1）网格上没有布置任何构件（并且网格两端节点上无柱）时，将被清理。

2）节点上没有布置柱、斜杆。

3）节点未输入过附加荷载并且不存在其他附加属性。

4）与节点相连的网格不能超过两段，当节点连接两段网格时，网格必须在同一直轴线上。

5）当节点与两段网格相连并且网格上布置了构件时（构件包括墙、梁、圈梁），构件必须为同类截面且偏心等布置信息完全相同，并且相连的网格上不能有洞口。如果清理此节点后会引起两端相连墙体的合并，则合并后的墙长不能超过18m（此值可以定制）。

（5）上节点高　即本层在层高处节点相对于楼层的高差，程序隐含为楼层的层高，即其上节点高为0。改变上节点高，也就改变了该节点处的柱高、墙高和与之相连的梁的坡度。执行该命令可更方便地处理像坡屋顶这种楼面高度有变化的情况。"设置上节点高"对话框如图10-8所示。有以下三种节点抬高方式：

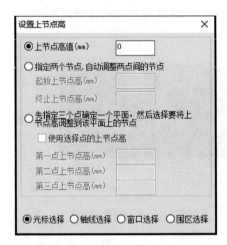

图10-8　"设置上节点高"对话框

1）单节点抬高。直接输入抬高值（单位：mm），并按多种选择方式选择按此值进行抬高的节点。

2）指定两个节点，自动调整两点间的节点。指定同一轴线上两节点的抬高值，程序自动将此两点之间的其他节点的抬高值按同一坡度自动调整。

3）指定三个节点，自动调整其他节点。该功能用于快速形成一个斜面。主要方法是指定这个斜面上的三点，分别给出三点的标高，再选择其他需要拉伸到此斜面上的节点，即可自动抬高或下降这些节点，从而形成所需的斜面。

此外，为解决使用上节点高制造错层而频繁修改边缘节点两端梁、墙顶标高的问题，新版PKPM提供了"同步调整节点关联构件两端高度"选项，若勾选了该选项，则设置"上节点高"两端的梁、墙两端将保持同步上下平动。

10.6　构件布置

10.6.1　构件布置集成面板

在PMCAD主界面中单击"构件"菜单，屏幕左侧将弹出构件布置集成面板，如图10-9所示。

面板的左侧提供了每类构件的预览图，根据选中的截面类型、参数重新绘制，进行动态预览，提示每个参数的具体含义。在列表中，以浅绿色加亮的行表示该截面在本标准层中有构件引用。

PMCAD应用
（3）梁构件布置

第 10 章 结构建模软件 PMCAD

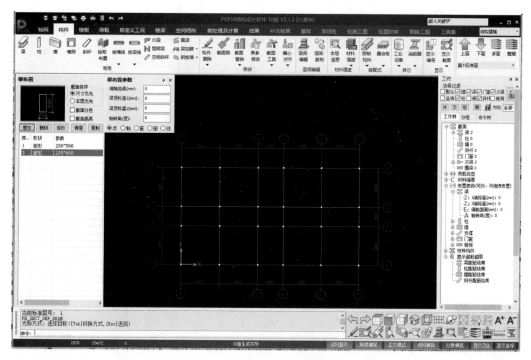

图 10-9 构件布置集成面板

面板的右侧是每类构件布置时需要输入的参数，如偏心、标高、转角等。单击顶部的构件类别选项卡，程序会自动切换布置信息，单击"布置"按钮或直接双击截面列表中某类截面，就可以在图面上开始构件的布置了。

如果需要使用图面上已有构件的截面类型、偏心、转角、标高等信息，可以单击"拾取"按钮，按提示选中某一构件，程序将按这个构件的标高、偏心等布置信息，自动刷新到布置信息区域内的各个文本输入框，再单击"布置"按钮即可快速输入相似构件。

10.6.2 构件布置要点

（1）构件类型 图 10-10 所示为"常用"子菜单，PMCAD 中可布置梁、柱、墙、洞口、斜杆等常用结构构件。楼板布置在"楼板"子菜单生成。

图 10-10 "常用"子菜单

（2）参照定位

1）柱布置在节点上，每节点上只能布置一根柱。

2）梁、墙布置在网格上，两节点之间的一段网格上仅能布置一道墙，可以布置多道梁，但各梁标高不应重合。梁墙长度即两节点之间的距离。

3）层间梁的布置方式与主梁基本一致，但需要在输入时指定相对于层顶的高差和作用在其上的均布荷载。

4) 洞口也布置在网格上，该网格上还应布置墙。可在一段网格上布置多个洞口，但程序会在两洞口之间自动增加节点，如洞口跨越节点布置，则该洞口会被节点截成两个标准洞口。

5) 斜杆支撑有按节点布置和按网格布置两种方式。斜杆在本层布置时，其两端点的高度可以任意，既可越层布置，也可水平布置，用输入标高的方法来实现。注意斜杆两端点所用的节点，不能只在执行布置的标准层有，承接斜杆另一端的标准层也应标出斜杆的节点。

6) 次梁布置时选取与它首、尾两端相交的主梁或墙构件，连续次梁的首、尾两端可以跨越若干跨一次布置，不需要在次梁下布置网格线，次梁的顶面标高和与它相连的主梁或墙构件的标高相同。

(3) 构件布置参数 构件在布置前必须要定义它的截面尺寸、材料、形状类型等信息。程序对"构件"子菜单中的构件的定义和布置的管理都采用图 10-11 所示的对话框。

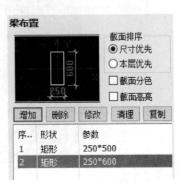

图 10-11 构件参数布置

1) 增加。定义一个新的截面类型，在对话框中输入构件的相关参数。

2) 修改。修改已经定义过的构件截面形状类型，已经布置于各层的这种构件的尺寸也会自动改变。

3) 删除。删除已经定义过的构件截面定义，已经布置于各层的这种构件也将自动删除。

4) 清理。自动清除已定义但在整个工程中未使用的截面类型。

(4) 构件布置方式 PMCAD 提供了五种构件布置方式，并可采用〈Tab〉键进行切换。

1) 直接布置。在选择了标准构件，并输入了偏心值后首先进入该方式，凡是被捕捉靶套住的网格或节点，在按〈Enter〉键后即被插入该构件，若该处已有构件，将被当前值替换。

2) 沿轴线布置。被捕捉靶套住的轴线上的所有节点或网格将被插入该构件。

3) 按窗口布置。用光标在图中截取窗口，窗口内的所有网格或节点上将被插入该构件。

4) 按围栏布置。用光标单击多个点围成一个任意形状的围栏，围栏内所有节点与网格上将被插入该构件。

5) 直线栏选布置。用光标拉一条线段，与该线段相交的网点或构件即被选中，随即进行后续的布置操作。

(5) 布置过程 下面以一个柱布置的实例具体说明构件布置的操作方法。主要操作过程如下：

1) 单击构件菜单中的"柱"按钮，弹出图 10-12 所示的"柱布置"对话框。

2) 定义截面类型。单击"增加"或"修改"按钮，将弹出构件"截面参数"对话框，如图 10-13 所示，在对话框中输入构件的相关参数，如果要修改截面类型，单击"截面类型"右侧按钮，屏幕弹出图 10-14 所示对话框，单击要选择的截面类型即可。

第 10 章 结构建模软件 PMCAD

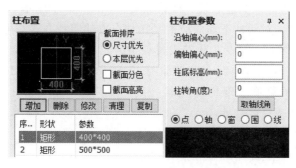

PMCAD 应用（4）
墙柱构件布置

图 10-12 "柱布置"对话框

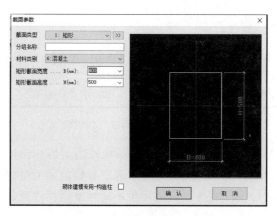

图 10-13 "截面参数"对话框

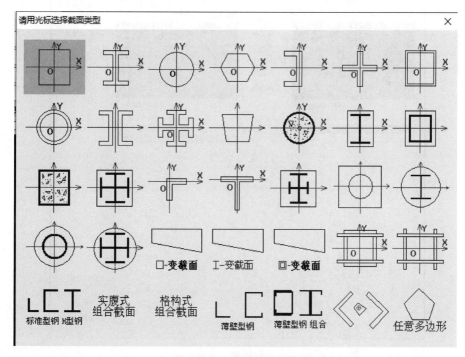

图 10-14 截面类型选择

3）布置构件。在对话框中选取某一种截面后，在图 10-12 所示"柱布置参数"对话框输入柱子的偏心与转角。对话框下面对应的是构件布置的四种方式。可以直接单击对应方式前的复选框，也可按〈Tab〉键在几种方式间转换。

（6）构件修改　构件"修改"子菜单如图 10-15 所示。在 PMCAD 软件中布置完成构件后，可通过"修改"子菜单实现构件删除、截面替换、偏心对齐等快捷修改功能。

1）构件删除。单击"构件删除"按钮，即弹出图 10-16 所示"构件删除"对话框。在对话框中选中某类构件（可一次选择多类构件），即可完成删除操作。

图 10-15　构件"修改"子菜单

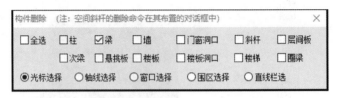

图 10-16　"构件删除"对话框

2）截面替换。单击"截面替换"按钮，选择构件类型后弹出图 10-17 所示对话框，通过设置需要被替换的截面及替换后的截面即可实现所有该截面类型的构件替换。操作中可自由选择针对哪一标准层进行构件替换，常适用于不同标准层构件变截面时的快速建模修改。

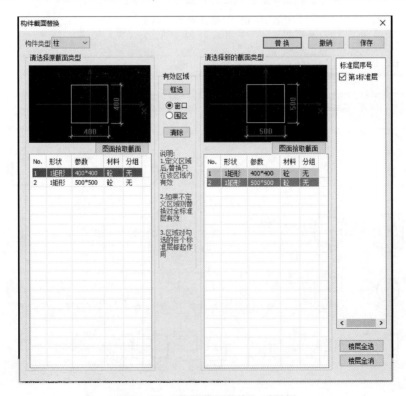

图 10-17　"构件截面替换"对话框

3）偏心对齐。图10-18所示子菜单提供了梁、柱、墙相关的对齐操作，可用来调整梁、柱、墙沿某个边界的对齐，常用来处理建筑外轮廓的平齐问题。举例说明如下：

柱上下齐：当上下层柱的尺寸不一样时，可按上层柱对下层柱某一边对齐（或中心对齐）的要求自动算出上层柱的偏心并按该偏心对柱的布置自动修正。此时打开"层间编辑"菜单可使从上到下各标准层都与第一层柱的某边对齐。因此布置柱时可先省去偏心的输入，在各层布置完后再用本菜单修正各层柱偏心。

梁与柱齐：可使梁与柱的某一边自动对齐，按轴线或窗口方式选择某一列梁时可使这些梁全部自动与柱对齐，这样在布置梁时不必输入偏心，省去人工计算偏心的过程。

PMCAD 应用（5）
构件偏心对齐

图 10-18 "偏心对齐"子菜单

10.6.3 楼层定义

（1）楼层管理　楼层管理包含增加标准层、删除标准层和插入标准层等操作。单击PMCAD主界面"楼层"菜单，弹出"标准层"子菜单，如图10-19所示。

1）增加。用于新标准层的输入。为保证上下节点网格的对应，将旧标准层的全部或一部分复制成新标准层，在此基础上进行修改。在标准层列表中单击"增加"按钮时，弹出图10-20所示对话框。可以依据当前标准层，增加一个新标准层，把已有的楼层内容全部或局部复制下来，可通过直接、轴线、窗口、围栏四种方式选择复制的部分。切换标准层菜单如图10-21所示，可以单击下拉式工具条中的"第N标准层"进行切换，也可单击"上层"和"下层"按钮直接切换到相邻的标准层。

图 10-19 "楼层管理"子菜单

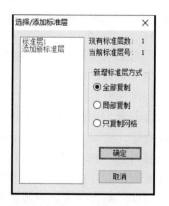

图 10-20 "选择/添加标准层"对话框

2）删除。用于删除某个标准层。

3）插入。在指定标准层后插入一标准层，其网点和构件布置可从指定标准层上选择复制。

（2）层间编辑　单击 PMCAD 主界面"构件"菜单命令，弹出"层间编辑"子菜单，如图 10-22 所示。

图 10-21　"选择标准层"子菜单

图 10-22　"层间编辑"子菜单

1）层间编辑。单击"层间编辑"按钮，弹出图 10-23 所示"层间编辑设置"对话框。利用该对话框可将操作在多个或全部标准层上同时进行，省去来回切换到不同标准层去执行同一菜单命令的麻烦。

2）层间复制。该菜单项可将当前层的部分构件复制到已有的其他标准层中，对话框如图 10-24 所示，操作方法与层间编辑功能类似。

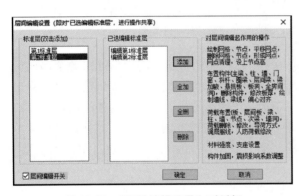

图 10-23　"层间编辑设置"对话框

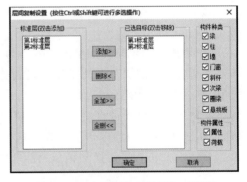

图 10-24　"层间复制设置"对话框

（3）本层信息与材料强度　"本层信息与材料强度"子菜单如图 10-25 所示。"本标准层信息"菜单项是每个结构标准层必须做的操作，用于输入和确认图 10-26 所示各项结构信息参数。在新建一个工程时，梁、柱、墙钢筋级别默认设置为 HRB400，梁、柱箍筋及墙分布筋级别默认设置为 HPB300。菜单中的板厚、混凝土强度等级等参数均为本标准层统一值，后续可通过"楼板"菜单进行详细修改。此外，还可单击 PMCAD 主界面"楼层"菜单下的"全楼信息"按钮同时查看所有标准层的信息。

材料强度初设值可在"本层信息"内设置，而对于与本层信息和设计参数中默认强度等级不同的构件，则可用本菜单提供的"材料强度"按钮进行赋值。该命令目前支持的内容包括修改墙、梁、柱、斜杆、楼板、悬挑板、圈梁的混凝土强度等级和修改柱、梁、斜杆的钢号。

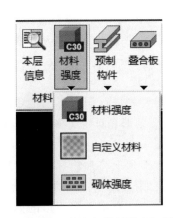

图 10-25 "本层信息与材料强度"子菜单

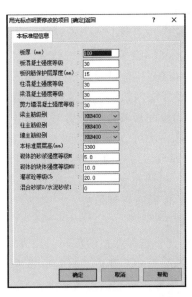

图 10-26 "本标准层信息"对话框

10.6.4 楼板生成

如图 10-27 所示，楼板生成子菜单包含了自动生成楼板、楼板错层设置、板厚设置、板洞设置、悬挑板布置、预制板布置功能。其中的生成楼板功能按本层信息中设置的板厚值自动生成各房间楼板，同时生成由主梁和墙围成的各房间信息。本菜单其他功能除悬挑板外，都要按房间进行操作。操作时，光标移动到某一房间时，其楼板边缘将以亮黄色勾勒出来，方便确定操作对象。

PMCAD 应用（6）楼板构件布置

图 10-27 "楼板"子菜单

（1）生成楼板 运行此命令可自动生成本标准层结构布置后的各房间楼板，板厚默认取"本层信息"菜单中设置的板厚值，也可通过修改板厚命令进行修改。生成楼板后，如果修改"本层信息"中的板厚，没有进行过手工调整的房间板厚将自动按照新的板厚取值。如果生成过楼板后改动了模型，此时再次执行生成楼板命令，程序可以识别出角点没有变化的楼板，并自动保留原有的板厚信息，对新的房间则按照"本层信息"菜单中设置的板厚取值。布置预制板时，同样需要用到此功能生成的房间信息，因此要先运行一次生成楼板命令，再在生成好的楼板上进行布置。

（2）楼板错层 运行此命令后，每块楼板上标出其错层值，并弹出错层参数输入窗口，输入错层高度后，此时选中需要修改的楼板即可。

（3）修改板厚 "生成楼板"功能自动按"本层信息"中的板厚值设置板厚，可以通过此项命令进行修改。运行此命令后，每块楼板上标出其目前板厚，并弹出板厚的输入窗口，输入后在图形上选中需要修改的房间楼板即可。

（4）层间楼板　用来进行夹层楼板的布置。层间板只能布置在支撑构件（梁、墙）上，并且要求这些构件已经形成了闭合区域。在指定标高时，必须与支撑构件处于同一标高。所以，在布置层间板前，需执行"生成楼板"命令。一个房间区域内，只能布置一块层间板。

在"层间板参数"设置对话框中，标高参数的默认值为"-1"，含义是从层顶开始，向下查找第一块可以形成层间板的空间区域，自动布置上层间板。这个参数支持"-1"到"-3"，即可以最多向下查找三层。程序支持自动查找空间斜板。

（5）板洞布置　板洞的布置方式与一般构件类似，需要先进行洞口形状的定义，再将定义好的板洞布置到楼板上。目前支持的洞口形状有矩形、圆形和自定义多边形。洞口布置的要点如下：

1）首先选择参照的房间，当光标落在参照房间内时，图形上将加粗标识出该房间布置洞口的基准点和基准边，将光标靠近围成房间的某个节点，则基准点将挪动到该点上。

2）矩形洞口插入点为左下角点，圆形洞口插入点为圆心，自定义多边形的插入点在画多边形后由人工指定。

3）洞口的沿轴偏心指洞口插入点距离基准点沿基准边方向的偏移值；偏轴偏心则指洞口插入点距离基准点沿基准边法线方向的偏移值；轴转角指洞口绕其插入点沿基准边正方向开始逆时针旋转的角度。

（6）全房间洞　将指定房间全部设置为开洞。当某房间设置了全房间洞时，该房间楼板上布置的其他洞口将不再显示。全房间开洞时，相当于该房间无楼板，也无楼板恒、活荷载。若建模时不需在该房间布置楼板，却要保留该房间楼面恒、活荷载时，可通过将该房间板厚设置为0来解决。

（7）悬挑板的布置要点

1）悬挑板的布置方式与一般构件类似，需要先进行悬挑板形状的定义，再将定义好的悬挑板布置到楼面上。

2）悬挑板的类型定义。程序支持输入矩形悬挑板和自定义多边形悬挑板。在悬挑板定义中，增加了悬挑板宽度参数，输入0时取布置的网格宽度。

3）悬挑板的布置方向由程序自动确定，其布置网格线的一侧必须已经存在楼板，此时悬挑板挑出方向将自动定为网格的另一侧。

4）悬挑板的定位距离。对于在定义中指定了宽度的悬挑板，可以在此输入相对于网格线两端的定位距离。

5）悬挑板的顶部标高。可以指定悬挑板顶部相对于楼面的高差。

6）一道网格只能布置一个悬挑板。

（8）布预制板　需要先运行"生成楼板"命令，在房间中生成现浇板信息。PMCAD提供自动布板及指定布板两种预制板布置方式，每个房间中预制板可有两种宽度。

1）自动布板方式。输入预制板宽度、板缝的最大宽度限值与最小宽度限值。由程序自动选择板的数量、板缝，并将剩余部分做成现浇带放在最右或最上。

2）指定布板方式。由用户指定本房间中楼板的宽度和数量、板缝宽度、现浇带所在位置。注意，只能指定一块现浇带。

(9)组合楼盖 可以完成钢结构组合楼板的定义、压型钢板的布置,STS 中"画结构平面图与钢材统计"可以进行组合楼板的计算和施工图绘制,以及统计全楼钢材(包括压型钢板)的用量。如图 10-28 所示,"组合楼盖"菜单中包含的"楼盖定义""压板布置""压板删除"三项子菜单是用于组合楼盖的定义和交互布置。

"楼盖定义"对话框如图 10-29 所示。可完成当前标准层组合楼板类型定义、施工阶段楼面荷载输入、洞口处压型钢板切断方式的选择、压型钢板的种类选择、次梁上压型钢板连续铺设定义及用户自定义截面数据库的编辑等。

图 10-28 "组合楼盖"子菜单

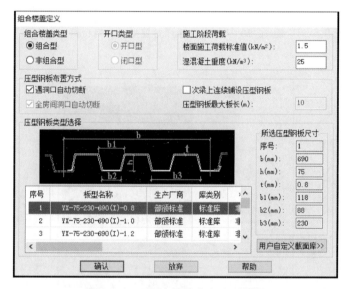

图 10-29 "组合楼盖定义"对话框

在定义了楼盖类型等参数后即可进行压型钢板布置,按布置方式、布置方向及压型钢板种类三项内容进行布板。需注意的是对于已布置预制楼板的房间不能同时布置压型钢板。

(10)楼梯布置 为了适应新的抗震规范要求,程序给出了计算中考虑楼梯影响的解决方案:在 PMCAD 建模过程中,可在矩形房间输入二跑或平行的三跑、四跑楼梯等类型,程序可自动将楼梯转化成折梁或折板。此后在接力 SATWE 时,无须更换目录,在计算参数中直接选择是否计算楼梯即可。SATWE "参数定义"中可选择是否考虑楼梯作用,如果考虑,可选择梁或板任一种方式或两种方式同时计算楼梯。

布置楼梯时,单击"楼梯"子菜单下"布置"按钮,在平面上选择要布置楼梯的房间后,弹出图 10-30 所示的"请选择楼梯布置类型"对话框。以布置双跑楼梯为例,单击双跑楼梯预览图后,弹出图 10-31 所示"平行两跑楼梯-智能设计"对话框,按建筑设计方案调整设计参数后,单击确定即可完成楼梯布置。

(11)楼板删除与层间复制的操作方法 与梁、柱等构件相同。

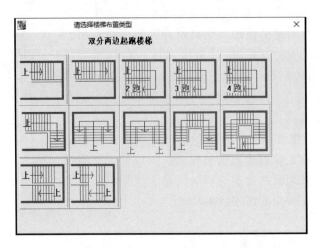

PMCAD 应用（7）
楼梯布置

图 10-30 "请选择楼梯布置类型"对话框

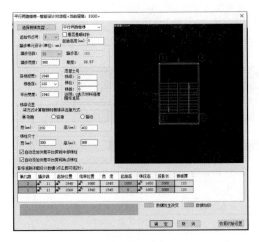

图 10-31 "平行两跑楼梯-智能设计"对话框

10.7 荷载输入、导算与校核

PMCAD 建模过程中，只有结构布置与荷载布置都相同的楼层才能成为同一结构标准层。荷载布置的各子功能菜单如图 10-32 所示，主要的输入荷载包括：楼面恒、活荷载；非楼面传来的梁间荷载、次梁荷载、墙间荷载、节点荷载及柱间荷载等；人防荷载；吊车荷载。

PMCAD 中输入的是荷载标准值。以下重点介绍前两类荷载的输入与修改方式。

图 10-32 "荷载布置"的各子功能菜单

10.7.1 荷载输入

（1）恒活设置　用于设置当前标准层的楼面恒、活荷载的统一值及全楼相关荷载处理的方式。点击"恒活设置"按钮，屏幕弹出图10-33所示的"楼面荷载定义"对话框。

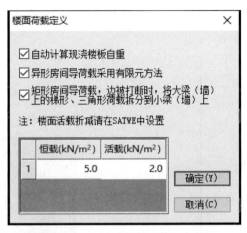

PMCAD 应用（8）
构件荷载布置

图 10-33　"楼面荷载定义"对话框

1）恒、活荷载统一值。各荷载标准层需定义作用于楼面的恒、活均布面荷载。先假定各标准层上选用统一的（大多数房间的数值）恒、活面荷载，如各房间不同，可在楼面恒载和楼面活载处修改调整。

2）自动计算现浇楼板自重：选中该项后程序可以根据楼层各房间楼板的厚度，折合成该房间的均布面荷载，并把它叠加到该房间的恒载面荷载中。此时用户输入的各层恒载面荷载值中不应该再包含楼板自重。

3）可选择设置异形房间导荷载是否采用有限元方法。

4）矩形房间导荷打断设置。如果矩形房间周边网格被打断，在进行房间荷载导算时，程序会自动按照每边的边长占整个房间周长的比值，将楼面荷载按均布线荷载分配到每边的梁、墙上。新增加的导荷方法是先按照矩形房间的塑性铰线方式进行导算，再将每个大边上得到的三角形、梯形线荷载拆分，按位置分配到各个小梁、墙段上，荷载类型为不对称梯形，各边总值不变。

5）活荷载折减参数说明。活荷载折减参数在 SATWE 程序的"参数定义"→"活载信息"中考虑。

（2）楼面荷载输入　使用此功能之前，必须要用"构件布置"中的"生成楼板"命令形成过一次房间和楼板信息。该功能用于根据已生成的房间信息进行板面恒、活荷载的局部修改。

单击"恒载"面板中的"板"命令，则该标准层所有房间的恒载值将在图形上显示，同时弹出图10-34所示的"修改恒载"对话框。在对话框中，用户可以输入需要修改的恒载值，再在模型上选择需要修改的房间，即可实现对楼面荷载的修改。

对于已经布置了楼面荷载的房间，可以勾选"按本层默认值设置"选项，后续使用"恒活设置"命令修改楼面恒载、活载默认值时，这些房间的荷载值可以自动更新。

楼面活载的布置、修改方式也与此操作相同。

（3）梁间荷载输入　用于输入非楼面传来的作用在梁上的恒载或活载。以恒载为例，在子菜单单击"梁"按钮后，弹出图10-35所示的"梁-恒载布置"对话框。梁间荷载输入的操作命令包括增加、修改、删除、显示及清理。

1）增加。单击"增加"按钮后，屏幕上显示平面图的单线条状态，并弹出图10-36所示"添加：梁荷载"对话框。软件提供了多种梁间荷载形式供设计选择，还有填充墙荷载的辅助计算功能。

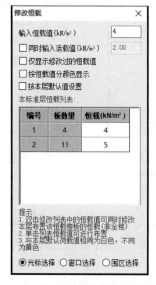

图10-34　"修改恒载"对话框

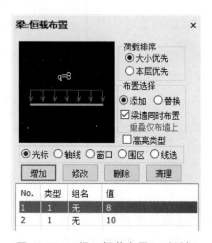

图10-35　"梁：恒载布置"对话框

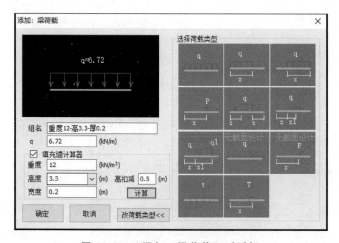

图10-36　"添加：梁荷载"对话框

程序自动将楼层组装表中各层高度统计出来，增加到列表中供用户选择，同时提供一个"高扣减"参数，主要用来考虑填充墙高度时扣除层顶梁的厚度值。用户再输入填充墙重度及厚度值，单击"计算"按钮，程序会自动计算出线荷载，并将组名按上述各参数进行修改。

2）修改。修正当前选择荷载类型的定义数值。

3）删除。删除选定类型的荷载，工程中已布置的该类型荷载将被自动删除。

4) 显示。在平面图上高亮显示出当前类型梁恒载的布置情况。

5) 清理。自动清理荷载表中在整楼中未使用的类型。

完成上述荷载信息输入操作后,单击列表中的类型将它布置到杆件上,用户可使用"添加"和"替换"两种方式进行输入。选择"添加"时,构件上原有的荷载不动,在其基础上增加新的荷载;选择"替换"时,当前工况下的荷载被替换为新荷载。

(4) 柱间荷载输入　用于输入柱间的恒荷载和活荷载信息,与梁间荷载的操作一样,但操作对象由网格线变为有柱的网格点,且柱间荷载需区分力的作用方向(X向与Y向)。

(5) 墙间荷载输入　用于布置作用于墙顶的荷载信息。墙间荷载的荷载定义、操作与梁间荷载相同。

(6) 节点荷载输入　用于直接输入加在平面节点上的荷载,荷载作用点即平面上的节点,各方向弯矩的正向以右手螺旋法则确定。节点荷载操作命令与梁间荷载类同。操作的对象由网格线变为网格节点。每类节点荷载需输入六个数值。节点荷载的布置和添加如图10-37所示。

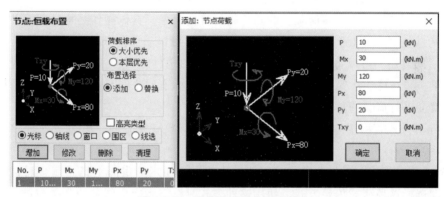

图10-37　节点荷载的布置和添加

注意:输入了梁、墙荷载后,如果再进行修改节点信息(删除节点、清理节点、形成网点、绘制节点等)的操作,由于和相关节点相连的杆件的荷载将做等效替换(合并或拆分),所以此时应核对一下相关的荷载。

(7) 板局部荷载输入　板间荷载有集中点荷载、线荷载和局部面荷载三种类型,支持恒活工况和各类自定义工况,且可以布置在层间板上。

(8) 次梁荷载　操作与梁间荷载相同。

(9) 墙洞荷载　用于布置作用于墙开洞上方的荷载,类型只有均布荷载,操作与梁间荷载相同。

(10) 自定义荷载工况　默认提供了五类常用工况:消防车、屋面活、屋面雪、屋面灰、工业停产检修,如图10-38所示。

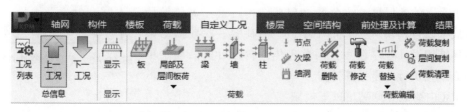

图10-38　"自定义工况"菜单

10.7.2 荷载编辑与校核

(1) 荷载删除 荷载的删除分为"恒荷载删除"和"活荷载删除"两个菜单,操作方法相同。"恒荷载删除"的对话框如图 10-39 所示,允许同时删除多种类型的荷载。可以直接选择荷载(文字或线条),包括楼板局部荷载,并支持三维选择(以方便选择层间梁的荷载)。对于一根梁上有多个荷载的情形,直接框选要删除的荷载即可。

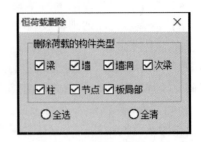

图 10-39 "恒荷载删除"对话框

(2) 荷载修改 同荷载删除一样,不再捕捉荷载布置的构件,而是直接单击荷载(文字或线条)进行修改,并支持层间编辑。

(3) 荷载替换 与截面替换功能类似,在"荷载布置"菜单中,包含了梁荷载、柱荷载、墙荷载、节点荷载、次梁荷载、墙洞荷载的替换命令,具体操作与构件截面替换类似。

(4) 荷载复制 复制同类构件上已布置的荷载,可恒、活荷载一起复制。

(5) 层间复制 可以将其他标准层上曾经输入的构件或节点上的荷载复制到当前标准层,包括梁、墙、柱、次梁、节点及楼板荷载。当两标准层之间某构件在平面上的位置完全一致时,就会进行荷载的复制。

(6) 导荷方式 用于修改程序自动设定的楼面荷载传导方向,有以下三种导荷方式供设计选择:

1) 对边传导方式。只将荷载向房间两对边传导,在矩形房间上铺预制板时,按板的布置方向自动选择这种荷载传导方式。使用这种方式时,需指定房间某边为受力边。

2) 梯形三角形方式。对现浇混凝土楼板且房间为矩形的情况,自动采用这种方式。

3) 沿周边布置方式。将房间内的总荷载沿房间周长等分成均布荷载布置,对于非矩形房间程序选用这种传导方式。使用这种方式时,可以指定房间的某些边为不受力边。

(7) 调屈服线 楼板荷载导荷到周边构件上,是根据楼板的屈服线来分配荷载的。默认的屈服线角度为 45°,在一般情况下无须调整。通过调整屈服线角度,可实现房间两边、三边受力等状态。

(8) 荷载导算 荷载自动导算的功能在本建模程序存盘退出时执行。若退出时选择存盘退出,则会弹出图 10-40 所示对话框。选中了后两项"楼面荷载导算"和"竖向导荷",则会完成对应的荷载导算功能。其中"楼面荷载导算"将楼面恒、活荷载导算至周围的梁、墙等构件上;"竖向导荷"则将从上至下的各层恒、活荷载(包括结构自重)做传导计算,生成基础各模块可接口的 PM 恒、活荷载。此导荷结果也被砌体结构设计程序使用,因此砌体结构设计的后续菜单执行前必须先执行此步导算操作。

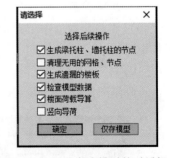

图 10-40 退出建模时的对话框

PKPM 中荷载导算满足以下规则:

1) 输入的荷载应为荷载标准值,输入的楼面恒荷载应根据建模时"自动计算楼板自重"选项决定现浇楼板自重是否考虑到楼面恒荷载中;对预制楼板的自重,应加入到楼面恒荷载中。

2) 楼面荷载统计荷载面积时,考虑了梁墙偏心及弧梁墙时弧中所含弓形的面积。

3) 现浇矩形板时,按梯形或三角形规律导到次梁或框架梁、墙;可通过"调屈服线"菜单人工控制梯形或三角形的形状,默认的屈服线角度为45°。

4) 预制楼板时按板的铺设方向。

5) 房间非矩形时或房间矩形但某一边由多于一根的梁、墙组成时,近似按房间周边各杆件长度比例分配楼板荷载。

6) 有次梁时,荷载先传至次梁,从次梁再传给主梁或墙。房间内有二级次梁或交叉次梁时,先将楼板上荷载自动导算到次梁上,再把每一房间的次梁当作一个交叉梁系做超静定分析求出次梁的支座反力,并将其加到承重的主梁或墙上。

7) 计算完各房间次梁,再把每层主梁当作一个以柱和墙为竖向约束支承的交叉梁系进行计算。

(9) 荷载校核 该命令位于"前处理及计算"菜单内,可检查在 PMCAD 中设计者输入的荷载及自动导算的荷载是否正确。一般出计算书也在这个选项下进行,因为这里汇总了所有的荷载类型,且这里可以进行竖向导荷和荷载统计,便于对整个结构的荷载进行分析控制,在不考虑抗震时,竖向导荷的结果可直接用于基础设计。

10.8 模型组装与保存

10.8.1 设计参数

在"楼层"菜单单击"设计参数"命令,弹出"楼层组装-设计参数"对话框,设计中根据实际情况依次进行修改,如图 10-41~图 10-45 所示。其中,当用 TAT、SATWE 计算时,地下室层数对地震力、风力作用、地下人防等因素有影响。材料属性可在 TAT、SATWE 中个别修改。以上各设计参数在 PMCAD 生成的各种结构计算文件中均起控制作用。

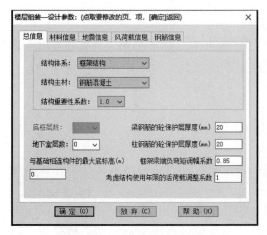

图 10-41 "总信息"选项卡

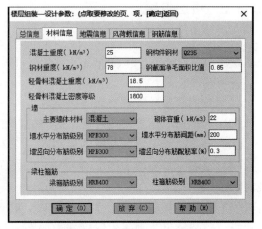

图 10-42 "材料信息"选项卡

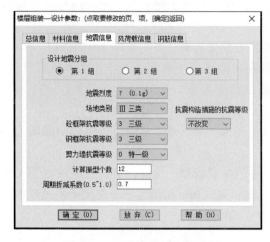

图 10-43 "地震信息"选项卡

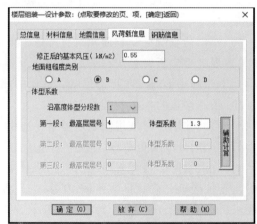

图 10-44 "风荷载信息"选项卡

PMCAD 应用（9）
楼层编辑与
模型组装

图 10-45 "钢筋信息"选项卡

10.8.2 楼层组装

楼层组装功能中，可为每个输入完成的标准层指定层高、层底标高，并将标准层布置到建筑整体的某一部位，从而搭建出完整建筑模型。"楼层组装"对话框如图 10-46 所示。

各功能含义如下：

（1）复制层数　需要增加的楼层数。

（2）标准层　需要增加的楼层对应的标准层。

（3）层高　需要增加楼层的层高。

（4）层名　需要增加楼层的名称，以便在程序生成的计算书等结果文件中标识出这个楼层。

（5）自动计算底标高　选中此项时，新增加的楼层会根据其上一层（此处所说的上一层，指"组装结果"列表中鼠标选中的那一层，可在使用过程中选取不同的楼层作为新加楼层的基准层）的标高加上一层层高获得一个默认的底标高数值。

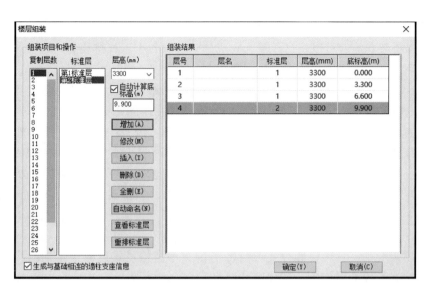

图 10-46 "楼层组装"对话框

（6）底标高　指定或修改层底标高时使用。

（7）增加　根据参数设置在组装结果框楼层列表后面添加若干楼层。

（8）修改　根据当前对话框内设置的"标准层""层高""层名""底标高"修改当前在组装结果框楼层列表中选中呈高亮状态的楼层。

（9）插入　根据参数设置在组装结果框楼层列表中选中的楼层前插入指定数量的楼层。

（10）删除　删除当前选中的标准层。

（11）全删　清空当前布置的所有楼层。

（12）查看标准层　显示组装结果框选择的标准层，按鼠标或键盘任意键返回楼层组装界面。

（13）组装结果楼层列表　显示全楼楼层的组装状态。

（14）生成与基础相连的墙柱支座信息　勾选此项，确定退出对话框时会自动进行相应处理。

10.8.3　节点下传

上下楼层的节点和轴网的对齐，是 PMCAD 中上下楼层构件对齐和正确连接的基础，大部分情况下如果上下层构件的定位节点、轴线不对齐，则在后续的其他程序中往往会视为没有正确连接，从而无法正确处理。可根据上层节点的位置在下层生成一个对齐节点，并打断下层的梁、墙构件，使上下层构件可以正确连接。

节点下传有自动下传和交互选择下传两种方式，一般情况下自动下传可以解决大部分问题，包括梁托柱、梁托墙、梁托斜杆、墙托柱、墙托斜杆、斜杆上接梁的情况。自动下传功能有两处可执行，一是在"楼层组装—节点下传"弹出的对话框中单击"自动下传"按钮，软件将当前标准层相关节点下传至下方的标准层上；二是在软件退出时的提示框中勾选"生成梁托柱、墙托柱节点"选项，会自动对所有楼层执行节点的自动下传。

10.8.4 工程拼装

使用工程拼装功能，可以将已经输入完成的一个或几个工程拼装到一起，这种方式对于简化模型输入操作、大型工程的多人协同建模都很有意义。

工程拼装功能可以实现模型数据的完整拼装，包括结构布置、楼板布置、各类荷载、材料强度及在 SATWE、TAT、PMSAP 中定义的特殊构件在内的完整模型数据。

工程拼装目前支持"合并顶标高相同的楼层""楼层表叠加"和"任意拼装方法"三种方式，选择拼装方式后，根据提示指定拼装工程插入本工程的位置即可完成拼装。

（1）合并顶标高相同的楼层 按"楼层顶标高相同时，该两层拼接为一层"的原则进行拼装，拼装出的楼层将形成一个新的标准层。这样两个被拼装的结构，不一定限于必须从第一层开始往上拼装的对应顺序，可以对空中开始的楼层拼装。多塔结构拼装时，可对多塔的对应层合并，这种拼装方式要求各塔层高相同，简称"合并层"方式。

（2）楼层表叠加 这种拼装方式可以将工程 B 中的楼层布置原封不动的拼装到工程 A 中，包括工程 B 的标准层信息和各楼层的层底标高参数。实质上就是将工程 B 的各标准层模型追加到工程 A 中，并将楼层组装表也添加到工程 A 的楼层组装表末尾。

（3）任意拼装方法 当各塔层高不同，或者标高不同时，采用以上两种方法需要手工修改层高和标高，使标准层在拼装时能严格对应，才能正确拼装。这一步工作量比较大，为此新版 PKPM 提供了按楼层拼装的新方式。只需一步就可以将任意两个工程拼装在一起，而不受标高层高的限制，整个过程不需要再对工程做任何人工调整。

此外，PMCAD 还提供了单层拼装功能，可调入其他工程或本工程的任意一个标准层，将其全部或部分地拼装到当前标准层上。操作和工程拼装相似。

10.8.5 模型显示

楼层组装功能位于"楼层"菜单以及 PKPM 程序界面右上侧的快捷按钮区域。

（1）整楼模型 用于三维透视方式显示全楼组装后的整体模型。

（2）多层组装 输入要显示的起始层高和终止层高，即可三维显示局部几层的模型。

（3）动态模型 相对于"整楼模型"一次性完成组装的效果，动态模型功能可以实现楼层的逐层组装，更好地展示楼层组装的顺序，尤其可以很直观地反映出广义楼层模型的组装情况。

10.8.6 模型的保存

随时保存文件可防止因程序的意外中断而丢失已输入的数据。可通过界面左上侧的保存按钮完成保存操作，或在切换软件模块弹出保存提示时进行操作。

10.8.7 退出建模程序

单取上部"计算分析"菜单的"转到前处理"命令后，或直接在下拉列表中选择分析模块的名称，屏幕会弹出图 10-47 所示"退出程序"信息提示框。有"存盘退出"和"不存盘退出"两个选项，如果选择"不存盘退出"，则程序不保存已做的操作并直接退出交互建模程序；如果选择"存盘退出"，则弹出图 10-40 所示信息窗口，可根据选项选择勾选要进行的后续操作，单击"确定"按钮，软件自动运行。

图 10-47　退出建模程序的信息提示

PMCAD 应用（10）
实例操作演示

10.9　PMCAD 建模应用实例

本节通过一个钢筋混凝土框架结构的实例详细说明 PMCAD 结构模型输入的过程。图 10-48 所示为该建筑的标准层结构平面布置图，图中柱尺寸均为 500mm×500mm，梁为 250mm×500mm，边梁与柱外侧对齐，其余梁与柱居中对齐，结构层高 3.3m，共四层，混凝土强度等级均采用 C30，梁、板、柱钢筋强度等级均为 HRB400。

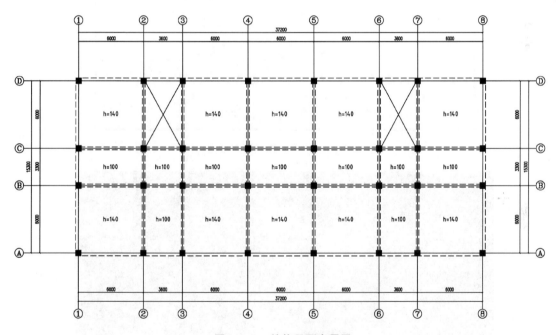

图 10-48　结构平面布置图

（1）创建文件　打开 PKPM，选择"SATWE 核心的集成设计"模块，单击"新建/打开"按钮，弹出工作目录设置对话框，完成设置后单击"确定"按钮。双击项目预览图图标即进入集成设计系统操作主界面。

（2）轴线输入　在"轴网"菜单选择"正交轴网"输入结构的开间和进深，如图 10-49 所示，单击"确定"按钮。然后选择"轴线命名"，在"请用光标选择轴线（Tab 成批输入）"提示下，按〈Tab〉键选择成批输入。在"移光标点取起始轴线"提示下单击左侧第一根轴线作为起始轴线；在"移光标点取终止轴线"提示下单击右侧第一根轴线作为终止轴线。此时两轴线间的所有轴线自动被选中，并提示"移光标去掉不标的轴线（Esc 没有)",由于没有不标的轴线,直接按<Esc>键。接下来在"输入起始轴线名"提示下,输入"1",则程序自动将其他轴线命名为"2,3,4,5,6"。同理可输入水平轴线名称,至此轴线命名结束,如图10-50所示。

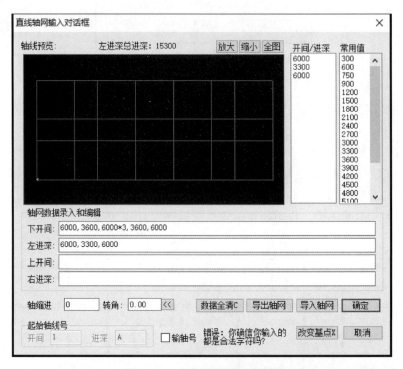

图10-49 "正交轴网"对话框

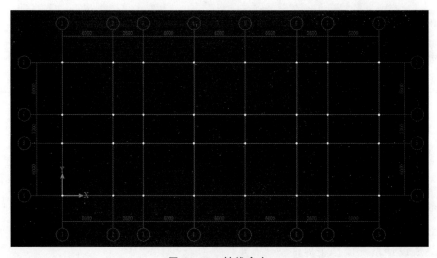

图10-50 轴线命名

(3) 构件布置

1) 柱布置。选择"构件"菜单中的"柱"按钮,弹出"柱布置"对话框,单击"增加"按钮,弹出图10-51所示"截面参数"对话框,按结构平面图输入柱参数(500mm×500mm),然后单击"确定"按钮。

在柱截面列表中选中一个已定义的柱截面,本例中布置参数取系统默认值,即柱子相对轴网节点的偏心距均为0。单击轴网节点布置框架柱,或采用按轴线布置、按窗口布置及按围栏布置等快捷操作方式。

2)梁布置。选择"构件"菜单中的"梁"按钮,弹出"梁布置"对话框,单击"增加"按钮,弹出"截面参数"对话框,按结构平面图输入梁参数(250mm×500mm),然后单击"确定"按钮。

在梁截面列表中选中一个已定义的梁截面,单击需要布置框架梁的轴线段,或采用按轴线布置、按窗口布置及按围栏布置等快捷操作方式。在梁布置参数中,"偏轴距离"是指梁截面形心偏移轴线的距离,进行梁布置时梁将向光标标靶中心所在侧偏移,本例中边梁的偏轴距离为±125mm,中梁的偏轴距离为0。此外,梁布置时也可暂不设置偏轴距离,后续通过"偏心对齐"中的"梁与柱齐"等功能实现梁的偏心对齐。

(4)本层信息 选择"本层信息",弹出图10-52所示"本层信息"对话框,板厚设置为100mm,板、柱、梁、混凝土强度等级均设置为30MPa,主筋级别设置为HRB400,本标准层层高设置为3300mm,单击"确定"按钮完成。

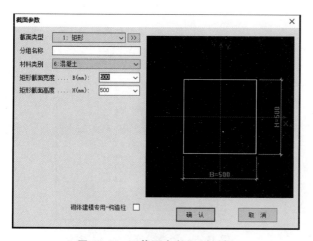

图10-51 "截面参数"对话框

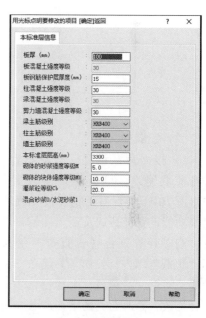

图10-52 "本层信息"对话框

(5)楼板生成 选择"楼板"菜单下的"生成楼板",软件按本层信息中的板厚初步生成楼板信息。继续选择"修改板厚",按结构平面图调整各方面实际板厚,楼梯间板厚设置为0。楼梯间不可采用"楼板开洞"选项。因为采用楼板开洞后,开洞部分的楼板荷载将在荷载传导时扣除,而事实上楼梯部分的荷载最终是要传导到相邻的梁上的。设置完成后的楼板布置如图10-53所示。至此完成了第一结构标准层的构件布置工作。

(6)添加标准层 利用层编辑功能在此结构标准层基础上快速生成其他楼层。在右侧楼层选择快捷栏中单击"添加新标准层",弹出的对话框(图10-54)中"新增标准层方式"选择"全部复制",然后单击"确定"按钮即可增加一个标准层。各标准层可以从PMCAD的下拉列表框中随时切换,如图10-55所示。

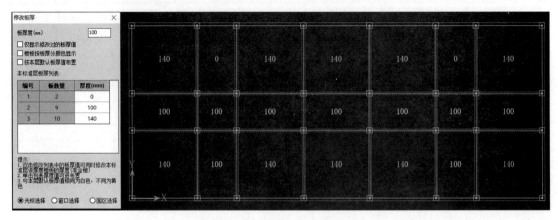

图 10-53 生成楼板及板厚修改

图 10-54 插标准层

图 10-55 切换标准层

(7) 荷载输入

1) 楼面荷载设置。楼层布置完毕后，进行荷载输入。单击"恒活设置"按钮，弹出图 10-56 所示对话框，按楼面构造层及建筑功能设置恒荷载及活荷载标准值，并勾选"自动计算现浇楼板自重"等选项。选择"恒载"及"活载"子菜单下的"板"功能，对恒、活荷载与上述设置不同的房间进行修改，修改完成的楼面荷载布置结果如图 10-57 所示。

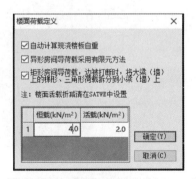

图 10-56 "楼面荷载定义"对话框

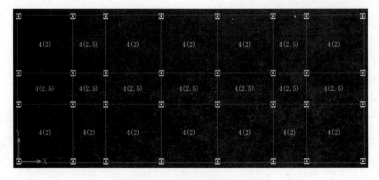

图 10-57 楼面荷载设置结果

2）梁间荷载设置。单击"恒载"子菜单下的"梁"按钮，弹出"梁-恒载布置"对话框，继续单击"增加"按钮，弹出图 10-58 所示"添加：梁荷载"对话框，勾选"填充墙计算器"选项，根据建筑方案填写填充墙参数后，单击"计算"按钮即可自动完成填充墙均布线荷载计算。

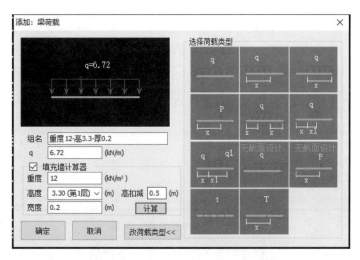

图 10-58 "添加：梁荷载"对话框

在梁间荷载类型表中，选择要布置的荷载，分别布置到相应的框架梁上，结果如图 10-59 所示。

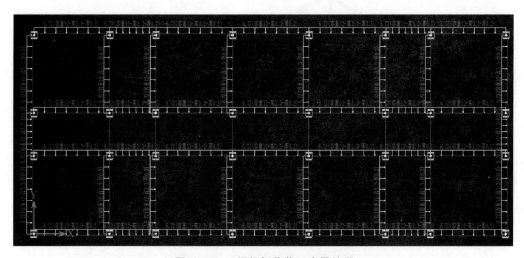

图 10-59 "梁间恒荷载"布置结果

3）按上述方法完成各标准层的荷载设置与修改。
（8）楼层组装
1）单击"楼层"菜单下的"设计参数"按钮，在弹出的对话框中按实际条件依次修改"总信息""材料信息""地震信息""风荷载信息"和"钢筋信息"。
2）选择楼层组装功能。本建筑为四层，一至三层是第一结构标准层，四层是第二结构标准层，层高均为 3300mm。在对话框左侧复制层数下选 3，在"标准层"下选 1，层高指定3300mm，然后单击"增加"按钮。接下来在"复制层数"下选1，在"标准层"下选2，层高指定3300mm，然后单击"增加"按钮。"组装结果"列表如图10-60所示。

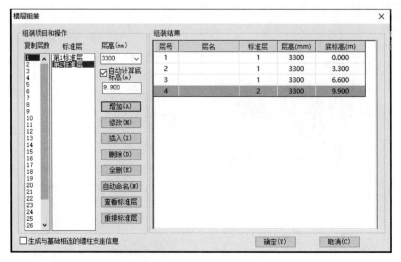

图10-60 "楼层组装"窗口

3）单击"动态模型"或"整楼模型"按钮，显示全楼的三维结构模型，如图10-61所示。至此，整个结构的建模工作全部完成。单击"主菜单"→"保存"，然后按"退出"→"存盘退出"，单击"确定"按钮后软件自动根据设置情况进行导荷计算。

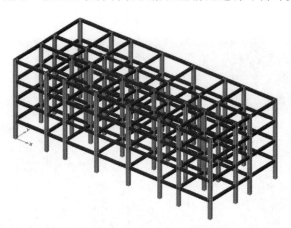

图10-61 全楼模型

------ 复习题 ------

1. PMCAD的基本功能有哪些？
2. PMCAD的主要操作过程是怎样的？
3. 某6层框架结构，结构布置如图10-62和图10-63所示，全楼模型如图10-64所示。请使用PMCAD输入结构模型。主要参数：矩形柱截面尺寸500mm×500mm，梁矩形截面300×500mm，现浇板厚120mm；梁板柱混凝土强度等级C30；楼面恒、活荷载分别为4.0kN/m^2、2.5kN/m^2；屋面恒、活荷载分别为6kN/m^2、

$2kN/m^2$；1~5层边梁上均布线荷载为6kN/m，顶层为2kN/m。楼层共有3个结构标准层，1~3层为第一结构标准层，4~5层为第二结构标准层，6层为第三结构标准层，各层层高均为3m。

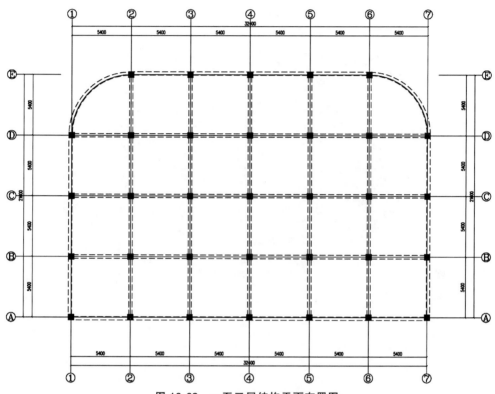

图10-62 一至三层结构平面布置图

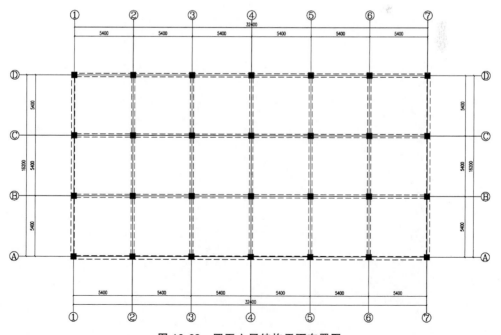

图10-63 四至六层结构平面布置图

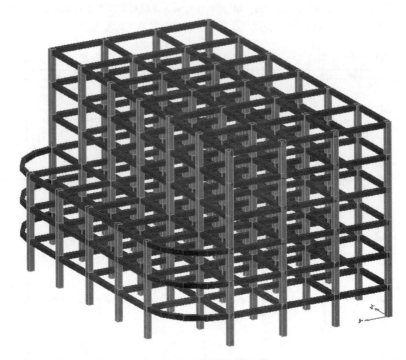

图 10-64 全楼三维模型

第11章 多层及高层建筑结构分析与设计软件SATWE

SATWE是采用空间有限元壳元模型计算分析的软件,适合于各种复杂体形的多层及高层钢筋混凝土框架、框剪、剪力墙、筒体结构等,钢—混凝土混合结构和钢结构。

11.1 SATWE的基本功能及适用范围

11.1.1 SATWE的基本功能

1)可自动读取PMCAD的建模数据、荷载数据,并自动转换成SATWE所需的几何数据和荷载数据格式。

2)程序中的空间杆单元除了可以模拟常规的柱、梁外,通过特殊构件定义,还可以有效地模拟铰接梁、支撑等。特殊构件记录在PMCAD建立的模型中,这样可以随着PMCAD建模变化而变化,实现SATWE与PMCAD的互动。

3)随着工程应用的不断拓展,SATWE可以计算的梁、柱及支撑的截面类型越来越多。矩形截面和圆形截面是混凝土结构最常用的截面类型。工字形、箱形和型钢截面是钢结构最常用的截面类型。自定义任意多边形截面采用人机交互的方式,程序提供了针对不同类型截面的参数输入对话框。

4)剪力墙的洞口仅考虑矩形洞,无须为结构模型简化而加计算洞;墙的材料可以是混凝土、砌体或轻骨料混凝土。

5)考虑了多塔、错层、转换层及楼板局部开大洞口等结构的特点,可以高效、准确地分析这些特殊结构。

6)SATWE也适用于多层结构、工业厂房及体育场馆等各种复杂结构,并实现了在三维结构分析中考虑活荷载的不利布置功能、底框结构计算和吊车荷载计算。

7)自动考虑了梁、柱的偏心、刚域影响。

8)具有剪力墙墙元和弹性楼板单元自动划分功能。

9)具有较完善的数据检查和图形检查功能,较强的容错能力。

10)具有模拟施工加载过程的功能,并可以考虑梁上的活荷载不利布置作用。

11)可任意指定水平力作用方向,程序自动按转角进行坐标变换及风荷载导算;还可根据用户需要进行特殊风荷载计算。

12)在单向地震力作用时,可考虑偶然偏心的影响;可进行双向水平地震作用下的扭转地震作用效应计算;可计算多方向输入的地震作用效应;可按振型分解反应谱方法计算竖向地震作用;对于复杂体型的高层结构,可采用振型分解反应谱法进行耦联抗震分析和动力弹性时程分析。

13）对于高层结构，程序可以考虑 P-Δ 效应。

14）对于底层框架抗震墙结构，可接力 QITI 整体模型计算做底框部分的空间分析和配筋设计；对于配筋砌体结构和复杂砌体结构，可进行空间有限元分析和抗震验算（用于 QITI 模块）。

15）可进行吊车荷载的空间分析和配筋设计。

16）可考虑上部结构与地下室的联合工作，上部结构与地下室可同时进行分析与设计。

17）具有地下室人防设计功能，在进行上部结构分析与设计的同时可完成地下室的人防设计。

18）SATWE 计算完以后，可接力施工图设计软件绘制梁、柱、剪力墙施工图；接力钢结构设计软件 STS 绘制钢结构施工图。

19）可为 PKPM 系列中基础设计软件 JCCAD、BOX 提供底层柱、墙内力作为其组合设计荷载的依据，从而使各类基础设计中数据准备的工作大大简化。

11.1.2　SATWE 的适用范围

1）结构层数（高层版）≤200。
2）每层梁数≤12000。
3）每层柱数≤5000。
4）每层墙数≤4000。
5）每层支撑数≤2000。
6）每层塔数≤20。
7）每层刚性楼板数≤99。
8）结构总自由度数不限。

11.2　SATWE 前处理——参数定义

SATWE 的"前处理及计算"菜单如图 11-1 所示。

SATWE 应用（1）
前处理与计算

图 11-1　SATWE "前处理及计算"菜单

"参数定义"中的参数信息是 SATWE 计算分析必需的信息。新建工程必须执行此项菜单，确认参数正确后方可进行下一步操作，此后如参数不再改动，则可略过此项菜单。对于一个新建工程，在 PMCAD 模型中已经包含了部分参数，这些参数可以为 PKPM 系列的多个软件模块共用，但对于结构分析而言并不完备。SATWE 在 PMCAD 参数的基础上，提供了一套更为丰富的参数，以适应结构分析和设计的需要。

单击"参数定义"菜单后，弹出"分析和设计参数补充定义"对话框，共十八个选项卡，分别为：总信息、多模型及包络、风荷载信息、地震信息、隔震信息、活荷载信息、二阶效应、刚度调整、内力调整、基本设计信息、钢结构设计信息、钢筋信息、混凝土信息、工况信息、组合信息、地下室信息、性能设计和高级参数。

"生成数据"是 SATWE 前处理的核心功能,程序将 PMCAD 模型数据和前处理补充定义的信息转换成适合有限元分析的数据格式。新建工程必须执行此项菜单,正确生成 SATWE 数据并且数据检查无错误提示后,方可进行下一步的计算分析。此外,只要在 PMCAD 中修改了模型数据或在 SATWE 前处理中修改了参数、特殊构件等相关信息,都必须重新执行"生成 SATWE 数据文件及数据检查",才能使修改生效。

除上述两项,其余各项菜单不是每项工程必需的,可根据工程实际情况有针对性地选择执行。

11.2.1 总信息

"总信息"选项卡如图 11-2 所示。

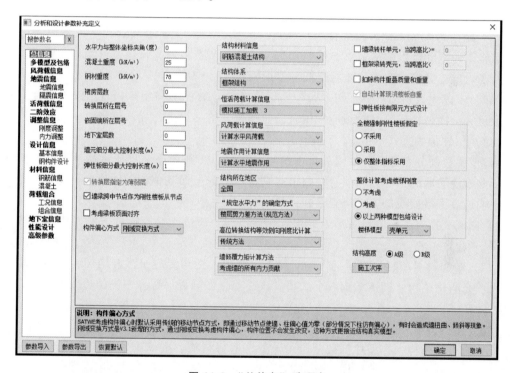

图 11-2 "总信息"选项卡

(1)水平力与整体坐标夹角 该参数为地震力、风力作用方向与结构整体坐标的夹角,逆时针方向为正。当需进行多方向侧力核算时,可改变此参数,这样在后面的计算中,程序自动考虑此参数的影响。

(2)混凝土重度和钢材重度 用于求梁、柱、墙和板的自重,一般情况下混凝土重度为 $25kN/m^3$,钢材重度为 $78kN/m^3$,即程序的默认值。若采用轻质混凝土等,也可在此修改容重值。该参数在 PMCAD 和 SATWE 中同时存在,其数值是联动的。

(3)裙房层数 裙房层数仅用作抗震设计时,结构底部加强区高度的判断根据实际情况填写。

(4) 转换层所在层号 按 PMCAD 楼层组装中的自然层号填写，如有转换层时，必须指明其层号，以便程序能够进行正确地内力调整。

(5) 嵌固端所在层号 这里的嵌固端指上部结构的计算嵌固端，可根据实际情况填写。

(6) 地下室层数 指与上部结构同时进行内力分析的地下室部分的层数。地下室层数影响风荷载和地震作用计算、内力调整、底部加强区的判断等众多内容，是一项重要参数。

(7) 墙元、弹性板细分最大控制长度 工程规模较小时，建议在 0.5~1.0m 之间填写；剪力墙数量较多，不能正常计算时，可适当增大细分尺寸，在 1.0~2.0m 之间取值，但前提是一定要保证网格质量。用户可在 SATWE 的"分析模型及计算"→"模型简图"→"空间简图"中查看网格划分的结果。当楼板采用弹性板或弹性膜时，弹性板细分最大控制长度起作用。通常墙元和弹性板可取相同的控制长度。当模型规模较大时可适当降低弹性板控制长度，在 1.0~2.0m 之间取值，以提高计算效率。

(8) 转换层指定为薄弱层 SATWE 中这个参数默认置灰，需要人工修改转换层号。勾选此项与在"内力调整"页"指定薄弱层号"中直接填写转换层层号的效果是一样的。

(9) 墙梁跨中节点作为刚性楼板从节点 勾选此项时，剪力墙洞口上方墙梁的上部跨中节点将作为刚性楼板的从节点，不勾选时，这部分节点将作为弹性节点参与计算。该选项的本质是确定连梁跨中节点与楼板之间的变形协调。

(10) 考虑梁板顶面对齐 可通过勾选该选项使计算模型与实际相符。采用这种方式时应注意定义全楼弹性板，且楼板应采用有限元整体分析结果进行配筋设计。

(11) 构件偏心方式

1) 传统移动节点方式。如果模型中的墙存在偏心，则程序会将节点移动到墙的实际位置，以此来消除墙的偏心，即墙总是与节点贴合在一起，而其他构件的位置可以与节点不一致，它们通过刚域变换的方式进行连接。

2) 刚域变换方式。将所有节点的位置保持不动，通过刚域变换的方式考虑墙与节点位置的不一致。

(12) 结构材料信息 程序提供钢筋混凝土结构、钢与混凝土混合结构、有填充墙钢结构、无填充墙钢结构、砌体结构 5 个选项。该选项会影响程序选择不同的规范来进行分析和设计。

(13) 结构体系 程序提供了 20 种结构形式，包括框架、框剪、框筒、筒中筒、剪力墙、板柱剪力墙结构、异型柱框架结构、异型柱框剪结构、配筋砌块砌体结构、砌体结构、底框结构、部分框支剪力墙结构、单层钢结构厂房、多层钢结构厂房、钢框架结构、巨型框架-核心筒（仅限广东地区）、装配整体式框架结构、装配整体式剪力墙结构、装配整体式部分框支剪力墙结构和装配整体式预制框架—现浇剪力墙结构。计算时应根据实际结构形式选择。

(14) 恒活荷载计算信息

1) 不计算恒活荷载，指不计算竖向荷载。

2) 一次性加载，指按一次加荷方式计算竖向荷载。

3) 模拟施工加载 1，指按模拟施工加荷方式计算竖向荷载。

4) 模拟施工加载 2，指按模拟施工加荷方式计算竖向荷载，同时在分析过程中将竖向构件（柱、墙）的轴向刚度放大 10 倍，以削弱竖向荷载按刚度的重分配。这样做将使得柱和墙上分得的轴力比较均匀，接近手算结果，传给基础的荷载更为合理。

5）模拟施工加载 3，是比较真实地模拟结构竖向荷载的加载过程，即分层计算各层刚度后，再分层施加竖向荷载，采用这种方法计算出来的结果更符合工程实际。建议用模拟施工加载 3。

（15）风荷载计算信息

1）不计算风荷载，指任何风荷载均不计算。

2）计算水平风荷载，指仅水平风荷载参与内力分析和组合，无论是否存在特殊风荷载数据。

3）计算特殊风荷载，指仅特殊风荷载参与内力分析和组合。

4）计算水平和特殊风荷载，指水平和特殊风荷载同时参与内力分析和组合。此选项只用于特殊情况，一般工程不建议采用。

（16）地震作用计算信息

1）不计算地震作用。对于不进行抗震设防的地区或者抗震设防烈度为 6 度时的部分结构，可选此项。

2）计算水平地震作用。计算 X、Y 两个方向的地震作用。

3）计算水平和规范简化方法竖向地震。按《建筑抗震设计规范》（GB 50011—2010）（以下简称《抗规》）第 5.3.1 条规定的简化方法计算竖向地震。

4）计算水平和反应谱方法竖向地震。按竖向振型分解反应谱方法计算竖向地震。

5）计算水平和等效静力法竖向地震。按"等效静力法"计算竖向地震作用效应，适用于高烈度区的大跨度、长悬臂等结构。

（17）结构所在地区　分为全国、上海、广东，分别采用我国国家规范、上海地区规程和广东地区规程。

（18）"规定水平力"的确定方式　一般情况下选择楼层剪力差方法（规范方法）。

（19）高位转换结构等效侧向刚度比计算

1）采用《高层建筑混凝土结构技术规程》（JGJ 3—2010）（以下简称《高规》）附录 E.0.3 方法。程序自动按照《高规》要求分别建立转换层上、下部结构的有限元分析模型，并在层顶施加单位力，计算上、下部结构的顶点位移，进而获得上、下部结构的刚度和刚度比。

2）"传统方法"。采用串联层刚度模型计算。

（20）墙倾覆力矩计算方法　程序提供了墙倾覆力矩计算方法的三个选项，分别为"考虑墙的所有内力贡献"、"只考虑腹板和有效翼缘，其余部分计入框架"和"只考虑面内贡献，面外贡献计入框架"。

（21）扣除构件重叠质量和重量　勾选此项时，梁、墙扣除与柱重叠部分的质量和重量。

（22）弹性板按有限元方式设计　在 SATWE 的前处理中，可通过以下步骤实现楼板有限元分析和设计：

第 1 步：正常建模，退出时仍按原方式导荷，支持各种楼面荷载种类（点荷载、线荷载及面荷载）。

第 2 步：在参数对话框中确认各层楼板的主筋强度。

第3步：在特殊构件中指定需进行配筋设计的楼板为弹性板3或弹性板6。

从实际工程的测试结果来看，与采用手册算法相比，弹性板按有限元方法计算得到的配筋量有较大程度的降低。

(23) 全楼强制刚性楼板假定　只有在计算结构的位移比和周期比时才选用此项，在计算结构的内力和配筋时不用选择。

(24) 整体计算考虑楼梯刚度　可在SATWE中选择是否在整体计算时考虑楼梯的作用。若在整体计算中考虑楼梯，程序会自动将梯梁、梯柱、梯板加入到模型当中。

11.2.2 风荷载信息

"风荷载信息"选项卡如图11-3所示。

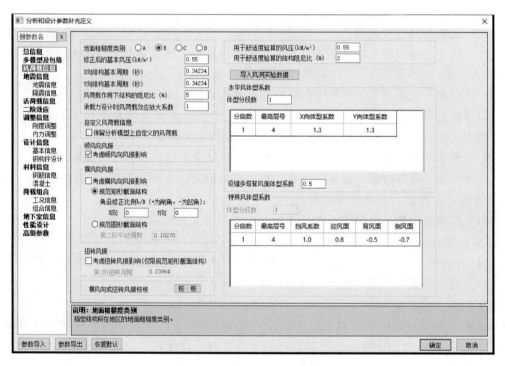

图11-3　"风荷载信息"选项卡

(1) 地面粗糙度类别　分A、B、C、D四类，用于计算风压高度变化系数等。

(2) 修正后的基本风压　一般按照《建筑结构荷载规范》(GB 50009—2012)（以下简称《荷载规范》）给出的50年一遇的风压采用。

(3) X、Y向结构基本周期　程序按简化方式对基本周期赋初值。在SATWE计算完成后，可得到了准确的结构自振周期，再回到此处将新的周期值填入，然后重新计算，可得到更为准确的风荷载。

(4) 风荷载作用下结构的阻尼比　程序会根据"结构材料信息"自动对此项赋值，一般不做修改。

(5) 承载力设计时风荷载效应放大系数　程序将直接对风荷载作用下的结构内力进行放大，不改变结构位移。

（6）顺风向风振　高耸结构风荷载计算时应勾选该选项。

（7）横风向风振与扭转风振　勾选时按规范要求计算横风向风振与扭转风振。

（8）用于舒适度验算的风压及结构阻尼比　高度≥150m时考虑，阻尼比默认取0.02。

（9）导入风洞实验数据　可对各层各塔的风荷载做更精细的指定。

（10）水平风体型分段数、各段体型系数　计算水平风荷载时，程序不区分迎风面和背风面，直接按照最大外轮廓计算风荷载的总值，此处应填入迎风面体型系数与背风面体型系数绝对值之和。

1）体型分段数。定义结构体型变化分段，体型无变化填1。

2）各段最高层号。按各分段内各层的最高层层号填写。

3）各段体形系数。高宽比不大于4的矩形、方形、十字形平面取1.3。

（11）特殊风体型系数　定义了特殊风荷载时使用。程序自动区分迎风面、背风面和侧风面，分别计算其风荷载，是更为精细的计算方式。应在此处分别填写各区段迎风面、背风面和侧风面的体型系数。

11.2.3　地震信息

"地震信息"选项卡如图11-4所示。

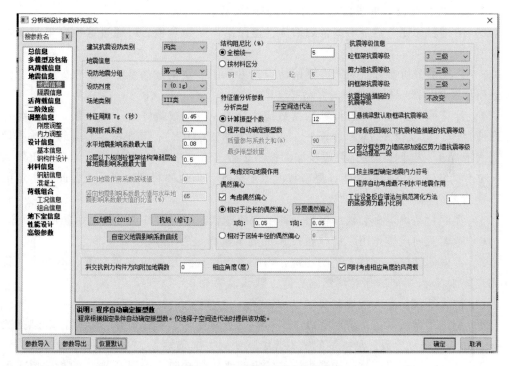

图11-4　"地震信息"选项卡

（1）建筑抗震设防类别　该参数暂不起作用，仅为设计标识。

（2）设防地震分组与设防烈度　按规范选用。当采用地震区划图确定特征周期时，设防地震分组可根据《抗规》第5.1.4条及第3.2.2条确定，或采用"区划图"按钮提供的计算工具来辅助计算。

（3）场地类别 采用地质报告提供的场地类别。程序依据《抗规》，提供 I_0、I_1、Ⅱ、Ⅲ、Ⅳ共五类场地类别。

（4）特征周期 可通过《抗规》确定，也可根据具体需要来指定。

（5）水平、竖向地震影响系数最大值 可通过《抗规》确定，也可根据具体需要来指定。

（6）用于12层以下规则混凝土框架结构薄弱层验算的地震影响系数最大值 仅用于12层以下规则混凝土框架结构薄弱层验算。

（7）周期折减系数 对于框架结构，若填充墙较多，可取 0.6~0.7；填充墙较少，可取 0.7~0.8；对于框剪结构，可取 0.8~0.9；纯剪力墙结构可不折减。

（8）竖向地震作用系数底线值 当振型分解反应谱方法计算的竖向地震作用小于该值时，程序将自动取该参数确定的竖向地震作用底线值。

（9）区划图（2015） 根据新的区划图进行检索和地震参数计算的工具，可将地震计算所需的特征周期与地震影响系数最大值等参数自动计算并填入程序界面。

（10）抗规（修订） 《建筑抗震设计规范》（GB 50011—2010）进行了局部修订，需要用户按照修订后的规定指定正确的参数。

（11）自定义地震影响系数曲线 可查看按规范公式的地震影响系数曲线，并可在此基础上根据需要进行修改，形成自定义的地震影响系数曲线。

（12）结构阻尼比 对于一些常规结构，程序给出了隐含值，可通过这项菜单改变程序的隐含值。

（13）特征值分析参数 对于大体量结构，可采用多重里兹向量法，以较少的振型数满足有效质量系数要求，提高计算分析效率。

（14）计算振型个数 一般计算振型数应大于9，振型数最好为3的倍数。振型组合数是否取值合理，可以看 SATWE 计算书（文件名为 WZQ.OUT），其中 X、Y 向的有效质量系数是否大于 0.9。若小于 0.9，可逐步加大振型个数，直到 X 和 Y 两个方向的有效质量系数都大于 0.9 为止。多塔结构的计算振型数应取更多些。但也要特别注意一点，此处指定的振型数不能超过结构固有振型的总数。

（15）程序自动确定振型数 仅当选择子空间迭代法进行特征值分析时可使用此功能。

（16）考虑双向地震作用 按《抗规》的要求选择是否考虑。

（17）考虑偶然偏心 对于高层建筑，均应考虑，计算层间位移角时可以不考虑。程序允许用户修改 X 和 Y 向的相对偶然偏心值，默认值为 0.05。

（18）抗震等级信息 按规范要求进行选择。

（19）悬挑梁默认取框梁抗震等级 当不勾选此参数时，程序默认按次梁选取悬挑梁抗震等级，如果勾选该参数，悬挑梁的抗震等级默认同主框架梁。

（20）降低嵌固端以下抗震构造措施的抗震等级 勾选时，按《抗规》的相关要求调整嵌固端以下抗震构造措施的抗震等级。

（21）部分框支剪力墙结构底部加强区剪力墙抗震等级自动提高一级 勾选时，按《高规》的相关要求调整部分框支剪力墙的抗震等级。

（22）按主振型确定地震内力符号 不勾选时，在确定某一内力分量时，取各振型下该分量绝对值最大的符号作为 CQC 计算以后的内力符号；而当选用该参数时，程序根据主振型下地震效应的符号确定考虑扭转耦联后的效应符号。

（23）程序自动考虑最不利水平地震作用　程序将自动考虑最不利水平地震作用方向的地震效应，一次完成计算。

（24）工业设备地震计算　用来确定反应谱，计算工业设备地震作用的最小值。

（25）斜交抗侧力构件方向附加地震数，相应角度　有斜交抗侧力构件的结构，当相交角度大于15°时考虑。此外，当采用隔震设计时，可在图11-5所示"隔震信息"选项卡进行参数设置。

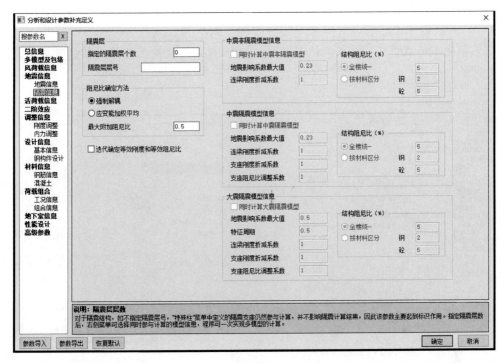

图11-5　"隔震信息"选项卡

11.2.4　活荷载信息

"活荷载信息"选项卡如图11-6所示。

（1）楼面活荷载折减方式

1）传统方式。可根据计算截面以上层数，分别设定墙柱设计和传给基础的活荷载是否进行折减。

2）按荷载属性确定折减系数。适用于结构不同部位有不同用途，因而折减方式不同的情况。使用该方式时，需根据实际情况，在结构建模的"荷载布置"→"楼板活荷类型"中定义房间属性，对于未定义属性的房间，程序默认按住宅处理。

为了避免活荷载在PMCAD和SATWE中出现重复折减的情况，建议用户使用SATWE进行结构计算时，不要在PMCAD中进行活荷载折减，而是统一在SATWE中进行梁、柱、墙和基础设计时的活荷载折减。

此处指定的"传给基础"的活荷载是否折减仅用于SATWE设计结果的文本及图形输

出，在接力 JCCAD 时，SATWE 传递的内力为没有折减的标准内力，由用户在 JCCAD 中另行指定折减信息。

（2）梁楼面活荷载折减设置　可以根据实际情况选择不折减或按从属面积折减。

（3）梁活荷不利布置最高层号　SATWE 有考虑梁活荷不利布置的功能。若将此参数填 0，表示不考虑梁活荷不利布置作用；若填一个大于零的数 NL，则表示从 1~NL 各层考虑梁活荷载的不利布置，而 NL+1 层以上则不考虑活荷不利布置，若 NL 等于结构的层数 N_{st}，则表示对全楼所有层都考虑活荷载的不利布置。

（4）考虑结构使用年限的活荷载调整系数　设计使用年限为 50 年时取 1.0，设计使用年限为 100 年时取 1.1。

（5）消防车荷载折减　对于消防车工况，SATWE 可与楼面活荷载类似，考虑梁和柱墙的内力折减。

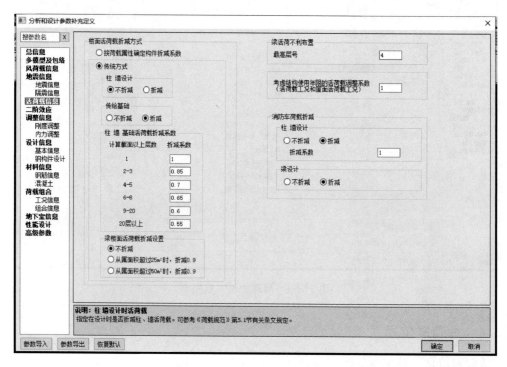

图 11-6 "活荷载信息" 选项卡

11.2.5 调整信息

分为"刚度调整"和"内力调整"两部分。

1. 刚度调整

"刚度调整"选项卡如图 11-7 所示。

（1）梁刚度调整　程序提供了以下三种梁刚度调整方式：

1）中梁刚度放大系数 Bk。对于现浇楼盖和装配整体式楼盖，宜考虑楼板作为翼缘对梁刚度和承载力的影响。SATWE 可采用"梁刚度放大系数"对梁刚度进行放大，近似考虑楼板对梁刚度的贡献。刚度增大系数 Bk 一般可在 1.0~2.0 范围内取值，程序默认值为 2.0。

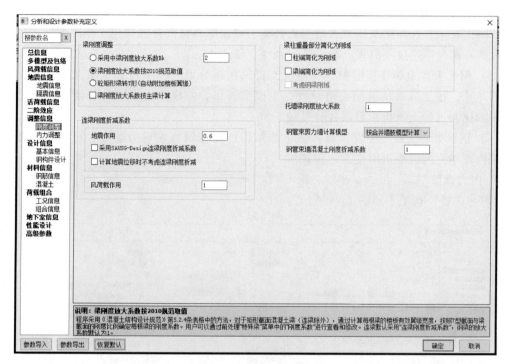

图 11-7 "刚度调整"选项卡

对于中梁（两侧与楼板相连）和边梁（仅一侧与楼板相连），楼板的刚度贡献不同。程序取中梁的刚度放大系数为 Bk，边梁的刚度放大系数为 1+(Bk-1)/2，其他情况不放大。中梁和边梁由程序自动搜索。

2）梁刚度系数按 2010 规范取值。程序将根据《混凝土结构设计规范》（GB 50010—2010）（以下简称《混规》）第 5.2.4 条的表格，自动计算每根梁的楼板有效翼缘宽度，按照 T 形截面与梁截面的刚度比例，确定每根梁的刚度系数。

3）砼矩形梁转 T 形（自动附加楼板翼缘）。程序自动将所有混凝土矩形截面梁转换成 T 形截面梁，在刚度计算和承载力设计时均采用新的 T 形截面。

需注意，选择"梁刚度放大系数按 2010 规范取值"或"砼矩形梁转 T 形梁"时，对于被次梁打断成多段的主梁，可以选择按照打断后的多段梁分别计算每段的刚度系数，也可以按照整根主梁进行计算。

(2) 连梁刚度折减系数

1）地震作用。多、高层结构设计中允许连梁开裂，开裂后连梁的刚度有所降低，程序中通过连梁刚度折减系数来反映开裂后的连梁刚度。为避免连梁开裂过大，此系数不宜取值过小，一般不宜小于 0.5。此外，《抗规》第 6.2.13-2 条规定：计算地震内力时，抗震墙连梁刚度可折减；计算位移时，连梁刚度可不折减。若执行上述条文，旧版程序需建立两个模型，并分别取对应的指标作为设计结果，新版程序可直接勾选该选项，一键完成计算。

2）风荷载作用。一般不考虑，当风荷载作用水准提高到 100 年一遇或更高，在承载力设计时应允许一定程度地考虑连梁刚度折减，以便整个结构的设计内力分布更贴近实际。

(3) 梁柱重叠部分简化为刚域　勾选该参数对梁端刚域与柱端刚域独立控制。

(4) 托墙梁刚度放大系数 针对梁式转换层结构，框支梁与剪力墙的共同作用，使框支梁的刚度增大。托墙梁刚度放大指与上部剪力墙及暗柱直接接触共同工作的部分，托墙梁上部有洞口部分梁刚度不放大，此系数不调整，输入1。

(5) 钢管束剪力墙计算模型 程序既支持采用拆分墙肢模型计算，也支持采用合并墙肢模型计算，还支持两种模型包络设计，主模型采用合并模型，平面外稳定、正则化宽厚比、长细比和混凝土承担系数取各分肢较大值。

(6) 钢管束墙混凝土刚度折减系数 当结构中存在钢管束剪力墙时，可通过该参数对钢管束内部填充的混凝土刚度进行折减。

2. 内力调整

"内力调整"选项卡如图11-8所示。

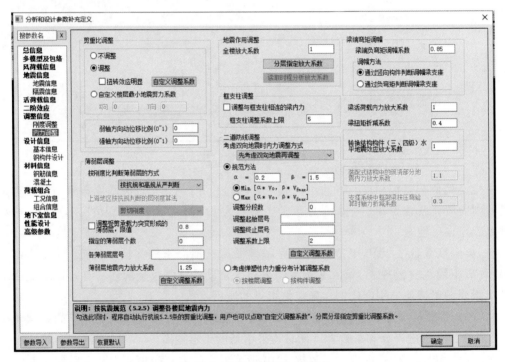

图11-8 "内力调整"选项卡

(1) 剪重比调整 勾选该项，程序根据《抗规》第5.2.5条规定自动调整最小地震剪力系数。也可选择"自定义调整系数"，分层分塔指定剪重比调整系数。

(2) 弱/强轴方向动位移比例 当动位移比例填0时，程序采取加速度段方式进行调整；动位移比例为1时，采用位移段方式进行调整；动位移比例填0.5时，采用速度段方式进行调整。

(3) 薄弱层调整

1) 按刚度比判断薄弱层的方式。提供"按抗规和高规从严判断""仅按抗规判断""仅按高规判断"和"不自动判断"四个选项供选择。

2) 调整受剪承载力突变形成的薄弱层，限值。当勾选该参数时，对于受剪承载力不满足《高规》第3.5.3条要求的楼层，程序会自动将该层指定为薄弱层，执行薄弱层相关的内力调整,并重新进行配筋设计。采用此项功能时应注意确认程序自动判断的薄弱层信息是否与实际相符。

3) 指定的薄弱层个数及各薄弱层层号。SATWE 自动按楼层刚度比判断薄弱层并对薄弱层进行地震内力放大,但对于竖向抗侧力构件不连续,或承载力变化不满足要求的楼层,不能自动判断为薄弱层,需要手动指定。

4) 薄弱层地震内力放大系数、自定义调整系数。《抗规》第 3.4.4-2 条规定:薄弱层的地震剪力增大系数不小于 1.15。《高规》第 3.5.8 条规定:地震作用标准值的剪力应乘以 1.25 的增大系数。SATWE 对薄弱层地震剪力调整的做法是直接放大薄弱层构件的地震作用内力。"薄弱层地震内力放大系数"由用户指定,以满足不同需求。程序默认值为 1.25。

(4) 地震作用调整　程序支持全楼地震作用放大系数,用户可通过此参数来放大全楼地震作用,提高结构的抗震安全度,其经验取值范围是 1.0~1.5。

(5) 框支柱调整　《高规》第 10.2.17 条规定:框支柱剪力调整后,应相应调整框支柱的弯矩及柱端框架梁的剪力和弯矩。程序自动对框支柱的剪力和弯矩进行调整,与框支柱相连的框架梁的剪力和弯矩是否进行相应调整,由设计人员决定。由于程序计算的 $0.2V_0$ 调整和框支柱的调整系数值可能很大,用户可设置调整系数的上限值,这样程序进行相应调整时,采用的调整系数将不会超过这个上限值。程序默认 $0.2V_0$ 调整上限为 2.0,框支柱调整上限为 5.0,可以自行修改。

(6) 二道防线调整　规范对于 $0.2V_0$ 调整的方式是 $0.2V_0$ 和 $1.5V_{f,max}$ 取小,程序中增加了两者取大作为一种更安全的调整方式。α、β 分别为地震作用调整前楼层剪力框架分配系数和框架各层剪力最大值放大系数。对于钢筋混凝土结构或钢混凝土混合结构,α、β 的默认值为 0.2 和 1.5;对于钢结构,α、β 的默认值为 0.25 和 1.8。

(7) 梁端弯矩调幅

1) 梁端负弯矩调幅系数。在竖向荷载作用下,钢筋混凝土框架梁设计允许考虑混凝土的塑性变形内力重分布,适当减小支座负弯矩,相应增大跨中正弯矩。梁端负弯矩调幅系数可在 0.8~1.0 范围内取值,钢梁不允许进行调幅。

2) 调幅方法。提供"通过竖向构件判断调幅梁支座"和"通过负弯矩判断调幅梁支座"两种方式。

(8) 梁活荷载内力放大系数　该参数用于考虑活荷载不利布置对梁内力的影响。将活荷载作用下的梁内力(包括弯矩、剪力、轴力)进行放大,然后与其他荷载工况进行组合。一般工程建议取值 1.1~1.2。如果已经考虑了活荷载不利布置,则应填 1。

(9) 梁扭矩折减系数　对于现浇楼板结构,当采用刚性楼板假定时,可以考虑楼板对梁抗扭的作用而对梁的扭矩进行折减。折减系数可在 0.4~1.0 范围内取值。若考虑楼板的弹性变形,梁的扭矩不应折减。

(10) 转换结构构件(三、四级)水平地震效应放大系数　按《抗规》3.4.4-2-1 条要求,转换结构构件的水平地震作用计算内力应乘以 1.25~2.0 的放大系数;按照《高规》10.2.4 条的要求,特一级、一级、二级的转换结构构件的水平地震作用计算内力应分别乘以增大系数 1.9、1.6 和 1.3。此处填写大于 1.0 时,三、四级转换结构构件的地震内力乘以此放大系数。

(11) 装配式结构中的现浇部分地震内力放大系数　该参数只对装配式结构起作用,如果结构楼层中既有预制又有现浇抗侧力构件时，程序对现浇部分的地震剪力和弯矩乘以此处指定的地震内力放大系数。

（12）支撑系统中框架梁按压弯验算时轴力折减系数　支撑系统中框架梁按《钢结构设计标准》（GB 50017—2017）第17.2.4条要求进行性能设计时，考虑到支撑屈曲时不平衡力过大，对此不平衡力的轴向分量进行折减，折减系数参照《抗规》8.2.6条，取0.3。

11.2.6　设计信息

设计信息包括"基本信息"和"钢构件设计"两部分，本节重点介绍"基本信息"选项卡，如图11-9所示。

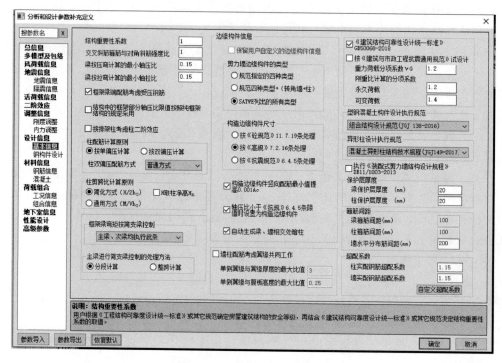

图11-9　"基本信息"选项卡

（1）结构重要性系数　根据《工程结构可靠度设计统一标准》（GB 50153—2008）或其他规范确定房屋建筑结构的安全等级，再结合《建筑结构可靠度设计统一标准》（GB 50068—2018）或其他规范确定结构重要性系数的取值。

（2）梁按压弯计算的最小轴压比　梁承受的轴力一般较小，默认按照受弯构件计算。实际工程中某些梁可能承受较大的轴力，此时应按照压弯构件进行计算。该值用来控制梁按照压弯构件计算的临界轴压比，默认值为0.15。如填入0则表示梁全部按受弯构件计算。

（3）梁按拉弯计算的最小轴拉比　指定用来控制梁按拉弯计算的临界轴拉比，默认值为0.15。

（4）框架梁端配筋考虑受压钢筋　《混规》第5.4.3条规定：非地震作用下，调幅框架梁的梁端受压区高度不大于$0.35h_0$。勾选"框架梁端配筋考虑受压钢筋"选项时，程序在非地震作用下进行该项校核，如果不满足要求，程序自动增加受压钢筋以满足受压区高度要求。

（5）结构中的框架部分轴压比限值按照纯框架结构的规定采用 根据《高规》8.1.3条，框架-剪力墙结构，底层框架部分承受的地震倾覆力矩的比值在一定范围内时，框架部分的轴压比需要按框架结构的规定采用。勾选此选项后，程序将一律按纯框架结构的规定控制结构中框架柱的轴压比，除轴压比外，其余设计仍遵循框剪结构的规定。

（6）按排架柱考虑柱二阶效应 勾选此项时，程序将按照《混规》B.0.4条的方法计算柱轴压力二阶效应，此时柱计算长度系数仍默认采用底层1.0/上层1.25，对于排架结构柱，用户应注意自行修改其长度系数。不勾选时，程序将按照《混规》第6.2.4条的规定考虑柱轴压力二阶效应。

（7）柱配筋计算原则

1）按单偏压计算。程序按单偏压计算公式分别计算柱两个方向的配筋。

2）按双偏压计算。程序按双偏压计算公式计算柱两个方向的配筋和角筋。对于用户指定的"角柱"，程序将强制采用"双偏压"进行配筋计算。

（8）柱双偏压配筋方式

1）普通方式。根据计算结果配筋。

2）迭代优化。选择此项后，对于按双偏压计算的柱，在得到配筋面积后，会继续进行迭代优化。通过二分法逐步减少钢筋面积，并在每一次迭代中对所有组合校核承载力是否满足，直到找到最小全截面配筋面积的配筋方案。

3）等比例放大。程序会先进行单偏压配筋设计，然后对单偏压的结果进行等比例放大去验算双偏压设计，以此来保证配筋方式和工程设计习惯的一致性。

（9）柱剪跨比计算原则 柱剪跨比计算可选择简化公式或通用公式。

（10）框架梁弯矩按简支梁控制 《高规》第5.2.3-4条规定：框架梁跨中截面正弯矩设计值不应小于竖向荷载作用下按简支梁计算的跨中弯矩设计值的50%。程序提供了"主梁、次梁均执行此条""仅主梁执行此条"和"主梁、次梁均不执行此条"三种设计选择。

（11）边缘构件信息 可根据设计要求调整剪力墙边缘构件的类型、构造边缘构件尺寸及设计规范、标准等信息。

（12）墙柱配筋考虑翼缘共同工作 程序通过"单侧翼缘与翼缘厚度的最大比值"与"单侧翼缘与腹板高度的最大比值"两项参数自动确定翼缘范围。应特别注意，考虑翼缘时，虽然截面增大，但由于同时考虑端柱和翼缘部的内力，即内力也相应增大，因此配筋结果不一定减小。

（13）《建筑结构可靠性设计统一标准》GB 50068—2018 勾选此参数，则执行这一标准，该标准与原有规范相比主要是修改了恒、活荷载的分项系数，不勾选，则与旧版本相同。程序中给出了地震效应参与组合中的重力荷载分项系数控制参数，用户可以自行确定，目前默认参数为1.2。

（14）按《建筑与市政工程抗震通用规范》试设计 根据《建筑与市政工程抗震通用规范》要求，地震作用和地震作用组合的分项系数均增大，因此此项，将对设计有比较显著的影响。

（15）型钢混凝土构件设计执行规范 可选择按照《型钢混凝土组合结构技术规程》（JGJ 138—2001）或《组合结构设计规范》（JGJ 138—2016）进行设计。

（16）异形柱设计执行规范 可选择按照《混凝土异形柱结构技术规程》（JGJ 149—

2017）或《混凝土异形柱结构技术规程》（JGJ 149—2006）进行设计。

（17）执行《装配式剪力墙结构设计规程》DB 11/1003—2013 计算底部加强区连接承载力增大系数时采用《装配式剪力墙结构设计规程》（DB 11/1003—2013）。

（18）保护层厚度 根据《混规》第 8.2.1 条规定：不再以纵向受力钢筋的外缘，而以最外层钢筋（包括箍筋、构造筋、分布筋等）的外缘计算混凝土保护层厚度，用户应注意按新的要求填写保护层厚度。

（19）梁、柱箍筋间距 梁、柱箍筋间距强制为 100mm，不允许修改。对于其他情况，可对配筋结果进行折算。

（20）超配系数 对于 9 度设防烈度的各类框架和一级抗震等级的框架结构：框架梁和连梁端部剪力、框架柱端部弯矩、剪力调整应按实配钢筋和材料强度标准值来计算实际承载设计内力，但在计算时因得不到实际承载设计内力，而采用计算设计内力，所以只能通过调整计算设计内力的方法进行设计。超配系数就是按规范考虑材料、配筋因素的一个附加放大系数。

11.2.7 材料信息

材料信息分为"钢筋信息"和"混凝土"两个部分，其中"钢筋信息"选项卡如图 11-10 所示。可对钢筋级别进行指定，并不能修改钢筋强度，钢筋级别和强度设计值的对应关系需要在 PMCAD 中指定。

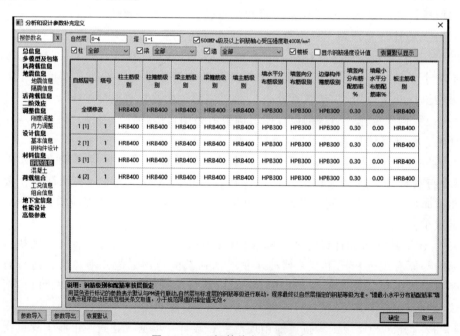

图 11-10 "钢筋信息"选项卡

表格的第一列和第二列分别为自然层号和塔号，其中自然层号中用"[ ]"标记的参数为标准层号。表格的第二行为全楼参数，主要用来批量修改全楼钢筋等级信息，蓝色字体表示与 PMCAD 进行双向联动的参数。修改全楼参数时，各层参数随之修改，也可对各层、塔参数分别修改，程序计算时采用表中各层、塔对应的信息。

对按层塔指定的参数，程序将不同参数用颜色进行了标记，红色表示本次用户修改过的参数，黑色表示本次未进行修改过的参数。

为了方便用户对指定楼层钢筋等级的查询，增加了按自然层、塔进行查询的功能，同时可以勾选梁、柱、墙按钮，按构件类型进行显示。

"混凝土"选项卡如图 11-11 所示。对于强度等级大于 C80 的高强混凝土，目前《混规》并未给出具体设计指标和承载力计算公式，但实践中不乏应用高强混凝土的情况。

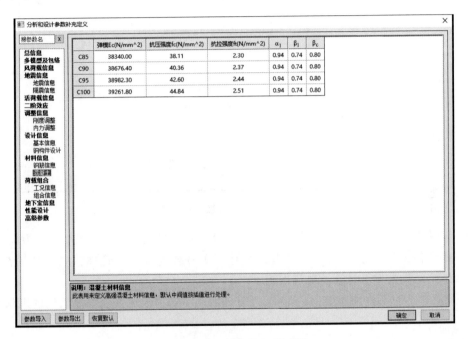

图 11-11 "混凝土"选项卡

PKPM V5 版本允许设计人员自行定义大于 C80 的混凝土的设计指标，程序按照现行《混规》给出的承载力计算公式进行设计，对轴压比、剪压比等设计指标也按照设计人员自定义的强度参数进行计算，可以作为高强混凝土结构设计的一个参考。增加了按现行《混规》承载力计算时需要的等效矩形应力系数 α_1、等效矩形受压区高度系数 β_1 及混凝土强度影响系数 β_c，默认按 C80 取值。

11.2.8 荷载组合

荷载组合信息分为"工况信息"和"组合信息"两个选项卡，其中"工况信息"选项卡如图 11-12 所示。PMCAD 建模程序增加了消防车、屋面活荷载、屋面积灰荷载及雪荷载四种工况，新版 SATWE 对工况和组合相关交互方式进行了相应修改，提供了全新的界面。

在"工况信息"选项卡可集中对各工况进行分项系数、组合值系数等参数修改，按照永久荷载、可变荷载及地震作用分为三类进行交互，其中新增工况依据《荷载规范》第五章相关条文采用相应的默认值。各分项系数、组合值系数等会影响"组合信息"页面中程序默认的荷载组合。

计算地震作用时，程序默认按照《抗规》5.1.3 条对每个工况设置相应的重力荷载代表

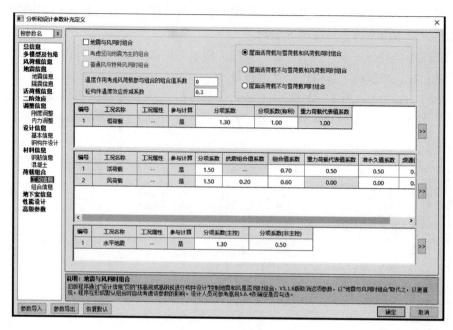

图 11-12 "工况信息"选项卡

值系数,设计人员可在此选项卡查看及修改。旧版"地震信息"选项卡的"重力荷载代表值的活载组合值系数"也移到此选项卡,所有可变荷载进行集中管理,以方便用户查改。此项参数影响结构的质量计算及地震作用。

"组合信息"对话框如图 11-13 所示。"组合信息"选项卡可查看程序采用的默认组合,

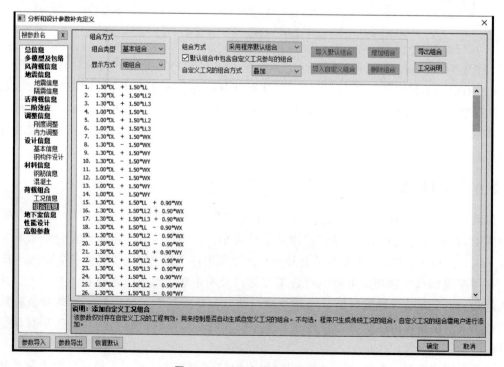

图 11-13 "组合信息"选项卡

也可采用自定义组合。可方便地导入或导出文本格式的组合信息。其中新增工况的组合方式默认采用《荷载规范》的相关规定,通常无须用户干预。"工况信息"选项卡修改的相关系数即时体现在默认组合中,可随时查看。

11.2.9 地下室信息

"地下室信息"对话框如图 11-14 所示。

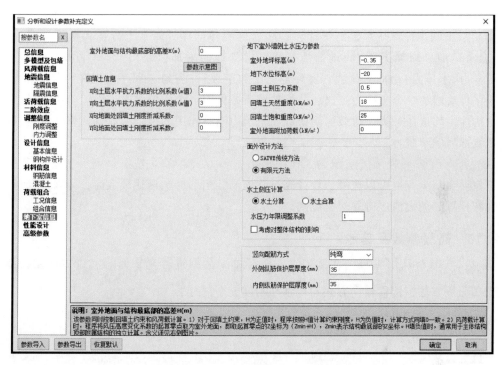

图 11-14 "地下室信息"选项卡

(1) 室外地面与结构最底部的高差 该参数同时控制回填土约束和风荷载计算,填 0 表示取默认值,程序取地下一层顶板到结构最底部的距离。对于回填土约束,H 为正值时,程序按照 H 值计算约束刚度;H 为负值时,计算方式同填 0 一致。风荷载计算时,程序将风压高度变化系数的起算零点取为室外地面,即取起算零点的 Z 坐标为 (Z_{min}+H),Z_{min} 表示结构最底部的 Z 坐标。H 填负值时,通常用于主体结构顶部附属结构的独立计算。

(2) 回填土信息

1) X、Y 向土层水平抗力系数的比例系数。该参数可以参照《建筑桩基技术规范》(JGJ 94—2008) 表 5.7.5 的灌注桩项来取值。m 的取值范围一般在 2.5~100,少数情况的中密、密实的砂砾、碎石类土取值可达 100~300。

2) X、Y 向地面处回填土刚度折减系数 r。用来调整室外地面回填土刚度。程序默认计算结构底部的回填土刚度 K (K=1000mH),并通过折减系数 r 来调整地面处回填土刚度为 rK。回填土刚度的分布允许为矩形 (r=1)、梯形 (0<r<1) 或三角形 (r=0)。

(3) 地下室外墙侧土压力参数

1) 室外地坪标高,地下水位标高。以结构±0.0 标高为准,高则填正值,低则填负值。

2)回填土天然重度、回填土饱和重度和回填土侧压力系数。用来计算地下室外围墙侧土压力。

3)室外地面附加荷载。应考虑地面恒荷载和活荷载。活荷载应包括地面上可能的临时荷载。对于室外地面附加荷载分布不均的情况，取最大的附加荷载计算，程序按侧压力系数转化为侧土压力。

（4）面外设计方法　程序提供两种地下室外墙设计方法，一种为SATWE传统设计方法，另一种为有限元设计方法。

（5）水土侧压计算　水土侧压计算程序提供两种选择，即水土分算和水土合算。选择"水土合算"时，增加土压力+地面活荷载（室外地面附加荷载）；选择"水土分算"时，增加土压力+水压力+地面活荷载（室外地面附加荷载）。当勾选"考虑对整体结构的影响"时，程序自动增加一个土压力工况，分析外墙荷载作用下结构的内力，设计阶段对于结构中的每个构件，均增加一类恒荷载、活荷载和土压力同时作用的组合，以保证整体结构具有足够的抵抗推力的承载力。

（6）竖向配筋　对于竖向配筋，程序提供三种方式，默认按照纯弯计算非对称配筋。当地下室层数很少，也可以选择压弯计算对称配筋。当墙的轴压比较大时，可以选择压弯计算和纯弯计算的较大值进行非对称配筋。

11.2.10　高级参数及其他

"高级参数"选项卡如图11-15所示。以下重点介绍计算软件信息、线性方程组解法、地震作用分析方法、位移输出方式和传基础刚度五个部分。

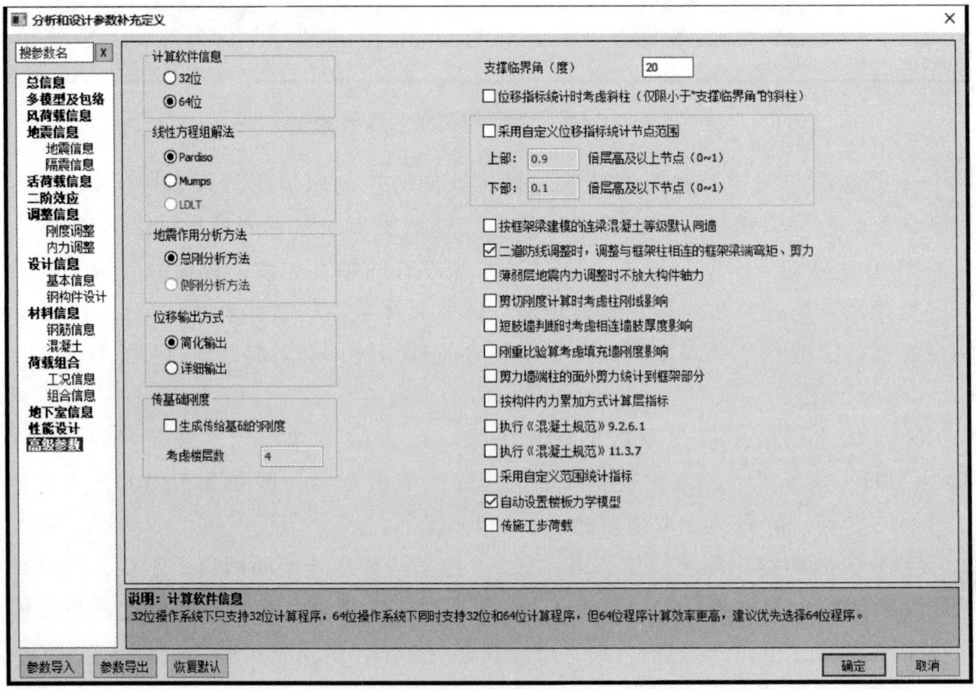

图11-15　"高级参数"选项卡

（1）计算软件信息　32 位操作系统下只支持 32 位计算程序，64 位操作系统下同时支持 32 位和 64 位计算程序，但 64 位程序计算效率更高。

（2）线性方程组解法　程序提供了"PARDISO""MUMPS"和"LDLT"三种线性方程组求解器。从线性方程组的求解方法上，"PARDISO""MUMPS"采用的都是大型稀疏对称矩阵快速求解方法；而"LDLT"采用的是通常所用的三角求解方法。从程序是否支持并行上，"PARDISO"和"MUMPS"为并行求解器，当内存充足时，CPU 核心数越多，求解效率越高；而"LDLT"为串行求解器，求解器效率低于"PARDISO"和"MUMPS"。另外，当采用了施工模拟 3 时，不能使用"LDLT"求解器；"PARDISO""MUMPS"求解器只能采用总刚模型进行计算，"LDLT"求解器则可以在侧刚和总刚模型中做选择。

（3）地震作用分析方法　有"侧刚分析方法"和"总刚分析方法"两个选项。其中"侧刚分析方法"是指按侧刚模型进行结构振动分析；"总刚分析方法"则是指按总刚模型进行结构振动分析。当结构中各楼层均采用刚性楼板假定时可采用"侧刚分析方法"；其他情况建议采用"总刚分析方法"。

（4）位移输出方式　有简化输出和详细输出两种方式。

（5）传基础刚度　进行上部结构与基础共同分析，应勾选"生成传给基础的刚度"选项。

除上述参数外，SATWE 程序还提供了"多模型及包络""二阶效应"和"性能设计"三个参数设置页面。其中"多模型及包络"对话框用于设置地下室、多塔结构及少墙框架结构是否进行自动包络设计；"二阶效应"对话框用于设置钢构件设计方法、结构二阶效应计算方法，以及结构缺陷参数；"性能设计"对话框提供了不进行性能设计、按照《高规》方法进行性能设计、按照钢结构设计标准进行性能设计、按照广东规程进行性能设计四种设计选择。

11.3　SATWE 前处理——模型补充定义

11.3.1　特殊构件补充定义

"特殊构件补充定义"子菜单如图 11-16 所示。

图 11-16　"特殊构件补充定义"子菜单

该子菜单可补充定义特殊柱、特殊梁、弹性板、特殊属性等信息。补充定义的信息将用于 SATWE 计算分析和配筋设计。程序已自动对所有属性赋予初值，如无须改动，则可直接略过本菜单，进行下一步操作。用户也可利用本菜单查看程序初值。

程序以颜色区分数值类信息的默认值和用户指定值：默认值以暗灰色显示，用户指定值以亮白色显示。默认值一般由"分析与设计参数补充定义"中相关参数或 PMCAD 建模中的参数确定（下文各菜单项将包含详细说明）。随着模型数据或相关参数的改变，默认值也会联动改变；而用户指定的数据则优先级最高，不会被程序强制改变。

特殊构件定义信息保存在 PMCAD 模型数据中，构件属性不会随模型修改而丢失，即任何构件无论进行了平移、复制、拼装、改变截面等操作，只要其唯一 id 号不改变，特殊属性信息都会保留。

（1）基本操作　在单击"设计模型补充（标准层）"菜单上任意一个按钮后，程序在屏幕绘出结构首层平面简图，并在左侧提供分级菜单。选择相应菜单，然后选取具体构件，可以修改该构件的属性或参数。例如：选择"连梁"，然后单击某根梁，则被选中的梁的属性在"连梁"和非连梁间切换。切换标准层则应通过右侧"上层""下层"按钮或者楼层下拉框来进行。如果需要同时对多个标准层进行编辑，需在左侧对话框中勾选"层间编辑"复选框以打开层间编辑开关，可以单击"楼层选择"按钮，在弹出的"标准层选择"对话框中选取需要编辑的标准层，程序会以当前层为基准，同时对所选标准层进行编辑。对于已经定义的特殊构件属性，可以通过右下角工具条按钮来切换是否进行文字显示。

（2）特殊梁　特殊梁包括不调幅梁、连梁、转换梁、转换壳元、铰接梁、滑动支座梁、门式钢梁、托柱钢梁、耗能梁、塑型耗能构件、组合梁、单缝连梁、多缝连梁，交叉斜筋和对角暗撑等。各种特殊梁的含义及定义方法如下：

1）不调幅梁。不调幅梁是指在配筋计算时不做弯矩调幅的梁，程序对全楼的所有梁都自动进行判断，首先把各层所有的梁以轴线关系为依据连接起来，形成连续梁。然后，以墙或柱为支座，把两端都有支座的梁作为普通梁，以暗青色显示，在配筋计算时，对其支座弯矩及跨中弯矩进行调幅计算，把两端都没有支座或仅有一端有支座的梁（包括次梁、悬臂梁等）隐含定义为不调幅梁，以亮青色显示。用户可按自己的意愿进行修改定义：如想要把普通梁定义为不调幅梁，可在该梁上单击一下，则该梁的颜色变为亮青色，表明该梁已被定义为不调幅梁；反之，若想把隐含的不调幅梁改为普通梁或想把定义错的不调幅梁改为普通梁，只需在该梁上单击一下，则该梁的颜色变为暗青色，此时该梁即被改为普通梁。

2）连梁。连梁是指与剪力墙相连，允许开裂，可做刚度折减的梁。程序对全楼所有的梁都自动进行了判断，把两端都与剪力墙相连，且至少在一端与剪力墙轴线的夹角不大于 30°的梁隐含定义为连梁，以亮黄色显示，"连梁"的修改方法与"不调幅梁"一样。

3）转换梁。"转换梁"包括"部分框支剪力墙结构"的托墙转换梁（即框支梁）和其他转换层结构类型中的转换梁（如筒体结构的托柱转换梁等），程序不做判断，需用户指定，以亮白色显示。

4）转换壳元。与转换梁互斥，转换壳元后续按转换墙属性设计。程序不做判断，需用户指定。

5）铰接梁。SATWE 考虑了梁一端铰接或两端铰接的情况，铰接梁没有隐含定义，需用户指定，单击需定义的梁，则该梁在靠近光标的一端出现一红色小圆点，表示梁的该端为铰接，若一根梁的两端都为铰接，需在这根梁上靠近其两端单击一次，则该梁的两端各出现一个红色小圆点。

6）滑动支座梁。SATWE 考虑了梁一端有滑动支座约束的情况，滑动支座梁没有隐含定义，需用户指定，单击需定义的梁，则该梁在靠近光标的一端出现一白色小圆点，表示梁的该端为滑动支座。

7) 门式钢梁。门式钢梁没有隐含定义,需用户指定。单击需定义的梁,则梁上标识 MSGL 字符,表示该梁为门式钢梁。

8) 托柱钢梁。托柱钢梁没有隐含定义,需用户指定,非钢梁不允许定义该属性。对于指定托柱钢梁属性的梁,程序按《高钢规》7.1.6 条进行内力调整,以区别于混凝土转换梁的调整。

9) 耗能梁。耗能梁没有隐含定义,需用户指定。单击需定义的梁,则梁上标识 HNL 字符,表示该梁为耗能梁。

10) 塑性耗能构件。将钢结构的全部构件分为塑性耗能构件和弹性构件两部分。对于钢框架结构,程序自动将框架梁判断为塑性耗能构件。对于钢框架支撑结构,程序自动将支撑判断为塑性耗能构件,框架梁则不判断为塑性耗能构件。设计人员需根据工程实际情况和构件受力状态确认每个构件是否是塑性耗能区构件。

11) 组合梁。组合梁无隐含定义,需用户指定。单击"组合梁"按钮可进入下级菜单,首次进入此项菜单时,程序提示是否从 PMCAD 数据自动生成组合梁定义信息,用户单击"确定"按钮后,程序自动判断组合梁,并在所有组合梁上标注"ZHL",表示该梁为组合梁,用户可以通过右侧菜单查看或修改组合梁参数。

12) 单缝连梁、多缝连梁。通常的双连梁仅设置单道缝,可以通过"单缝连梁"命令来指定。程序提供"多缝连梁"功能将双连梁概念一般化,可在梁内设置 1~2 道缝。

13) 交叉斜筋、对角暗撑。指定按"交叉斜筋"或"对角暗撑"方式进行抗剪配筋的框架梁。

14) 刚度系数。连梁的刚度系数默认值取"连梁刚度折减系数",不与中梁刚度放大系数连乘。

15) 扭矩折减。扭矩折减系数的默认值为"梁扭矩折减系数",但对于弧梁和不与楼板相连的梁,不进行扭矩折减,默认值为 1。

16) 调幅系数。调幅系数的默认值为"梁端负弯矩调幅系数"。只有调幅梁才允许修改调幅系数。

17) 附加弯矩调整。《高规》第 5.2.4 条规定,在竖向荷载作用下,由于竖向构件变形导致框架梁端产生的附加弯矩可适当调幅,弯矩增大或减小的幅度不宜超过 30%。弯矩调整系数的默认值为"框架梁附加弯矩调整系数",用户可对单个框架梁的调整系数进行修改。

18) 抗震等级。梁抗震等级默认值为"地震信息"选项卡中的"框架抗震等级"。实际工程中可能出现梁抗震措施和抗震构造措施抗震等级不同的情况,程序允许分别指定二者的抗震等级。

19) 材料强度。特殊构件定义里修改材料强度的功能与 PMCAD 中的功能一致,两处对同一数据进行操作,因此在任一处修改均可。

20) 自动生成。程序提供了一些自动生成特殊梁属性的功能,包括自动生成本层或全楼混凝土次梁或钢次梁铰接、自动生成转换梁。

(3) 特殊柱 特殊柱包括上端铰接柱、下端铰接柱、两端铰接柱、角柱、转换柱、门式钢柱、水平转换柱、隔震支座柱。这些特殊柱的定义方法如下:

1) 上端铰接柱、下端铰接柱和两端铰接柱。SATWE 对柱考虑了有铰接约束的情况,用户单击需定义为铰接柱的柱,则该柱会变成相应颜色,其中上端铰接柱为亮白色,下端铰接柱为暗白色,两端铰接柱为亮青色。若想恢复为普通柱,只需在该柱上再单击一下,柱颜色变为暗黄色,表明该柱已被定义为普通柱了。

2)角柱。角柱没有隐含定义,需用户依次单击需定义成角柱的柱,则该柱旁显示"JZ",表示该柱已被定义成角柱,若想把定义错的角柱改为普通柱,只需在该柱上单击一下即可,"JZ"标识消失,表明该柱已被定义为普通柱了。

3)转换柱。转换柱由用户自己定义。定义方法与"角柱"相同,转换柱标识为"ZHZ"。

4)门式钢柱。门式钢柱由用户自己定义。定义方法与"角柱"相同,门式钢柱标识为"MSGZ"。

5)水平转换柱。水平转换柱由用户自己定义。定义方法与"角柱"相同,水平转换柱标识为"SPZHZ"。

6)隔震支座柱。隔震支座柱由用户自行定义,需要先添加需要的隔震支座类型。

7)抗震等级、材料强度。菜单的功能与修改方式与梁类似。

8)自动生成。自动生成角柱、转换柱。

(4)特殊支撑

1)两端固接、上端铰接、下端铰接、两端铰接。四种支撑的定义方法与"铰接梁"相同,铰接支撑的颜色为亮紫色,并在铰接端显示一红色小圆点。

2)支撑分类。根据新的规范条文,不再需要指定。自动搜索确定支撑的属性("人/V撑""单斜/交叉撑"或"偏心支撑"),默认值为"单斜/交叉撑"。

3)水平转换支撑。水平转换支撑的含义和定义方法与"水平转换柱"类似,以亮白色显示。

4)单拉杆。只有钢支撑才允许指定为单拉杆。

5)隔震支座支撑。与隔震支座柱类似。

(5)特殊墙

1)临空墙。当有人防层时此命令才可用。

2)地下室外墙。程序自动搜索地下室外墙,并以白色标识。

3)转换墙。以黄色显示,并标有"转换墙"字样。在需要指定的墙上单击一次完成定义。

4)外包/内置钢板墙。普通墙、普通连梁不能满足设计要求时,可考虑钢板墙和钢板连梁,钢板墙和钢板连梁的设计结果表达方式与普通墙相同。

5)设缝墙梁。当某层连梁上方连接上一层剪力墙因部分开洞形成的墙体时,会形成高跨比很大的高连梁,此时可以在该层使用设缝墙梁功能,将该片连梁分割成两片高度较小的连梁。

6)交叉斜筋、对角暗撑。洞口上方的墙梁按"交叉斜筋"或"对角暗撑"方式进行抗剪配筋。

7)墙梁刚度折减。可单独指定剪力墙洞口上方连梁的刚度折减系数,默认值为"调整信息"选项卡中的"连梁刚度折减系数"。

8)竖向分布钢筋配筋率。默认值为"参数定义"→"配筋信息"→"钢筋信息"选项卡中的墙竖向分布筋配筋率，可以在此处指定单片墙的竖向分布筋配筋率。如当某边缘构件纵筋计算值过大时，可以在这里增加所在墙段的竖向分布筋配筋率。

9）水平最小配筋率。默认值为"参数定义"→"配筋信息"→"钢筋信息"中的墙最小水平分布筋配筋率，可以在此处指定单片墙的最小水平分布筋配筋率，这个功能的用意在于对构造的加强。

10）临空墙荷载。此项菜单可单独指定临空墙的等效静荷载，默认值为：6级及以上时为 110kN/m^2，其余为 210kN/m^2。

(6) 弹性楼板　弹性楼板是以房间为单元进行定义的，一个房间为一个弹性楼板单元。定义时，只需在某个房间内单击一下，则在该房间的形心处出现一个内带数字的小圆环，圆环内的数字为板厚（单位 cm），表示该房间已被定义为弹性楼板。在内力分析时将考虑房间楼板的弹性变形影响。修改时，仅需在该房间内再单击一下，则小圆环消失，说明该房间的楼板已不是弹性楼板单元。在平面简图上，小圆环内为 0 表示该房间无楼板或板厚为零（洞口面积大于房间面积一半时，则认为该房间没有楼板）。

弹性楼板单元分三种，分别为"弹性楼板6"，"弹性楼板3"和"弹性膜"。选择"弹性楼板6"则程序真实地计算楼板平面内和平面外的刚度；选择"弹性楼板3"则程序假定楼板平面内无限刚，仅真实地计算楼板平面外刚度；选择"弹性膜"则程序真实地计算楼板平面内刚度，楼板平面外刚度不考虑（取为零）。

(7) 特殊节点　可指定节点的附加质量。附加质量是指不包含在恒、活荷载中，但规范中规定的地震作用计算应考虑的质量，如吊车桥架质量、自承重墙质量等。

(8) 支座位移　可以在指定工况下编辑支座节点的六个位移分量。程序还提供了"读基础沉降结果"功能，可以读取基础沉降计算结果作为当前工况的支座位移。

(9) 空间斜杆　以空间视图的方式显示结构模型，用于 PMCAD 建模中以斜杆形式输入的构件的补充定义。各项菜单的具体含义及操作方式可参考"特殊梁""特殊柱"或"特殊支撑"选项。

(10) 特殊属性

1）抗震等级/材料强度。此处菜单功能与特殊梁/特殊柱等菜单下的抗震等级/材料强度功能相同，在特殊梁、柱等菜单下只能修改梁或柱等单类构件的值，而在此处，可查看/修改所有构件的抗震等级/材料强度值。

2）人防构件。只有定义人防层之后，指定的人防构件才能生效。选择梁\柱\支撑\墙之后在模型上单击相应的构件即可完成定义，并以"人防"字样标记，再次单击则取消定义。

3）重要性系数。参考广东《高层建筑混凝土结构技术规程》（DBJ 15-92—2013）。

4）竖向地震构件。指定为"竖向地震构件"的构件才会在配筋设计时考虑竖向地震作用效应及组合，默认所有构件均为竖向地震构件。

5）受剪承载力统计。通过该菜单指定柱、支撑、墙、空间斜杆是否参与楼层受剪承载力的统计。该功能会影响楼层受剪承载力的比值，进而影响对结构竖向不规则性的判断，需根据实际情况使用。

11.3.2　荷载补充定义

(1) 活荷折减　SATWE 除可以在"参数定义"→"活荷信息"中设置活荷载折减和消

防车荷载折减外，还可以在该菜单内针对构件实现活荷载和消防车荷载的单独折减，从而使定义更加方便灵活。程序默认的活荷载折减系数是根据"活荷信息"选项卡中楼面活荷载折减方式确定的。活荷载折减方式分为传统方式和按荷载属性确定构件折减系数的方式。

（2）温度荷载定义 通过"特殊荷载"→"温度荷载"来设置。通过指定结构节点的温度差来定义结构温度荷载，温度荷载记录在文件 SATWE_TEM.PM 中。若想取消定义，可简单地将该文件删除。除第 0 层外，各层平面均为楼面。第 0 层对应首层地面。

若在 PMCAD 中对某一标准层的平面布置进行过修改，须相应修改该标准层对应各层的温度荷载。所有平面布置未被改动的构件，程序会自动保留其温度荷载。但当结构层数发生变化时，应对各层温度荷载重新进行定义。

"温度荷载定义"对话框如图 11-17 所示。温差指结构某部位的当前温度值与该部位处于自然状态（无温度应力）时的温度值的差值。升温为正，降温为负。如果结构统一升高或降低一个温度值，可以单击"全楼同温"，将结构所有节点赋予当前温差。

（3）特殊风荷载定义 "特殊风荷载定义"对话框如图 11-18 所示。对于平、立面变化比较复杂，或者对风荷载有特殊要求的结构或某些部位，如空旷结构、体育场馆、工业厂房、轻钢屋面、有大悬挑结构的广告牌、候车站、收费站等，普通风荷载的计算方式可能不能满足要求，此时，可采用"特殊风荷载定义"菜单中的"自动生成"功能以更精细的方式自动生成风荷载，还可在此基础上进行修改。

图 11-17 "温度荷载定义"对话框

图 11-18 "特殊风荷载定义"对话框

（4）抗火设计 用户可根据《建筑钢结构防火技术规范》（GB 51249—2017）进行构件级别的参数定义。防火设计补充定义分为抗火设计定义（图 11-19）和防火材料定义（图 11-20）。抗火设计定义，即按单构件定义耐火等级、耐火极限、耐火材料和钢材类型。防火材料定义，即按单构件定义耐火材料属性。

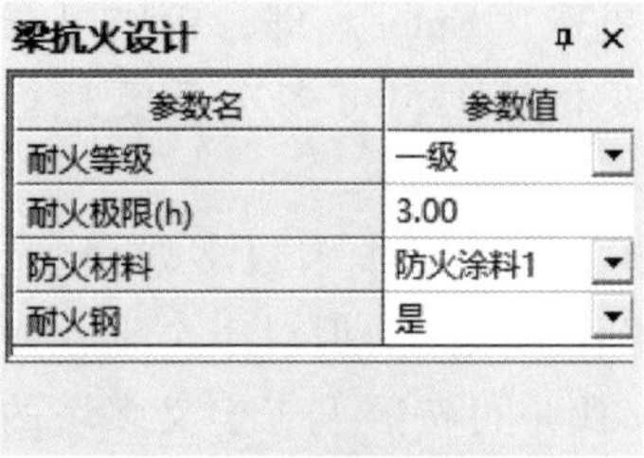

第11章　多层及高层建筑结构分析与设计软件 SATWE

图 11-19　抗火设计定义

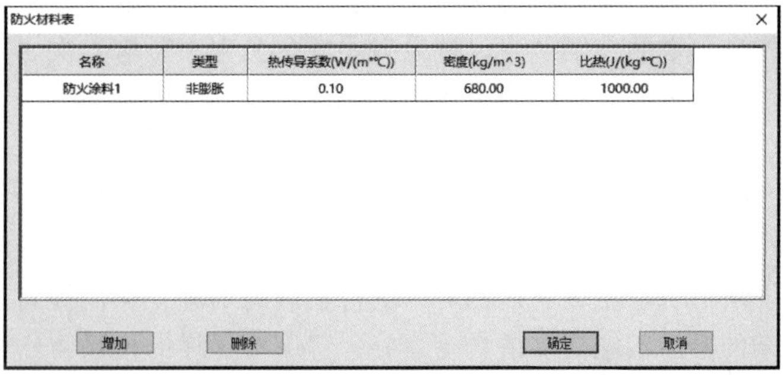

图 11-20　防火材料定义

11.3.3　施工次序补充定义

复杂高层建筑结构及房屋高度大于 150m 的其他高层建筑结构，应考虑施工过程的影响。程序支持构件施工次序定义，从而满足部分复杂工程的需要。当勾选"总信息-采用自定义施工次序"之后，可使用该菜单进行构件施工次序补充定义。

施工次序补充定义有"构件次序"和"楼层次序"两种方式。构件次序定义的界面如图 11-21 所示，可以同时对梁、柱、支撑、墙、板中的一种或几种构件同时定义安装次序和拆卸次序。也可以在构件的"施工次序"对话框中选择构件类型并填入安装和拆卸次序号，然后在模型中选择相应的构件即可完成定义。当用户需要指定该层所有某种类型构件的施工次序，如全部的梁时，只需勾选梁并填入施工次序号，框选全部模型即可，没有勾选的构件类型施工次序不会被改变。

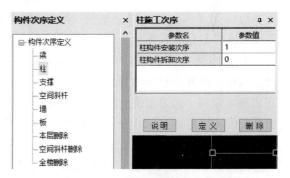

图 11-21　"构件次序定义"界面

"楼层次序"会显示"总信息"默认的结构楼层施工次序，即逐层施工。当用户需要进行楼层施工次序修改时，在相应"层号"的"次序号"上双击，填入正确的施工次序号即可。这两处是相互关联的，在一处进行了修改另外一处也对应变化，从而更加方便用户进行施工次序定义。

11.3.4　多塔结构补充定义

通过这项菜单，可补充定义结构的多塔信息。对于一个非多塔结构，可跳过此项菜单，直接执行"生成 SATWE 数据文件"菜单，程序隐含规定该工程为非多塔结构。对于多塔结构，一旦执行过本项菜单，补充输入和多塔信息将被存放在硬盘当前目录名为 SAT_TOW.PM 和 SAT_TOW_PARA.PM 两个文件中，以后再启动 SATWE 的前处理文件时，程序会自动读入以前定义的多塔信息。多塔定义菜单有多塔定义、自动生成、多塔检查和多塔删除、遮挡平面、层塔属性等功能选项。

（1）多塔定义　通过这项菜单可定义多塔信息，单击这项菜单后，程序要求用户在提示区输入定义多塔的起始层号、终止层号和塔数，然后要求用户以闭合折线围区的方法依次指定各塔的范围。建议把最高的塔命名为一号塔，次之为二号塔，依此类推。依次指定完各塔的范围后，程序再次让用户确认多塔定义是否正确，若正确可按〈Enter〉键，否则可按〈Esc〉键，再重新定义多塔。对于一个复杂工程，立面可能变化较大，可多次反复执行"多塔定义"菜单来完成整个结构的多塔定义工作。

（2）自动生成　用户可以选择由程序对各层平面自动划分多塔。对于多数多塔模型，多塔的自动生成功能都可以进行正确的划分，从而提高了用户操作的效率。但对于个别较复杂的楼层不能对多塔自动划分，程序对这样的楼层将给出提示，用户可按照人工定义多塔的方式作补充输入即可。

（3）多塔检查　进行多塔定义时，要特别注意以下三条原则，否则会造成后面的计算出错：①任意一个节点必须位于某一围区内；②每个节点只能位于一个围区内；③每个围区内至少应有一个节点。也就是说任意一个节点必须且只能属于一个塔，且不能存在空塔。为此，程序增加了"多塔检查"的功能，单击此项菜单，程序会对上述三种情况进行检查并给出提示。

（4）多塔删除、全部删除　多塔删除会删除多塔平面定义数据及立面参数信息（不包括遮挡信息），全部删除会删除多塔平面、遮挡平面及立面参数信息。

（5）遮挡平面　通过这项菜单，可指定设缝多塔结构的背风面，从而在风荷载计算中自动考虑背风面的影响。遮挡定义方式与多塔定义方式基本相同，需要首先指定起始和终止层号及遮挡面总数，然后用闭合折线围区的方法依次指定各遮挡面的范围，每个塔可以同时有几个遮挡面，但是一个节点只能属于一个遮挡面。定义遮挡面时不需要分方向指定，只需要将该塔所有的遮挡边界以围区方式指定即可，也可以两个塔同时指定遮挡边界。

（6）层塔属性　菜单如图 11-22 所示。通过这项菜单可显示多塔结构各塔的关联简图，还可显示或修改各塔的有关参数，包括各层各塔的层高，梁、柱、墙和楼板的混凝土强度等级，钢构件的钢号和梁柱保护层厚度等。用户均可在程序默认值基础上修改，也可点击层塔属性删除，程序将删除用户自定义的数据，恢复默认值。

图 11-22 "层塔属性定义"菜单

各项参数的默认值如下：
1）底部加强区：程序自动判断的底部加强区范围。
2）约束边缘构件层：底部加强区及上一层；加强层及相邻层。
3）过渡层：参数"设计信息"选项卡指定的过渡层。
4）加强层：参数"调整信息"选项卡指定的加强层。
5）薄弱层：参数"调整信息"选项卡指定的薄弱层。

11.3.5　模型简图及模型修改

（1）模型简图　SATWE 提供平面简图、空间简图、恒荷载简图和活荷载简图的查看与导出功能，可用于生成设计计算书。图 11-23 所示为程序生成的平面简图。

第 11 章 多层及高层建筑结构分析与设计软件 SATWE

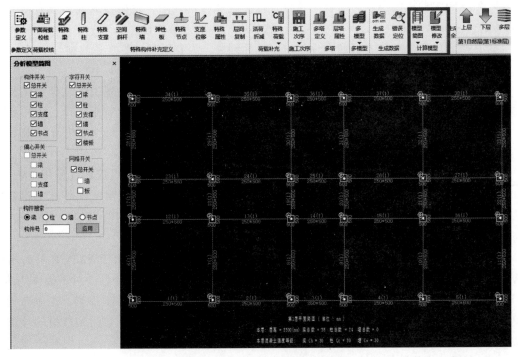

图 11-23 生成计算模型平面简图

（2）模型修改 包括"设计属性修改""风荷载修改"和"二道防线调整"三个选项。其中"设计属性修改"用来进行计算长度系数、梁柱刚域、短肢墙、非短肢墙、双肢墙、刚度折减系数的指定。"风荷载修改"用来查看并修改程序自动导算出的水平风荷载。

11.4 SATWE 前处理——生成数据与计算

"计算"菜单如图 11-24 所示。这项菜单是 SATWE 前处理的核心菜单，其功能是综合 PMCAD 生成的建模数据和前述几项菜单输入的补充信息，将其转换成空间结构有限元分析所需的数据格式。所有工程都必须执行本项菜单，正确生成数据并通过数据检查后，方可进行下一步的计算分析。用户可以单步执行或连续执行全部操作。

SATWE 前处理生成数据的过程是将结构模型转化为计算模型的过程，是对 PMCAD 建立的结构进行空间整体分析的一个承上启下的关键环节，模型转化主要完成以下几项工作：

1）根据 PMCAD 结构模型和 SATWE 计算参数，生成每个构件上与计算相关的属性、参数及楼板类型等信息。

2）生成实质上的三维计算模型数据。根据 PMCAD 模型中的已有数据确定所有构件的空间位置，生成一套新的三维模型数据。该过程会将按层输入的模型进行上下关联，构件之间通过空间节点相连，从而得以建立完备的三维计算模型信息。

3）将各类荷载加载到三维计算模型上。

图 11-24 "计算"菜单

4）根据力学计算的要求，对模型进行合理简化和容错处理，使模型既能适应有限元计算的需求，又确保简化后的计算模型能够反映实际结构的力学特性。

5）在空间模型上对剪力墙和弹性板进行单元剖分，为有限元计算准备数据。

此外，采用SATWE进行数据前处理时尚应注意以下几点：

（1）**按结构原型输入** 尽量按结构原型输入，不要把基于薄壁柱理论的软件对结构所做的简化带到这来，该是什么构件，就按什么构件输入。如符合梁的简化条件，就按梁输入；符合柱或异形柱条件的，就按柱或异形柱输入；符合剪力墙条件的，就按（带洞）剪力墙输入；没有楼板的房间，要将其板厚改成0。

（2）**轴网输入** 为适应SATWE数据结构和理论模型的特点，建议用户在使用PMCAD输入高层结构数据时，注意如下事项：①尽可能地发挥"分层独立轴网"的特点，将各标准层不必要的网格线和节点删掉；②可充分发挥柱、梁、墙布置可带有任意偏心的特点，尽可能避免近距离的节点。

（3）**板-柱结构的输入** 在采用SATWE进行板-柱结构分析时，由于SATWE具有考虑楼板弹性变形的功能，可用弹性楼板单元较真实地模拟楼板的刚度和变形。对于板-柱结构，在PMCAD交互式输入中，需布置截面尺寸为100mm×100mm的矩形截面虚梁，这里布置虚梁的目的有两点，一是为了SATWE在接PMCAD前处理过程中能够自动读到楼板的外边界信息；二是为了辅助弹性楼板单元的划分。

（4）**厚板转换层结构的输入** SATWE对转换层厚板采用"平面内无限刚，平面外有限刚"的假定，用中厚板弯曲单元模拟其平面外刚度和变形。在PMCAD的交互式输入中，和板-柱结构的输入要求一样，也要布置100mm×100mm的虚梁。虚梁的布置要充分利用本层柱网和上层柱、墙节点（网格）。此外，层高的输入有所改变，将厚板的板厚均分给与其相邻两层的层高，即取与厚板相邻两层的层高分别为其净空加上厚板的一半厚度。

（5）**错层结构的输入**

1）对于框架错层结构，在PMCAD数据输入中，可通过给定梁两端节点高，来实现错层梁或斜梁的布置，SATWE前处理菜单会自动处理梁柱在不同高度的相交问题。

2）对于剪力墙错层结构，在PMCAD数据输入中，结构层的划分原则是"以楼板为界"，如图11-25所示，底盘错层部分（图中画虚线的部分）被人为分开，这样，底盘虽然只有两层，但要按三层输入。涉及错层因素的构件只有柱和墙，判断柱和墙是否错层的原则是：既不和梁相连，又不和楼板相连。所以，在错层结构的数据输入中，一定要注意，错层部分不可布置楼板。

3）由于在SATWE的数据结构中，多塔结构允许同一层的各塔有其自己独立的层高，所以，可按非错层结构输入，只是在"多塔、错层定义"时要给各塔赋予不同的层高。这样数据输入效率和计算效率都很高。

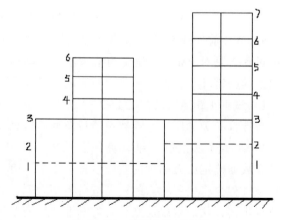

图11-25 错层结构示意图

11.5 SATWE 后处理——分析结果

SATWE 后处理的"结果"菜单如图 11-26 所示。

图 11-26 "结果"菜单

（1）"分析结果"子菜单 可用于查看振型、位移、内力、弹性挠度及楼层指标。

1）振型。此项菜单用于查看结构的三维振型图及其动画。通过该菜单，设计人员可以观察各振型下结构的变形形态，可以判断结构的薄弱方向，可以确认结构计算模型是否存在明显的错误。

2）位移。此项菜单用来查看不同荷载工况作用下结构的空间变形情况。

3）内力。通过此项菜单可以查看不同荷载工况下各类构件的内力图。该菜单包括四部分内容：设计模型内力、分析模型内力、设计模型内力云图和分析模型内力云图。

4）弹性挠度。可查看梁在各个工况下的垂直位移。该菜单分为"绝对挠度""相对挠度""跨度与挠度之比"三种形式显示梁的变形情况。所谓"绝对挠度"即梁的真实竖向变形，"相对挠度"即梁相对于其支座节点的挠度。

5）楼层指标。用于查看地震作用和风荷载作用下的楼层位移、层间位移角、侧向荷载、楼层剪力和楼层弯矩的简图，以及地震、风荷载和规定水平力作用下的位移比简图，从宏观上了解结构的抗扭特性。

（2）"设计结果"子菜单 用图形方式查看结构的配筋、内力等计算与设计结果。

1）轴压比。可查看轴压比及梁柱节点核心区两个方向的配箍值。

2）配筋。查看构件的配筋验算结果。该菜单主要包括混凝土构件配筋及钢构件验算、剪力墙边缘构件及转换墙配筋等选项。

3）边缘构件。查看边缘构件的简图。

4）内力梁及配筋包络。查看梁各截面设计内力及配筋包络图。

5）柱、墙控制内力。查看柱、墙的截面设计控制内力简图。

SATWE 应用（2）
图形设计
结果查看

6）构件信息。可以在 2D 或 3D 模式下查看任一或若干楼层各构件的某项列表信息。

7）竖向指标。可提供指定楼层范围内竖向构件在立面的指标统计，比较竖向构件指标在立面的变化规律。

（3）"组合内力"子菜单 通过"底层柱墙"菜单可以把专用于基础设计的上部荷载以图形方式显示出来。该菜单显示的传基础设计内力仅供参考，更准确的基础荷载应由基础设计软件 JCCAD 读取上部分析的标准内力，并通过内力组合得到。

SATWE 应用（3）
文本设计
结果查看

（4）"文本结果"子菜单 有文本结果查看和自动生成计算书两个主要功能。

1) 文本查看。SATWE 提供了多种设计结果的文本查看功能，相应的列表如图 11-27 所示。

图 11-27 "文本查看"对话框

2) 计算书。在计算书中将计算结果分类组织，依次是设计依据、计算软件信息、主模型设计索引（需进行包络设计）、结构模型概况、工况和组合、质量信息、荷载信息、立面规则性、抗震分析及调整、变形验算、舒适度验算、抗倾覆和稳定验算、时程分析计算结果（需进行时程分析计算）、超筋超限信息、结构分析及设计结果简图 16 类数据。为了清晰地描述结果，计算书中使用表格、折线图、饼图、柱状图或者它们的组合进行表达，用户可以灵活勾选。

11.6 SATWE 后处理——绘制施工图

PKPM 结构设计系统的空间有限元计算软件 SATWE、多高层建筑三维分析软件 TAT 和特殊多高层计算软件 PMSAP 计算完成以后，可以接力运行完成混凝土结构模板、梁、柱、板、墙、组合楼板、楼梯等构件的施工图设计，以及钢结构的连接、节点及构件设计，并可完成全楼的工程量统计。这项功能由"砼施工图"菜单完成。程序提供多种梁柱施工图画法，有梁柱的立面、剖面、详图画图方式、平面整体表示方法。这时可在整栋建筑的任意层挑选要画图的柱或梁。程序还提供可挑选任一轴线的框架按照框架整榀画图的方式画图。绘图操作前应对全楼的梁柱做归并计算。

SATWE 应用（4）
实例操作
演示

混凝土结构常用的梁、柱、墙、板构件施工图设计菜单分别如图 11-28～图 11-31 所示。施工图绘制结果在下一节中结合工程实例进行展示。

图 11-28 梁施工图设计菜单

第 11 章　多层及高层建筑结构分析与设计软件 SATWE

图 11-29　柱施工图设计菜单

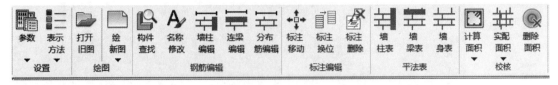

图 11-30　墙施工图设计菜单

图 11-31　板施工图设计菜单

11.7　SATWE 应用实例

本节仍然通过第 10 章钢筋混凝土框架结构的实例详细说明 SATWE 空间组合结构有限元分析与设计的过程。具体操作步骤如下：

1）选择"前处理及计算"菜单→"参数定义"，分别将各页面的内容按实际情况填写，然后单击"确定"按钮。

2）应用"特殊构件补充定义"及"荷载补充"菜单，标识特殊构件及荷载参数。对于本实例，将结构角部的框架柱设置为特殊柱中的"角柱"，结果如图 11-32 所示。

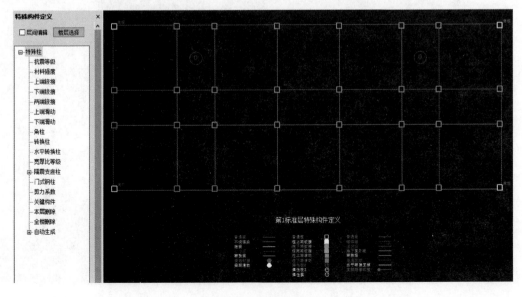

图 11-32　角柱补充定义

3) 选择"生成数据+全部计算"命令,完成结构内力分析与配筋计算工作。

4) 选择"结果菜单",检查各项设计结果信息。

① 单击"振型"按钮,选择要展示的振型、动画速度等参数后,单击"应用"按钮,软件自动生成图 11-33 所示振型动画。

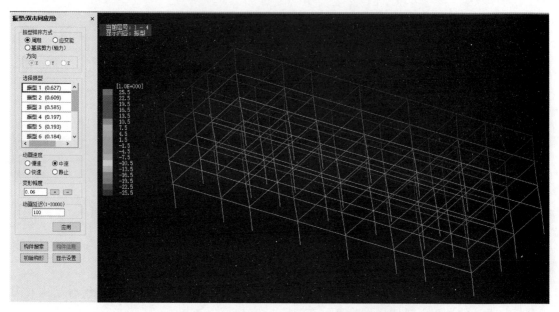

图 11-33 框架结构实例的一阶振型动画

② 单击"位移"按钮,选择工况参数后,单击"应用"按钮,软件自动生成图 11-34 所示位移动画。

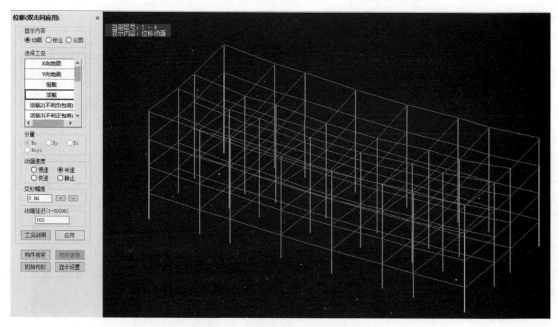

图 11-34 活荷载作用下的位移动画

③ 单击"轴压比"按钮，查看图 11-35 所示的框架柱轴压比指标及节点配筋。

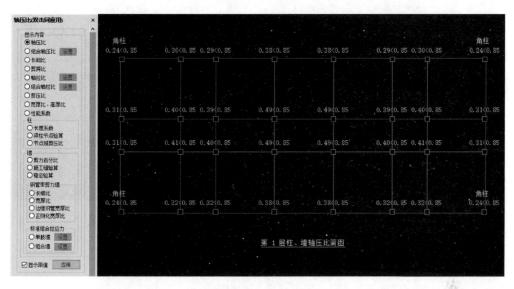

图 11-35　第 1 层柱轴压比

④ 单击"配筋"按钮，查看图 11-36 所示的各层梁、柱配筋结果并校核。

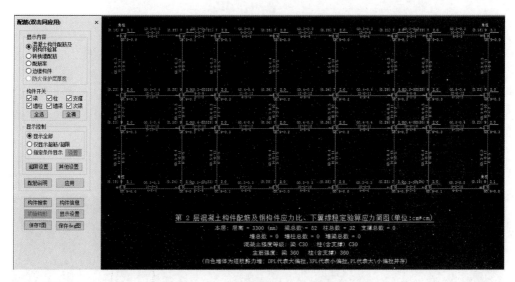

图 11-36　第 2 层框架梁柱配筋图

⑤ 单击"内力包络图"按钮，查看各层梁的弯矩包络图（图 11-37）及剪力包络图。

⑥ 单击"文本查看"按钮，查看结构设计信息、自振周期、位移与变形等指标的文本设计结果。

⑦ 单击"计算书"按钮，弹出图 11-38 所示的对话框，完成各项设置后，导出计算书。

5）单击"砼施工图"菜单，调整绘图及设计参数，并进行钢筋查改后，分别绘制图 11-39 ~ 图 11-41 所示的柱、梁、板施工图。

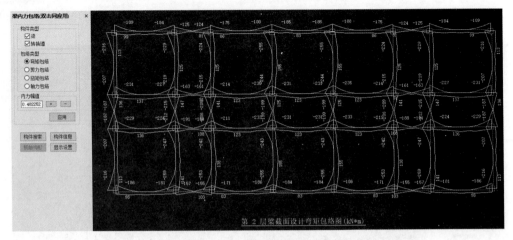

图 11-37　第 2 层框架梁弯矩包络图

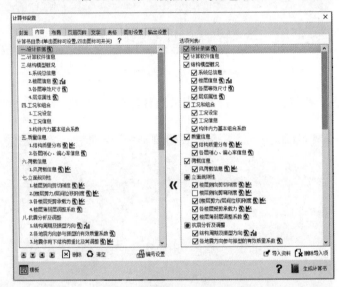

图 11-38　"生成计算书"对话框

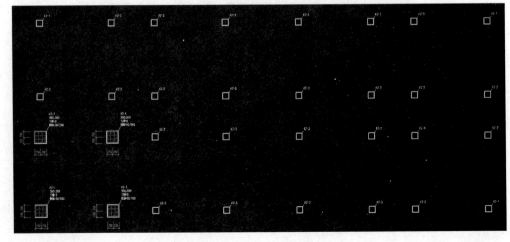

图 11-39　第 1 层柱施工图

第 11 章 多层及高层建筑结构分析与设计软件 SATWE

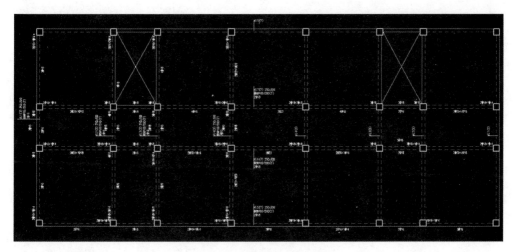

图 11-40　第 1 层梁施工图

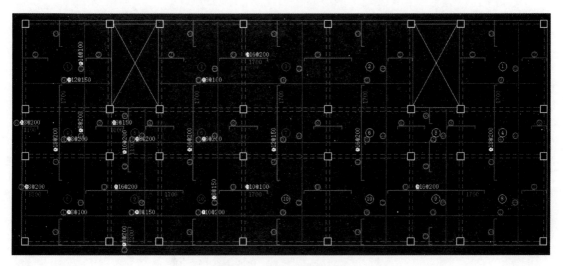

图 11-41　第 1 层板施工图

1. SATWE 可实现哪些基本功能？
2. SATWE 的主要操作过程有哪些？
3. SATWE 前处理菜单都包括哪几项内容？
4. "地震信息"对话框中的参数如何填写？
5. 自学并熟悉混凝土施工图设计菜单的各项功能。
6. 完成思考题 3 的 SATWE 计算与分析。

第12章 地基基础建模与计算设计软件JCCAD

JCCAD是PKPM结构设计软件专用于基础分析与设计的模块，也是PKPM系统中功能最为复杂的模块，可完成独立基础、筏形基础、桩基及复合地基等常用地基基础形式的计算分析。

12.1 JCCAD的基本功能与操作流程

12.1.1 基本功能

（1）适应多种类型基础的设计　可设计多种基础形式：独立基础（简称独基）包括倒锥形、阶梯形、现浇或预制杯口基础及单柱、双柱、多柱的联合基础、墙下基础；砖混条形基础（简称条基）包括砖条基、毛石条基、钢筋混凝土条基（可带下卧梁）、灰土条基、混凝土条基及钢筋混凝土毛石条基；筏形基础的梁肋可朝上或朝下；桩基包括预制混凝土方桩、圆桩、钢管桩、水下冲（钻）孔桩、沉管灌注桩、干作业法桩和各种形状的单桩或多桩承台。

（2）接力上部结构模型　基础建模是接力上部结构与基础连接的楼层进行的，因此基础布置使用的轴线、网格线、轴号，基础定位参照的柱、墙等都是从上部楼层中自动传来的。JCCAD首先自动读取上部结构中与基础相连的轴线和各层柱、墙、支撑布置信息（包括异形柱、劲性混凝土截面柱和钢管混凝土柱），并可在基础交互输入和基础平面施工图中绘制出来。

（3）接力上部结构计算生成的荷载　自动读取多种PKPM上部结构分析程序传下来的各单工况荷载标准值，有平面荷载（PMCAD建模中导算的荷载或砌体结构建模中导算的荷载）、SATWE荷载、PMSAP荷载、PK荷载等。程序按要求自动进行荷载组合。自动读取的基础荷载可以与交互输入的基础荷载同工况叠加。此外，软件能够提取利用PKPM柱施工图软件生成的柱钢筋数据，用来绘制基础柱的插筋。

（4）将读入的各荷载工况标准值按照不同的设计需要生成各种类型荷载组合　在计算地基承载力或桩基承载力时采用荷载的标准组合；在进行基础抗冲切、抗剪、抗弯、局部承压计算时采用荷载的基本组合；在进行沉降计算时采用准永久组合。在进行正常使用阶段的挠度、裂缝计算时取标准组合和准永久组合。程序在计算过程中会识别各组合的类型，自动判断是否适合当前的计算内容。

（5）考虑上部结构刚度的计算　《建筑地基基础设计规范》规定在多种情况下基础的设计应考虑上部结构和地基的共同作用。JCCAD软件能够较好地实现上部结构、基础与地基的共同作用。JCCAD程序对地基梁、筏板、桩筏等整体基础，可采用上部结构刚度凝聚法、上部结构刚度无穷大的倒楼盖法、上部结构等代刚度法等考虑上部结构对基础的影响，其主要目的就是控制整体性基础的非倾斜性沉降差，即控制基础的整体弯曲。

（6）提供多样化、全面的计算功能满足不同需要　对于整体基础的计算提供了多种计算模型，如交叉地基梁既可采用文克尔模型（普通弹性地基梁模型）进行分析，又可采用考虑其与土壤之间相互作用的广义文克尔模型进行分析；筏形基础既可按弹性地基梁有限元法计算，也可按 Mindlin 理论的中厚板有限元法计算，还可按一般薄板理论的三角板有限元法计算。筏板的沉降计算提供了规范的假设附加压应力已知和假定刚性底板、附加应力为未知两种计算方法。

（7）设计功能自动化、灵活化　对于独立基础、条形基础、桩承台等基础，可按照规范要求及用户交互填写的相关参数自动完成全面设计，包括不利荷载组合选取、基础底面积计算、按冲切计算结果生成基础高度、碰撞检查、基础配筋计算和选择配筋等功能。对于整体基础，可自动调整交叉地基梁的翼缘宽度、自动确定筏形基础中梁翼缘宽度。同时，还允许用户修改程序已生成的相关结果，并提供按用户干预重新计算的功能。

（8）完整的计算体系　对各种基础形式可能需要依据不同的规范、采用不同的计算方法，但是无论是哪一种基础形式，都提供了承载力计算、配筋计算、沉降计算、冲切抗剪计算、局部承压计算等全面的计算功能。

（9）辅助计算设计　提供各种即时计算工具，辅助用户建模、校核。

（10）提供大量简单实用的计算模式　针对基础设计中不同方面的内容，结合多年用户的工程应用，给出若干简单实用合理的计算设计方案。

（11）导入 AutoCAD 各种基础平面图辅助建模　对于地质资料输入和基础平面建模等工作，提供以 AutoCAD 的各种基础平面图为底图的参照建模方式。可自动读取转换 AutoCAD 的图形格式文件，操作简便，充分利用周围数据接口资源，提高工作效率。

（12）施工图辅助设计　可以完成软件中设计的各种类型基础的施工图，包括平面图、详图及剖面图。施工图管理风格、绘制操作与上部结构施工图相同。软件依据制图标准、《建筑工程设计文件编制深度规定》、设计深度图样等相关标准，对于地基梁提供了立剖面表示法、平面表示法等方法，还提供了参数化绘制各类常用标准大样图的功能。

（13）地质资料的输入　提供直观快捷的人机交互方式输入地质资料，充分利用勘察设计单位提供的地质资料，完成基础沉降计算和桩的各类计算。

基础设计软件 JCCAD 以基于二维、三维图形平台的人机交互技术建立模型；它接力上部结构模型建立基础模型、接力上部结构计算生成基础设计的上部荷载，充分发挥了系统协同工作、集成化的优势；它系统地建立了一套设计计算体系，科学严谨地遵照各种相关设计规范，适应复杂多样的基础形式，提供全面的解决方案；它不仅为最终的基础模型提供完整的计算结果，还注重在交互设计过程中提供辅助计算工具，以保证设计方案的经济合理，并使计算结果与施工图设计密切集成。

12.1.2　操作流程

JCCAD 分为"地质模型""基础模型""分析与设计""结果查看"和"施工图"五个子菜单，相应的基础设计操作流程如下：

1）开始基础计算与设计前，必须完成 PMCAD 结构建模。如果要接力上部结构分析程序（如 SATWE、PMSAP、PK 等）的计算结果，还应该运行完成相应程序的内力计算。

2）若要进行地基沉降计算，需先执行"地基模型"菜单，否则可直接执行下一操作步骤。

3）在"基础模型"菜单中，可以根据荷载和相应参数自动生成柱下独立基础、墙下条形基础及桩承台基础，也可以交互输入筏板、基础梁、桩基础的信息。柱下独立基础、桩承台基础、砖混墙下条形基础等在本菜单中即可完成全部的建模、计算、设计工作；弹性地基梁、桩基础、筏形基础在此菜单中完成模型布置，再用后续计算模块进行基础设计。

4）在"分析设计"菜单中，可以完成弹性地基梁基础、肋梁平板基础等基础的设计及独基、弹性地基梁板等基础的内力配筋计算，可以完成桩承台的设计及桩承台和独立基础的沉降计算，可以完成各类有桩基础、平板基础、梁板基础、地基梁基础的有限元分析及设计。

5）在"结果查看"菜单中查看各类分析结果、设计结果、文本结果，并且可以输出详细计算书及工程量统计结果。

6）在"施工图"菜单，完成以上各类基础的施工图绘制操作。

12.2 地质模型

JCCAD 应用（1）
地质模型输入

12.2.1 基本要求

地质资料是建筑物场地地基状况的描述，是基础设计的重要信息。JCCAD 进行基础设计时，用户必须提供建筑物场地各个勘测孔的平面坐标、竖向土层标高和各个土层的物理力学指标等信息，这些信息应在地质资料文件（内定后缀为 .dz）中描述清楚。地质资料可通过人机交互方式生成，也可用文本编辑工具直接填写。

JCCAD 以用户提供的勘测孔平面位置自动生成平面控制网格，并以形函数插值方法自动求得基础设计所需的任一处的竖向各土层的标高和物理力学指标，并可形象地观察平面上任意一点和任意竖向剖面的土层分布和土层的物理力学参数。

由于不同基础类型对土的物理力学指标有不同要求，JCCAD 将地质资料分为两类：有桩地质资料和无桩地质资料。有桩地质资料需要每层土的压缩模量、重度、土层厚度、状态参数、内摩擦角和黏聚力六个参数；而无桩地质资料只需每层土的压缩模量、重度、土层厚度三个参数。

"地质模型"菜单如图 12-1 所示。地质资料输入的步骤一般应为：

1）归纳出能够包容大多数孔点土层分布情况的"标准孔点"土层，并单击"标准孔点"菜单，再根据实际的勘测报告修改各土层物理力学指标承载力等参数进行输入。

2）单击"孔点输入"菜单，将"标准孔点土层"布置到各个孔点。

3）进入"动态编辑"菜单，对各个孔点已经布置土层的物理力学指标、承载力、土层厚度、顶层土标高、孔点坐标、水头标高等参数进行细部调节。也可以通过添加、删除土层补充修改各个孔点的土层布置信息。

4）对地质资料输入结果的正确性，可以通过"点柱状图""土剖面图""画等高线""孔点剖面"菜单进行校核。

5)重复步骤3)、4),完成地质资料输入的全部工作。

图 12-1 "地质模型"菜单

12.2.2 主要菜单功能

(1) 岩土参数 用于设定各类土的物理力学指标。单击"岩土参数"菜单后,弹出图 12-2 所示"默认岩土参数表"对话框,表中列出了 19 类岩土的类号、名称、压缩模量、重度、内摩擦角、黏聚力、状态参数和状态参数含义的默认值,允许用户修改。修改后,单击 OK 按钮使修改数据有效。

土层类型	压缩模量/(MPa)	重度/(kN/m³)	内摩擦角/(°)	黏聚力/(kPa)	状态参数	状态参数含义
1填土	10.00	20.00	15.00	0.00	1.00	定性/-IL
2淤泥	2.00	16.00	0.00	5.00	1.00	定性/-IL
3淤泥质土	3.00	16.00	2.00	5.00	1.00	定性/-IL
4黏性土	10.00	18.00	5.00	10.00	0.50	液性指数
5红黏土	10.00	18.00	5.00	0.00	0.20	含水比
6粉土	10.00	20.00	15.00	2.00	0.20	孔隙比e
71粉砂	12.00	20.00	15.00	0.00	25.00	标贯击数
72细砂	31.50	20.00	15.00	0.00	25.00	标贯击数
73中砂	35.00	20.00	15.00	0.00	25.00	标贯击数
74粗砂	39.50	20.00	15.00	0.00	25.00	标贯击数
75砾砂	40.00	20.00	15.00	0.00	25.00	重型动力触探击数
76角砾	45.00	20.00	15.00	0.00	25.00	重型动力触探击数
77圆砾	45.00	20.00	15.00	0.00	25.00	重型动力触探击数
78碎石	50.00	20.00	15.00	0.00	25.00	重型动力触探击数
79卵石	50.00	20.00	15.00	0.00	25.00	重型动力触探击数
81风化岩	10000.00	24.00	35.00	30.00	100.00	单轴抗压/MPa
82中风化岩	20000.00	24.00	35.00	30.00	160.00	单轴抗压/MPa
83微风化岩	30000.00	24.00	35.00	30.00	250.00	单轴抗压/MPa
84新鲜岩	40000.00	24.00	35.00	30.00	300.00	单轴抗压/MPa

图 12-2 "默认岩土参数表"对话框

在使用和调整上述"默认岩土参数表"时,应注意以下几点:①程序对各种类别的土进行了分类,并约定了类别号;②无桩基础只需修改压缩模量参数,不需修改其他参数;③所有土层的压缩模量不得为零。

(2) 标准孔点 用于生成土层参数表描述建筑物场地地基土的总体分层信息,作为生成各个勘察孔柱状图的地基土分层数据的模块。

每层土的参数包括层号、土名称、土层厚度、极限侧摩擦力、极限桩端阻力、压缩模量、重度、内摩擦角、黏聚力和状态参数 10 个信息。

首先用户应根据所有勘探点的地质资料，将建筑物场地地基土统一分层。分层时，可暂不考虑土层厚度，把其他参数相同的土层视为同层。再按实际场地地基土情况，从地表面起向下逐一编土层号，形成地基土分层表。这个孔点可以作为输入其他空点的"标准孔点土层"。

单击"标准孔点"菜单后，弹出图 12-3 所示"标准地层层序"对话框，对话框列出了已有的或初始化的土层参数表，单击"标高说明"按钮，弹出图 12-4 所示对话框。

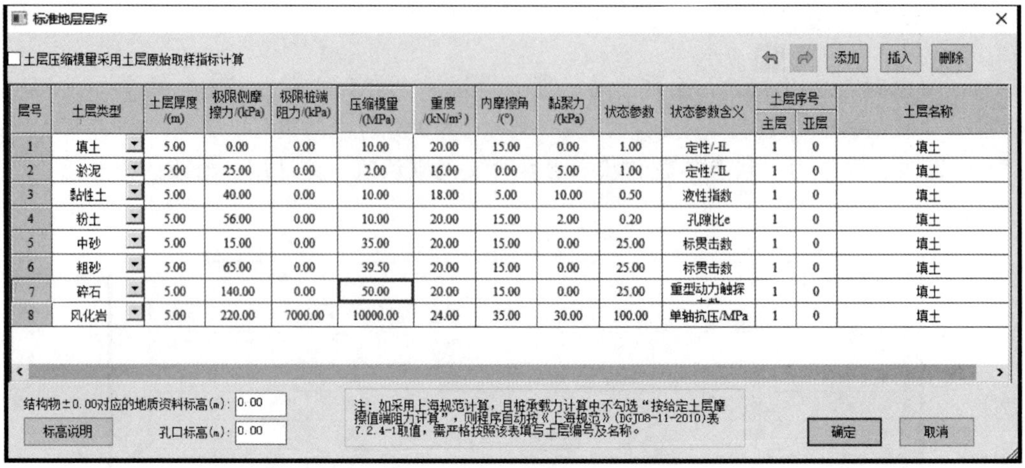

图 12-3 "标准地层层序"对话框

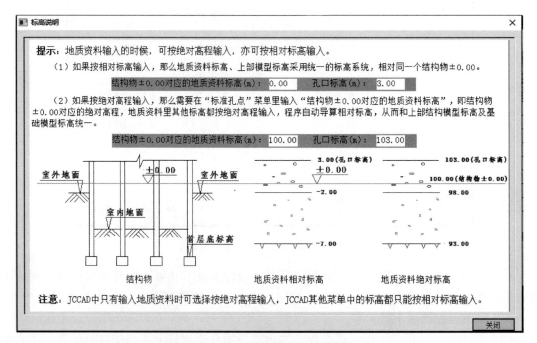

图 12-4 "标高说明"对话框

某层土的参数输完后，可通过"添加"按钮输入其他层的参数，也可用"插入""删除"

按钮进行土层的调整。按前述地基土分层表的次序层层输入，最终形成"土层参数表"。

（3）单点输入　用户可用光标依次输入各孔点的相对位置（相对于屏幕左下角点）。孔点的精确定位方法同PMCAD。一旦孔点生成，其土层分层数据自动取"土层布置"菜单中"土层参数表"的内容。此外，一般地质勘测报告中都包含AutoCAD格式的钻孔平面图。JCCAD中可通过"导入DWG图纸"这一功能导入该图，从而直接将孔点位置导入。

（4）复制孔点　用于土层参数相同勘察点的土层设置。也可以将土层厚度相近的孔点用该菜单进行输入，再编辑孔点参数。

（5）删除孔点　用于删除多余的勘测点。

（6）单点编辑　单击要编辑的孔点，将会弹出"孔点土层参数表"对话框。对话框包括"标高及图幅"和"土层参数表"两部分内容。"标高及图幅"中的孔口标高、探孔水头标高、孔口坐标（X，Y）及"土层参数表"中的每一土层的底标高，各土层物理参数都可修改。同时可用"删除"按钮删除某层土。用Undo按钮恢复删除的土层。

（7）动态编辑　程序允许用户选择要编辑的孔点，可以按照点柱状图和孔点剖面图两种方式显示选中孔点的土层信息，用户可以在图面上修改孔点土层的所有信息，修改结果将直观地反映在图面上。动态编辑的主要步骤如下：

1）单击"动态编辑"，在屏幕上选中要编辑的孔点。

2）完成孔点拾取后，有三种显示土层分布图的方式：孔点柱状图、孔点剖面图、多点剖面图。可以通过单击菜单项"剖面类型"进行切换。

3）单击"孔点编辑"，进入孔点编辑状态，将光标移动到要编辑的土层上，土层会动态加亮显示，表示当前操作是对土层操作，如土层添加、土层参数编辑、土层删除。

4）选择"结束编辑"，退出当前的孔点编辑状态，返回上级菜单。

（8）点柱状图　用于观看场地上任一点的土层柱状图。进入此菜单后，连续单击平面位置的点，按〈Esc〉键退出后，将显示这些点的土层柱状图。注意：①单击土层柱状图时，取点为非孔点时提示区中虽然会显示"特征点未选中"，但单击仍有效，该点的参数取周围节点的插值结果；②土柱状图右边四级菜单"桩承载力"和"沉降计算"是为特殊需要而设计的，一般在选择桩形式时可以用其做单桩承载力的估算。

（9）土剖面图　用于观看场地上任意剖面的地基土剖面图。进入菜单后，用光标选择一个剖面后，则屏幕显示此剖面的地基土剖面图。

（10）画等高线　用于查看场地的任一土层、地表或水头标高的等高线图。单击"画等高线"菜单后，屏幕的主区显示已有的孔点及网格，右边的条目区有地表、土层1底、土层2底、…、水头等项。单击某条目，则显示等高线图。地表指孔口的标高；水头指导探孔水头标高；土层1底、土层2底等指第1层土层底部的标高、第2层土层底部的标高等。每条等高线上标注的数值为相应的标高值。

注意：桩基的详细勘察除满足现行勘察规范有关要求外，还应满足以下要求：

1）勘探点间距。端承桩和嵌岩桩间距主要根据桩端持力层顶面坡度确定，间距一般为$12\sim24m$。当相邻两个勘探点任意土层的层面坡度大于10%时，应根据具体工程条件适当加密勘探；对于摩擦桩，一般为间隔$20\sim35m$布置勘探点，但遇到土层的性质或状态在水平方向变化较大，或存在可能影响成桩的土层存在时，应适当加密勘探点；复杂地质条件下的柱下单桩基础应按柱列线布置勘探点，并宜每桩设一勘探点。

2）勘探深度。1/3~1/2 的勘探孔需布置为控制性孔，且一级建筑物场地至少布置 3 个，二级建筑物场地至少布置 2 个。控制性孔深度应穿透桩端平面以下压缩层厚度，一般性勘探应深入桩端平面以下 3~5m；视持力层情况，嵌岩桩钻孔应深入持力层不小于 3~5 倍桩径；当持力岩层较薄时，应有部分孔钻穿持力岩层。岩溶地区，应查明溶洞、溶沟、溶槽、岩笋的分布情况。

3）校验。在勘探深度范围内的每一地层，均应进行室内试验或原位测试，提供设计所需参数。

12.3 基础模型

"基础模型"菜单如图 12-5 所示，其主要功能是接力上部结构与基础连接的柱墙布置信息及荷载信息，补充输入基础面荷载或附加柱墙荷载，交互输入基础模型数据等信息，是后续基础设计计算的基础。

JCCAD 应用（2）基础模型输入

图 12-5 "基础模型"菜单

12.3.1 更新上部数据

当已经存在基础模型数据，上部模型构件或荷载信息发生变更，需要重新读取时，可执行该菜单。程序会在更新上部模型信息（包括构件、网格节点、荷载等）时，保留已有的基础模型信息。

12.3.2 分析与设计参数

JCCAD 所有参数设置在统一的对话框中，具有参数查询、参数说明的功能。

（1）总信息 "总信息"选项卡如图 12-6 所示，用于设置基础设计时一些全局性参数。主要参数含义及其用途如下：

1）结构重要性系数。对所有混凝土基础构件有效，应按《混规》第 3.3.2 条采用。

2）拉梁承担弯矩比例。指由拉梁来承受独立基础或桩承台沿梁方向上的弯矩，以减小独基底面积。基础承担的弯矩按照拉梁承担比例

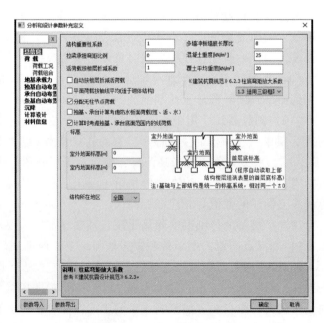

图 12-6 "总信息"选项卡

进行折减。

3）柱底弯矩放大系数。主要参考《抗规》第 6.2.3 条相关内容，对地震组合下结构柱底的弯矩进行放大。注意在 JCCAD 里，程序不区分结构是否为框架结构，用户只要设置了该参数放大系数项，那么程序会对所有柱子地震组合下的弯矩进行放大。

4）活荷载按楼层折减系数。主要是针对《荷载规范》第 5.1.2 条，对传给基础的活荷载按楼层折减。注意该参数是对全楼传基础的活荷载按相同系数统一折减。

5）自动按楼层折减活荷载。与"活荷载按楼层折减系数"作用一致，不同的是，勾选该参数，程序会自动判断每个柱、墙上面上部楼层数，然后自动按《荷载规范》表 5.1.2 的内容折减活荷载。

6）分配无柱节点荷载。将墙间节点荷载或被设置成"无基础柱"的柱荷载分配到节点周围的墙上，从而使墙下基础不会产生丢荷载情况。

7）独基、承台计算考虑防水板面荷载。对于独基加防水板或者承台加防水板工程，在进行独基或者桩承台计算时需要考虑防水板的影响。

8）平面荷载按轴线平均。将 PMCAD 荷载中同一轴线上的线荷载做平均处理。砌体结构同一轴线上多段线荷载大小不一致，导致生成的条基宽度大小不一致，勾选该项后，同一轴线荷载平均，那么生成的条基宽度一致。

9）覆土平均重度。与"室内地面标高"参数相关联，用于计算独基、条基、弹性地基梁、桩承台基础顶面以上的覆土重，如果基础顶面上有多层土，则输入平均重度。

10）室外地面标高。用于计算筏板基础承载力特征值深度修正用的基础埋置深度。

11）室内地面标高。用于计算独基、条基、弹性地基梁、桩承台基础覆土荷载。该参数对筏板基础的板上覆土荷载不起作用，筏板覆土在"筏板荷载"里定义。

（2）荷载参数　分为"荷载工况"和"荷载组合"两个选项卡，分别如图 12-7 和图 12-8 所示。

1）荷载来源。用于选择本模块采用哪一种上部结构传递给基础的荷载来源，程序可读取平面荷载、PK、SATWE、PMSAP、STWJ 荷载。

2）水浮力参数。包括历史最低水位、历史最高水位、抗浮工程设计等级、抗浮稳定安全系数、水浮力的基本组合分项系数和水浮力的标准组合分项系数，应根据工程实际情况及规范要求填写。

3）人防等级。指定整个基础的人防等级，程序会增加两组人防基本组合。人防顶板等效荷载通过接力上部结构柱墙人防荷载方式读取，读取后如果填写了"底板等效静荷载"参数后，在荷载显示校核中可查看。

4）荷载组合。按《荷载规范》相关规定默认生成各个荷载工况的分项系数及组合值系数，用户可以分别修改恒荷载、活荷载、风荷载、吊车荷载、竖向地震、水平地震的分项系数及组合值系数。

（3）地基承载力　"地基承载力"选项卡如图 12-9 所示。JCCAD 提供了"中华人民共和国国家标准 GB 50007—2011 [综合法]""中华人民共和国国家标准"GB 50007—2011 [抗剪强度指标法]""上海市工程建设规范 DGJ08-11—2010 [静桩试验法]""上海市工程建设规范 DGJ08-11—2010 [抗剪强度指标法]"和"北京地区建筑地基基础勘察设计规范 [综合法]"五种计算方式，并给出了相应的参数取值。基础设计时，应根据实际情况调整参数值。

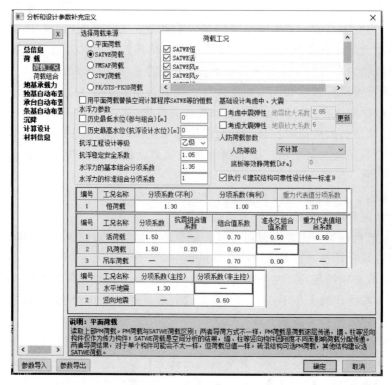

图 12-7 "荷载工况"选项卡

图 12-8 "荷载组合"选项卡

第 12 章 地基基础建模与计算设计软件 JCCAD

图 12-9 "地基承载力"选项卡

（4）独基、承台、条基自动布置　用于输入独基、承台和条基自动布置的相关参数。

（5）沉降　"沉降"选项卡如图 12-10 所示，用于输入沉降计算相关的参数。

图 12-10 "沉降"选项卡

1) 构件沉降。以单个构件为单位（独基、桩基、地基梁、筏板），按规范计算构件中心点沉降。通常对于柱下独基、桩承台等基础可以参考该沉降值。对于地基梁、筏板的构件沉降计算结果，视工程具体情况适当参考。

2) 单元沉降。以有限元划分的网格单元为单位，计算单元中心点沉降。单元沉降柔性算法假设整个基础为柔性基础计算沉降，而单元沉降刚性算法假设整个基础为刚性基础计算沉降。

(6) 计算设计 "计算设计"选项卡如图 12-11 所示，用于输入分析设计的主要参数。

1) 计算模型。弹性地基模型适用于上部结构刚度较低的结构；Winkler 模型假设土或者桩为独立弹簧，上部结构及基础作用在地基上，压缩"弹簧"产生变形及内力，当考虑上部结构刚度时将比较符合实际情况；Mindlin 模型假设土与桩为弹性介质，采用 Mindlin 应力公式求取压缩层内的应力，利用分层总和法进行单元节点处沉降计算并求取柔度矩阵，根据柔度矩阵可求桩土刚度矩阵；修正 Mindlin 模型是考虑地基土非弹性特点的改进模型；倒楼盖模型为早期手工计算常采用的模型，计算时不考虑基础的整体弯曲，只考虑局部弯曲作用。

图 12-11 "计算设计"选项卡

2) 上部结构刚度影响。考虑上下部结构共同作用可以比较准确地反映实际受力情况，可以减少内力节省钢筋。要想考虑上部结构影响应在上部结构计算时，在 SATWE "分析设计模块"→"分析和设计参数"→"高级参数"中，选择"生成传给基础的刚度"。

3) 网格划分。用于设定有限元网格控制边长和网格划分方法。

4) 计算参数。包括求解方法和迭代控制参数等。

5) 桩刚度。有三种桩刚度估算方式，分别是手工指定、桩基规范附录 C、沉降反推。

手工指定一般用于用户根据经验或现场试验确定桩刚度。采用桩基规范附录 C 时，JCCAD 自动按照《建筑桩基技术规范应用手册》考虑群桩效应，进行桩刚度的调整。沉降反推采用桩基规范的 Mindlin 沉降计算方法，根据桩顶荷载与沉降之比估算桩刚度。

6）基床系数。手工指定一般用于用户根据经验或现场试验确定基床系数；沉降反推采用地基规范分层总和法，根据基底压力与沉降之比估算基床系数。

（7）材料信息 "材料信息"选项卡如图 12-12 所示，用于设置所有基础构件的混凝土强度等级、钢筋强度等级、保护层厚度及最小配筋率。

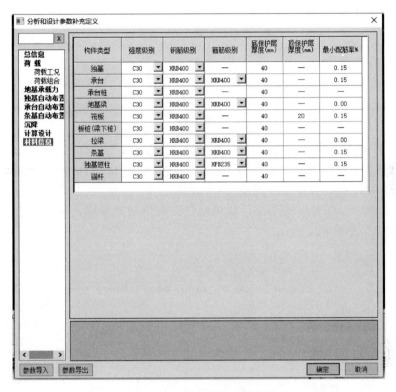

图 12-12 "材料信息"选项卡

12.3.3 荷载

（1）上部荷载显示校核 用于显示与校核 JCCAD 读取的上部结构柱墙荷载及 JCCAD 输入的附加柱墙荷载。当用户选择某种荷载组合或者荷载工况后，程序在图形区显示出该组合的荷载图，同时在左下角命令行显示该组合或者是工况下的荷载总值、弯矩总值、荷载作用点坐标，便于用户查询或打印。

（2）上部结构荷载编辑 单击该命令后，再选择要修改的节点，屏幕弹出图 12-13 所示的此节点各工况荷载的轴力、弯矩和剪力的对话框。修改相应的荷载值后，切换到布置荷载选项，在平面布置图上按节点布置即可。

（3）附加墙柱荷载编辑 如图 12-14 所示，用于输入柱墙下附加荷载，允许输入点荷载和线荷载。附加荷载包括恒载效应标准值和活载效应标准值。若读取了上部结构荷载，如PK 荷载、SATWE 荷载、平面荷载等，则附加荷载会与上部结构传下来的荷载工况进行同工

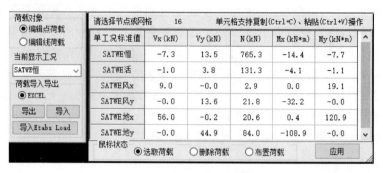

图 12-13　上部结构荷载编辑

况叠加，然后进行荷载组合。

（4）自定义荷载编辑　如图 12-15 所示，用于在 JCCAD 输入新的荷载工况，用户可以定义、布置、编辑新的荷载工况。定义并且布置新的荷载工况后，程序会默认在荷载组合里增加一组标准组合、1.0×恒+1.0×自定义工况及

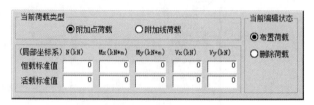

图 12-14　附加墙柱荷载编辑

基本组合、1.2×恒+1.4×自定义工况，如果用户需要增加或者修改荷载组合，可以在"参数"→"荷载组合"里做相应操作。

图 12-15　自定义荷载编辑

12.3.4　基础结构构件布置

JCCAD 提供了独基、地基梁、筏板、桩基承台、桩、复合地基、墙下条基、柱墩等地基基础构件，以及拉梁、填充等上部结构构件的布置与编辑功能，为后续分析与设计做准备。下面以独基布置为例对相应的操作方法进行说明。

（1）"独基"菜单的主要功能

1）可自动读入上部荷载效应，按《地基规范》要求选择基础设计时需要的各种荷载组合值，并根据输入的参数和荷载信息自动生成独立基础数据。自动生成的基础设计内容包括地基承载力计算、冲剪计算、底板配筋计算。

2）当生成的基础角度和偏心与设计人员的期望不一致时，可按照用户修改的基础角度、偏心或者基础底面尺寸重新验算。

3)剪力墙下自动生成独基时,会将剪力墙简化为柱子,再按柱下自动生成独基的方式生成独基,柱子的截面形状取剪力墙的外接矩形。

4)对布置的独基提供图形文本两种方式验算结果。

5)对于多柱独基,提供上部钢筋计算功能。

(2)人工布置 用于人工布置独基。人工布置独基之前,要布置的独基类型应已经在类型列表中。独基类型可以是用户手工定义,也可以是用户通过"自动生成"方式生成的基础类型。单击"人工布置"命令,弹出"基础构件定义管理"对话框及基础"布置参数"对话框,如图12-16所示。

可以通过两种方式修改基础定义,一种方式是在"基础构件定义管理"对话框的列表中选择相应的基础类型,单击"修改"按钮,这种方式是按基础类

图12-16 "基础构件定义管理"及基础"布置参数"对话框

型修改基础定义。另一种方式,双击需要修改的基础,程序弹出"构件信息"对话框,单击右上角的"修改定义"按钮,弹出"柱下独立基础信息"对话框,在对话框中可输入或修改基础类型、尺寸、标高、移心等信息,如图12-17所示。

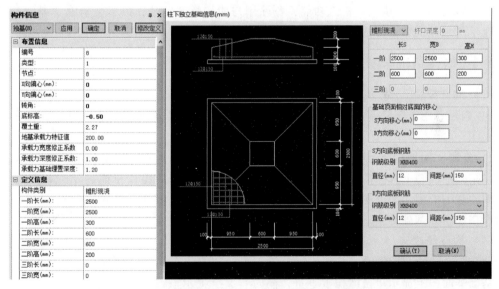

图12-17 "构件信息"对话框和"柱下独立基础信息"对话框

对于人工布置的独基,程序自动验算该独基是否满足设计要求,并自动调整不满足要求的独基尺寸。此外,独基布置时尚需注意以下几点:

1)柱下独基有八种类型,分别为锥形现浇、锥形杯口、阶形现浇、阶形杯口、锥形短柱、锥形高杯口、阶形短柱、阶形高杯口。

2)在独基类别列表中,某类独基以其长宽尺寸显示。

3)在已有的独基上也可进行独基布置,这样已有的独基被新的独基代替。

4) 若"基础构件定义管理"中的某类独基被删除,则程序也删除基础平面图上相应的柱下独基。

5) 程序没有计算短柱或高杯口基础的短柱内钢筋,需用户另外补充。

(3) 自动生成

1) 自动优化布置。独基自动布置,支持自动确定单柱、双柱、多柱独基。

2) 单柱基础、双柱基础和多柱基础。用于独基自动设计。执行该命令后,在平面图上选取需要自动生成基础的柱。基础底标高是相对标高,其相对标准有两个,一个是相对柱底,即输入的基础底标高相对柱底标高而言,假如在PMCAD里,柱底标高输入值为-6m,生成基础时选择相对柱底,且基础底标高设置为-1.5m,则此时真实的基础底标高应该是-7.5m;另一个标准是相对正负0,即如果在PMCAD里输入的柱底标高-6m,生成基础是基础底标高选择相对正负0,且输入-6.5m,那么此时生成的基础真实底标高就是-6.5m。

3) 独基归并。输入相应的归并差值尺寸,程序根据长度单位或归并系数对独基进行归并。归并系数即长宽尺寸相差在相应的范围(0.2,即独基尺寸相差20%)内,独基按类型归并到尺寸较大的独基。

4) 单独验算、计算书。用于输出单个独基的详细验算、计算过程,单独计算书内容包括设计资料、独基底面积计算过程、独基冲剪计算过程和独基配筋计算过程。

5) 总验算、计算书。用于输出所有独基的验算结果,内容包括平均反力、最大反力、受拉区面积百分比、冲切系数、剪切系数。

6) 删除独基。提供左右框选功能,删除用户所选择的独基,但不会删除"基础构件定义管理"的独基类型及参数。

12.3.5 构件编辑与修改

(1) 构件编辑

1) 删除。用于删除基础构件,删除基础构件时可通过弹出的对话框指定删除的构件类型。

2) 复制。用于对已经布置的基础进行复制布置。单击"复制"命令,在基础平面图上选择需要复制布置的基础,然后在相应的位置布置被选中的基础类型。如果布置的位置已经有基础,则程序先将已有基础删除再布置新的基础类型。

(2) 构件修改

1) 改覆土重。修改已经布置基础的覆土重。执行该菜单后,程序会在基础平面图上显示单位面积覆土重,同时有文字提示该覆土重是否为手工输入。

2) 修改标高。修改基础底标高、顶标高。

3) 改承载力。修改地基承载力特征值及用于深度修正的基础埋深。

12.3.6 节点网格

"节点网格"菜单如图12-18所示,用于增加、编辑PMCAD传下的平面网格、轴线和节点,以满足基础布置的需要。

图12-18 "节点网格"菜单

12.4 分析与设计

12.4.1 主要功能

"分析与设计"菜单如图 12-19 所示,对用户在建模模块中输入的基础模型进行处理并进行分析与设计,主要功能如下:

1) 生成设计模型。读取建模数据并处理生成设计模型,提供设计模型的查看与修改功能。
2) 生成分析模型。对设计模型进行网格划分并生成有限元计算所需数据。
3) 分析模型查看与处理。分析模型的单元、节点、荷载等查看;桩土刚度的查看与修改。
4) 有限元计算。进行有限元分析,计算位移、内力、桩土反力、沉降等。
5) 基础设计。对独基、承台按照规范方法设计;对各类采用有限元方法计算的构件根据有限元结果进行设计。

图 12-19 "分析与设计"菜单

12.4.2 参数设置

这里的"参数"菜单与"基础模型"里"参数"功能一样,只是保留了计算相关的参数,而去掉了与计算无关的。

12.4.3 设计模型

(1) 模型信息 用于查看基础模型的类型信息、尺寸信息和材料信息,校核基础模型输入是否正确。

(2) 计算内容 单击"计算内容"命令,弹出图 12-20 所示对话框。对于单柱下的独基或者桩承台,默认按规范算法计算和设计,即此时独基或者桩承台本身视为刚体,各种荷载及效应作用下本身不变形,做刚体运动。对于多柱墙下独基或者桩承台,基础很难保证本身不变形,即刚体假定可能不成立,此时按有限元计算更为合理,有限元算法独基或者承台按照板单元进行计算与设计。通过本菜单可以指定独基或者桩承台是按规范算法计算还是按有限元算法计算。

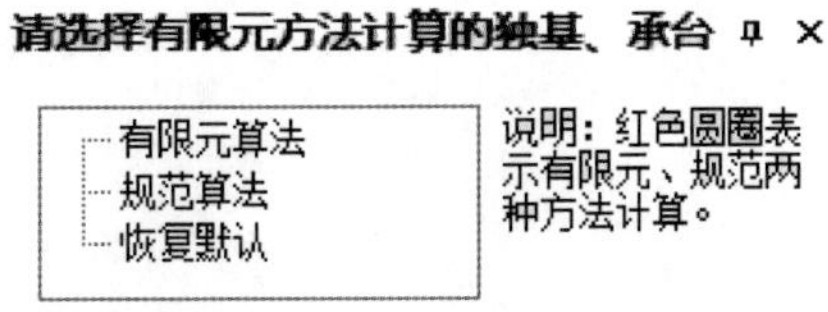

图 12-20 计算方法选择对话框

(3) 配筋方向 可用于修改基础配筋角度,程序提供了"拾取边""拾取两点"和"指定角度"三种修改方式。

12.4.4 分析模型

(1) 生成数据 此菜单的核心功能为网格划分、生成桩土刚度和生成有限元分析模型。有铺砌法与 Delaunay 拟合法两种网格划分方式。其中，Delaunay 三角剖分算法具有严格的稳定性，因此理论上所有模型都可划分成功，但由于几何计算精度的问题，还是存在例外情况。当采用 Delaunay 拟合法进行网格划分失败时，采用"使用边交换算法"选项，可有效提高网格划分成功率。程序根据用户选项自动生成弹性地基模型、倒楼盖模型、防水板模型，以供后续计算与设计使用。

(2) 分析模型 执行"生成数据"菜单后，程序会生成分析模型，单击"分析模型"命令可以查看以下模型信息：

1) 有限元网格信息。查看有限元网格划分结果，包括单元编号及节点编号。
2) 板单元。查看每个单元格里的筏板厚度及筏板混凝土强度等级。

(3) 基床系数 如图 12-21 所示，用于查看、定义、修改基础基床系数。基础基床系数修改操作过程：先在"基床系数"文本框里输入要修改的基床系数，然后单击"添加"按钮，这时基床系数定义列表会显示刚刚添加的基床系数。修改时先在列表中选择相应的基床系数，然后"布置方式"可以选择"按有限元单元布置"，也可以选择"按构件布置"。注意，用户手工修改过的基床系数，程序会默认优先级较高，重新生成数据时，程序会优先选用上次用户修改过的基床系数。

(4) 桩刚度 如图 12-22 所示，用于查看修改桩、锚杆刚度、群桩放大系数。桩刚度修改操作过程：先在"桩刚度编辑"文本框内输入要修改的桩刚度，然后点"添加"，这时桩刚度定义列表会显示刚刚添加的桩刚度。修改时先在列表中选择相应的桩刚度，直接框选桩进行修改，为了提高效率，程序提供了按照桩类型筛选的功能。

图 12-21 "基床系数"对话框

图 12-22 "桩刚度"对话框

(5) 荷载查看 如图 12-23 所示，用于查看校核基础模型的荷载是否读取正确。"设计模型"会根据用户选择显示所有上部构件的荷载、自重等信息，"分析模型"会显示每个单元网格里的荷载信息及每个单元节点的荷载信息。

12.4.5 计算

(1) 生成数据+计算设计 整合生成数据与计算设计两个功能，提高效率。

(2) 计算设计

1) 主要实现包括柱下独立基础、墙下条形基础、弹性地基梁基础、带肋筏形基础、柱下平板基础（板厚可不同）、墙下筏形基础、柱下独立桩基承台基础、桩筏基础、桩格梁基础等的分析设计，还可进行由上述多类基础组合的大型混合基础分析设计，以及同时布置多块筏板的基础分析设计。

图 12-23 "荷载简图"对话框

2) 主要流程为整体刚度组装，有限元位移计算，有限元内力计算，沉降计算，承载力验算，有限元配筋设计，以及独基、承台规范方法设计。

3) 布置拉梁时，首先进行拉梁导荷，再进行防水板模型、弹性地基模型或倒楼盖模型计算，当存在防水板时，将自动生成弹性地基模型与防水板模型，并同时计算与设计，在后处理中可以通过切换模型分别查看防水板模型与弹性地基模型的分析与设计结果。

12.5 结果查看

"结果查看"菜单如图 12-24 所示。计算结果查看主要有"分析结果"及"设计结果"，用户可以查看各种有限元计算结果，包括"位移""反力""弯矩"和"剪力"。同时根据规范的要求提供各种设计结果，主要包括"承载力校核""设计内力"及"配筋""沉降""冲切剪切"和"实配钢筋"。另外软件提供了文本显示功能，主要包括"构件信息""计算书"和"工程量统计"。

图 12-24 "结果查看"菜单

JCCAD 应用
(3) 数据生成和结果查看

12.6 施工图

"施工图"菜单如图 12-25 所示。基础施工图程序可以承接基础建模程序中构件数据绘制基础平面施工图，也可以承接 JCCAD 计算程序绘制基础梁平法施工图、基础梁立剖面施工图、筏板施工图、基础大样图（桩承台、独立基础、墙下条基）、桩位平面图等施工图。程序将基础施工图的各个模块（基础平面施工图、基础梁平法施工图、筏板施工图、基础详图）整合在同一程序中，实现在一张施工图上绘制平面图、平法图、基础详图功能。

图 12-25 "施工图"菜单

以第 10 章钢筋混凝土框架结构的实例详细说明柱下独立基础绘制过程。其主要步骤如下：

1）绘制基础施工图前，必须先执行"基础模型"及"分析与设计"命令。

2）单击"施工图"→"参数设置"命令，根据设计习惯与出图要求调整绘图与编号参数。

3）单击"绘新图"命令，生成基础设计底图。

4）单击"轴线"命令，标注轴线编号与轴网尺寸。

5）单击"平法"子菜单下的"独基"命令，按平面整体表示方法绘制基础的定位尺寸、编号与配筋信息。

6）如需对配筋及绘图结果进行修改，执行"编辑"和"改筋"子菜单命令。

7）单击"详图"子菜单下的"基础详图"命令，绘制基础大样。

8）单击右下角 按钮，将绘图结果输出为 DWG 图纸。

按上述操作绘制的基础施工图如图 12-26 所示。

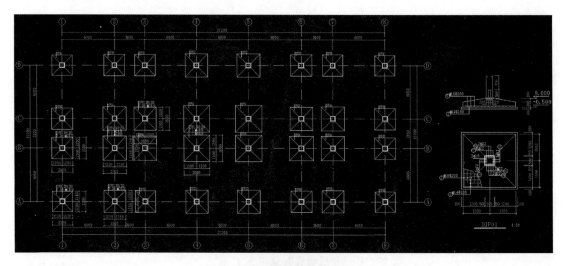

图 12-26 实例基础施工图

JCCAD 应用（4）
实例操作演示

第 12 章 地基基础建模与计算设计软件 JCCAD

复习题

1. JCCAD 的基本功能有哪些？
2. JCCAD 的主要操作过程是怎样的？
3. 结合第 10 章思考题 3 所建结构模型，利用本章学习的内容进行基础底面尺寸与配筋设计。主要参数：基础埋深 1.5m，持力层地基承载力特征值为 240kPa，宽度与深度修正系数取 0 和 1.0。

第13章 公路优化设计系统HARD

海地公路优化设计系统 HARD 是公路工程专业的 CAD 设计软件，不但适用于公路路线设计、立体交叉设计、桥涵设计等相关领域，也适用于初步设计、技术设计、施工图设计及外业测量的各个测设阶段。

海地公路优化设计系统 HARD 具有以下主要功能：

1) 项目管理，用于设置项目的基本信息。
2) 生成数字化地面模型，用于实现公路系统的三维设计与处理。
3) 平面、纵断面、横断面设计，包含外业资料录入、交互式设计、成果输出三部分。外业资料录入用于将外业资料即交点线资料输入系统；交互式设计即利用交点法进行平面或断面设计；成果输出用于生成设计图表。
4) 平面交叉口设计，包括主线资料、平交设计、工程量表及平交布置图等内容。
5) 挡墙设计，包含基本资料录入、挡墙设计、挡墙验算、图纸绘制与工程量统计等内容。
6) 测设放样，包含切线支距法、极坐标法、偏角法及全站仪法四种。
7) 公路运行速度分析计算。

13.1 项目管理

项目管理在 HARD 系统中为用户管理烦琐的图档和文件。

打开或新建项目是进入 HARD 系统的第一步，通过项目管理的引导可以完成全部设计。HARD 系统安装完成后自带五个示例，五个示例存放在安装目录下的 Sample 文件夹内，示例分别为高速公路示例.prj、二级公路有隧道.prj、四级公路示例.prj、城市道路.prj 和 demo.prj。通过"项目管理"命令可以打开以上任意一个示例，如打开 D:\Hardsoft\sample\高速公路.prj（D:\Hardsoft 为软件的安装位置，以下均同）。

13.1.1 新建项目

（1）项目文件　其文件名为 *.prj，用户可以通过"浏览"直接设定项目路径和文件名。

（2）文件路径　在设定了项目文件后，系统会依据项目文件自动生成文件路径及文件名。在设计过程中系统将生成一系列文件和图纸，HARD 系统通过文件的扩展名来区分文件的性质。因此对于同一个项目，可以设定一个公用的文件名，便于管理项目内的文件。如图 13-1 所示，通过这样设定的 HARD 系统会在 "D:\sample\高速公路示例"目录下自动建立

DWG、Excel 和 HD 三个子目录,用于保存系统自动生成的路线 CAD 图纸、电子表格及挡墙涵洞图纸等文件,从而实现图表统一而有序的管理。

(3)设定项目参数　在建立新项目时,依据设计要求对各种参数的精度进行设置,HARD 系统通过"参数设置"命令完成。设计过程中应尽量选用矢量字体,以提高操作运行的速度。而正式出图时可通过"打开项目"命令将字体改为 Windows 标准字体,以使设计图纸版面美观。

(4)设定图框　设定出图时的图框,也可以通过此功能设置图框中文字信息的输出位置,以及是否输出该文本,如果不设置坐标,系统将不输出相应文本内容,设置了坐标将按照坐标位置输出相应的内容。注意:用户可以任意更改或制作图框,但制作的图框最好保存在 D:\Hardsoft 目录下的 Support 文件夹内,图框内框的左下角坐标必须为(30,10),否则图框位置不对。设置好输出内容的坐标后单击"存储"按钮,系统将保留此图框定制的所有内容。系统默认的图框为 D:\Hardsoft\support\A3.dwg,可以用自己定制的图框覆盖它。

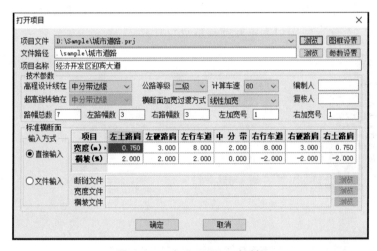

图 13-1　"打开项目"对话框

(5)设定路线总体参数信息　系统以选择好的高程设计线为界,往左往右分开左右路幅,如果路线的横断面存在中分带,该断面算一幅,用户可任意定制横断面的组成方式;直接输入的方式用于路幅的总断面数不超过 7 幅的情况,如果路线的总断面数超过 7 幅,则要以文件的方式输入标准横断面(只需输入断面宽度相同的起止点断面参数)。路拱的横坡符号界定:系统以左下为正号,右下为负号(即斜率为正的是正号,斜率为负的是负号)。

需要特别注意的是,标准横断面宽度及坡度在路幅数或路基宽度沿整条路范围内发生变化时,如 0~100m 路幅是 4 幅(左土路肩+左行车道+右行车道+右土路肩),路段 100~200m 路幅数由 4 幅变化为 6 幅(左土路肩+左硬路肩+左行车道+右行车道+右硬路肩+右土路肩),路基宽度为 9m,200m 以后不变。在此情况下"标准横断面宽度及坡度"不能在项目管理中的"直接输入"中填写,而需要通过"文件输入",即通过标准横断面(*.bhd)文件及标准横坡(*.bcg)文件来完成;用户可以通过"项目管理"下的"标准横断面文件编辑"命令来编辑*.bhd 和*.bcg 文件。

"左加宽号""右加宽号"系统默认是 1,指的是行车道加宽;断面号的排序是以高程设计线为界，往左往右分开数，如断面组成是左土路肩+左硬路肩+左行车道+右行车道+右硬路肩+右土路肩，则左、右行车道断面号为1，硬路肩断面号为2，土路肩断面号为3；加宽计算时用户可自行指定哪个路幅断面加宽。需要指出的是，这里的加宽是指针对平曲线弯道半径在规范规定需要加宽时的情况，系统会自动进行加宽计算得到逐桩的横断面文件＊.hdm，如果需要在别的路段进行加宽，用户可以打开＊.hdm文件及相应的超高文件＊.cg进行编辑，且只需输入断面变化的起止点桩号及宽度超高变化值。

13.1.2 备忘录

HARD系统提供设计备忘录、复核备忘录、审核备忘录，可以文本的形式输出到Word文档，便于用户在整个设计与使用过程中的备忘管理。

13.1.3 技术标准及规范控制参数编辑

如图13-2所示，该功能是把规范及技术标准放开，用户可以根据实际参照的标准及规范自行编辑参数，系统根据用户编辑好的参数进行计算。

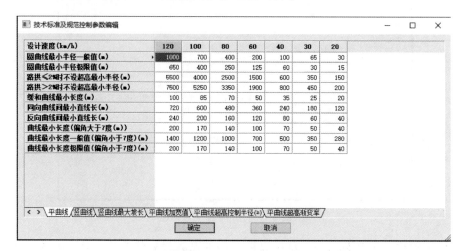

图13-2 "技术标准及规范控制参数编辑"对话框

13.1.4 图形输出方式设置

该功能用于设置输出＊.dwg图纸文件时的布置参数，对话框如图13-3所示。

13.1.5 工程图纸批量编号

HARD提供图纸批量编号功能，相应的对话框如图13-4所示。各项参数的含义如下：

1）编号格式。如SV-5-3（＊/28）中"＊"号以外的字符（系统没有约定具体格式，用户可根据编号规则自行输入任意文本或数字字符等）都具有相同特征的编号规则，唯一可变的"＊"号是代表在该位置的字符（只能为数字

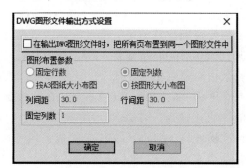

图13-3 "DWG图形文件输出方式设置"对话框

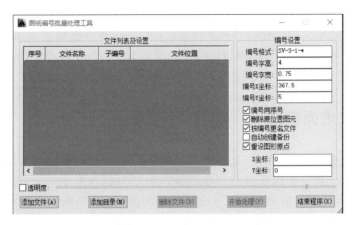

图 13-4 "图纸编号批量处理工具"对话框

符号），该字符对应于子编号。

2）编号 X 坐标。指编号的整体字符在 CAD 界面中所处的横坐标；编号整体字符的坐标基点是指该整体字符编号的中心点。

3）编号 Y 坐标。指编号的整体字符在 CAD 界面中所处的纵坐标；编号整体字符的坐标基点是指该整体字符编号的中心点。

4）编号同序号。指子编号的顺序与序号是否一致。用户可以用单击界面中的序号或文件名称，系统将按文件名的一定规则来排列一批选中的文件，以最终编制目标图号。

5）删除原位置图元。若在原有图纸中放置图号位置已经存在图元，该选项可以提供用户选择是否删除该图元。

6）按编号更名文件。供用户选择是否在编号完成后，将原有一批图纸的文件名称前面追加与子编号相同的数字字符，并以追加编号后的文件名存盘。

7）自动创建备份。编号完成后，将原有文件信息备份，以 *.bak 的格式保存。

8）重设图形原点。不同用户生成的 *.dwg 图形文件中图框的左下角点坐标在 CAD 界面里不一定一致，系统提供用户选择在编号处理完成后，批量图纸文件的图框左下角点坐标是否要移动到同一点。

在路线及桥涵图纸文件命名时，最好在同类型图纸文件名前加序号，即按出版图纸页数的先后排列顺序规则追加文件名前序号，以便更有效地完成图纸的出版及编制图号工作。

13.1.6 批量打印

添加文件及添加目录操作同 13.1.5 节。可单击界面中的文件名称，系统将会按文件名的一定规则重新排列打印输出顺序，以满足图纸出版的要求。

13.1.7 专用编辑器

如图 13-5 所示，HARD 提供了系统所需文件的各种专用编辑器，可以极为方便地编辑所需的各种文件，而不需要去记忆

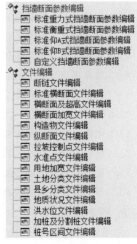

图 13-5 专用编辑器菜单

文件的格式,因为专用编辑器会自动存盘并保存为专用的文件格式,同时专用编辑器在存盘时自动依据项目管理定义的文件路径和文件名进行保存。也可以在 Windows 提供的文档编辑器(如 Word、Excel、写字板等)中编辑所需的原始文件,但要注意文件的扩展名必须与系统定义的文件扩展名一致,否则系统在运行的过程中会出现找不到文件的现象。

13.2 数字化地面模型

数字化地面模型(简称 DTM)技术是 HARD 系统特别推荐使用的功能。它是一种先进的地形图处理技术,真正实现公路的三维设计。由于 HARD 系统成功地开发了 DTM 技术,所以 HARD 系统不仅是公路工程设计软件,更为工程设计中的优化问题提供了强有力的技术保障。

HARD 系统能够处理目前公路工程设计中涉及的各种原始地形资料:对于纸质地形图可以采用数字化仪,使用系统提供的"地形图输入"功能输入计算机;也可以采用扫描仪扫描后,使用系统提供的"二维线转成三维线"功能输入计算机。输入计算机后的电子地形图,使用系统提供的"电子地形图数字化"功能,即可得到构造 DTM 所需要的地形文件。HARD 系统的 DTM 功能菜单如图 13-6 所示。

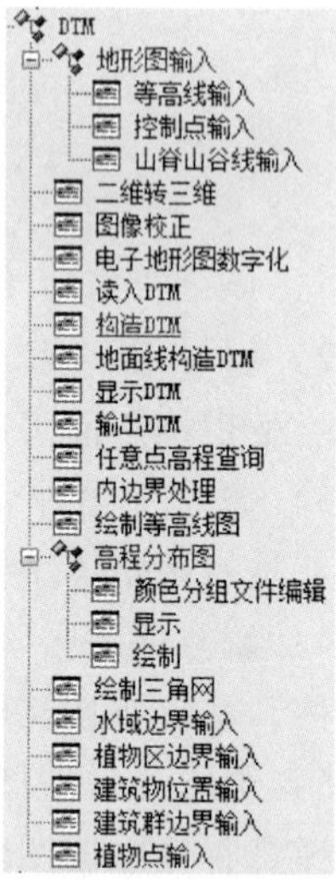

图 13-6 DTM 功能菜单

13.2.1 地形图输入

1. 等高线输入

选择本功能后,依次出现如下提示:

输入描点步距(默认值为 1.0):指对等高线进行数字化时记录等高点的步距,其单位为绘图单位,可根据用户对精度的要求输入一个合适的步距值

输入等高线标高:指等高线的高程值

P:落抬笔 S:存储继续 U:放弃继续 X:存储退出 Q:放弃退出[抬笔]:

1)P:落抬笔。落抬笔切换。

2)S:存储继续。存储最新描入的图形后继续描入当前等高线。

3)U:放弃继续。放弃最新描入的图形后继续描入当前等高线。

4)X:存储退出。存储最新描入的图形后结束当前等高线的描图工作。

5)Q:放弃退出。放弃最新描入的图形后结束当前等高线的描图工作。

6)[抬笔]。落抬笔状态。

C:闭合 F:曲线拟合 T:标注 X:退出:

1)C:闭合。将描入的等高线进行首末点闭合。

2)F:曲线拟合。将描入的等高线进行光滑处理。

3)T:标注。对描入的等高线进行标注。

4)X:退出。结束描入等高线,退到 AutoCAD。

2. 控制点输入

选择本功能后,依次出现如下提示:

输入点:在地形图上输入点

输入高程:输入控制点的标高
   3. 山脊山谷线输入
   选择本功能后,依次出现如下提示:
输入点:在地形图上输入点
输入高程:输入该点的标高

13.2.2 二维线转成三维线

系统提供两种方法对二维线赋高程值:单条线或多条线。

1) 单条线。该功能完成对逐条等高线由二维向三维转化的过程。选择本功能后,依次出现如下提示:
输入高程:输入要转换的等高线高程,选择对应上述高程值的等高线

2) 多条线。可以批量赋值,对于坡向比较明显的地形,如图13-7所示,第一条等高线高程值为800m,沿上坡赋值等高线间距为+2m,反之,如沿下坡赋值则为-2m。
注:二维图中的等高线线型必须为AutoCAD中的Pline线或3DPoly线。

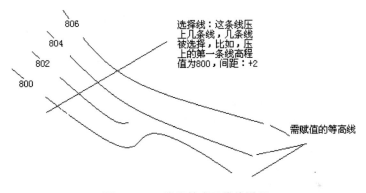

图13-7 二维线转成三维线图示

13.2.3 图像校正

该功能完成对扫描的光栅图像在CAD中显示的真实坐标与图像任意插入位置坐标的转换。

使用本功能,系统给出提示"请选择要校正的图像",用户单击图像;接下来选择要校正的第一点坐标,按〈Enter〉键后输入该点的真实坐标,并按〈Enter〉键确认;然后选择第二校正点坐标,按〈Enter〉键后输入该点的真实坐标,并按〈Enter〉键确认,系统将自动校正该图像在CAD界面坐标系中所在的实际位置。

13.2.4 电子地形图数字化

该功能完成对上述描图工具描入的地形图及通过图形转换得到的地形图,以及用户已有的电子地形图进行数字化,并构建生成数字化地面模型运用的原始地形点、线的三维ASCII码数据文件,数据文件的扩展名格式为*.xyz。

选择本功能后,弹出对话框,如图13-8所示。

1) 输出数字化文件名称。指记录数字化结果的文件名及路径。注意保存路径与项目管

理所建的路径要一致。

2）选择高层数据层。选择利用本系统的"地形图输入"命令输入的地形图所在图层，利用本系统的"二维转三维"命令转换的三维线所在图层，或者指定已有的三维地形图中三维等高线或高程点所在图层。

3）选择坐标类型。在此选择的坐标系要与交点设计时选择的坐标系对应，否则结果会出错。

4）数字化参数最小高程指系统捕捉描述高程数据点的最小高程。最大高程指系统捕捉描述高程数据点的最大高程。在最小高程与

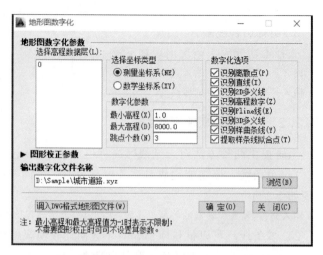

图 13-8 "地形图数字化"对话框

最大高程之间的地形特征数据将被数字化，除此之外的高程数据点将会被系统舍弃；如果最小和最大高程值为-1，即表示不指定高程区间，系统将所有界面中的高程数据点数字化。用户可以根据对精度的要求输入跳点个数，个数越少，精度越高；反之个数越多，精度越低。

5）数字化选项。提供多种识别选择，可以更好地对地形图进行数字化处理。

6）图形校正参数。指系统提供用户对要进行数字化的矢量图的坐标校正（选择四个点为参照）。

13.2.5　DTM 操作

1. 读入 DTM

该功能是在已经构造保存好 DTM 的基础上，系统读入所要的 DTM 文件，并显示在界面上，以便于进行接下来的操作（如进行纵横断面切值时要先读入 DTM）。

2. 构造 DTM

该功能采用三角剖分法构造数字地面的三角网模型。

输入使用"地形图数字化"功能所产生的数字化文件名及其路径，或用野外实测并电子记录地形的三维坐标及属性、航空摄影测量的解析或全数字设备记录的地形三维坐标及属性，或是经过地形原图扫描并矢量化后记录等其他手段获取的地形数字化文件名。数字化文件的扩展名为 *.xyz，其格式如下，其中，x、y、z 为大地坐标值。

NE（或 XY）坐标系		
x_1	y_1	z_1
x_2	y_2	z_2
⋮	⋮	⋮
x_n	y_n	z_n

如果用户记录的地形测量三维地面坐标文件或测绘单位提供的地形测量三维地面坐标文件的格式与上述格式有出入，只需编制一个小的数据格式转换程序即可。

本功能完成后,显示三角网模型。

3. 显示 DTM

使用该功能,系统以位图方式重新显示构建好的数字地面模型。

4. 输出 DTM

使用该命令将已经构造好的 DTM 保存起来,便于以后使用。

5. 任意点高程查询

直接从键盘输入查询点的平面坐标或在屏幕上相应点位置处单击,即可快速查询三角网内任意点的地面高程。

13.2.6 内边界处理

用于在数字地面模型三角网内切除多边形内的地形,即公路工程的专业术语"挖方"。在公路工程的应用中,制作公路工程的三维全景设计模型时,用此功能可以切除由挖方地段公路坡口线圈定的区域,在计算机中进行挖方处理,在此基础上可以实现公路三维模型与地形三维模型的合成。如图 13-9 所示,多边形区域为需要挖掉的三维数字地面模型部分。

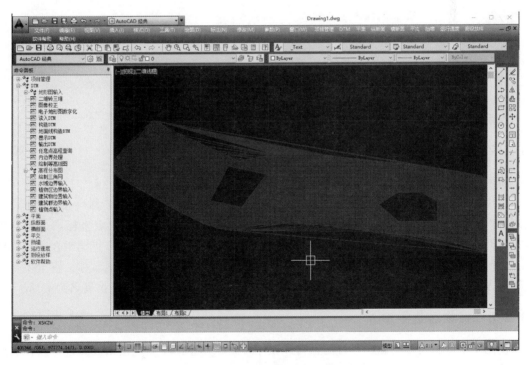

图 13-9 内边界处理界面

选择本功能后,出现如下提示:

在边界数据文件中读取多边形(F)/在屏幕获取多边形(D):

输入 F,按〈Enter〉键确认,则由数据文件中读取边界坐标。边界数据文件的扩展名为 *.plg,其格式有两种:

1) 如果边界点为二维坐标,则其格式为:

```
2
n₁              第一个边界的拐点数
x₁    y₁        第一个边界的第一个拐点的坐标
⋮
x_n1  y_n1      第一个边界的第 n₁ 个拐点的坐标
n₂              第二个边界的拐点数
x₁    y₁        第二个边界的第一个拐点的坐标
⋮
x_n2  y_n2      第二个边界的第 n₂ 个拐点的坐标
```

2) 如果边界点为三维坐标，则其格式为：

```
3
n₁                  第一个边界的拐点数
x₁   y₁   z₁        第一个边界的第一个拐点的坐标
⋮
x_n1 y_n1 z_n1      第一个边界的第 n₁ 个拐点的坐标
n₂                  第二个边界的拐点数
x₁   y₁   z₁        第二个边界的第一个拐点的坐标
⋮
x_n2 y_n2 z_n2      第二个边界的第 n₂ 个拐点的坐标
```

输入 D，按〈Enter〉键确认，则由屏幕直接获取多边形坐标。

本系统可同时处理 50 个多边形，每个多边形的拐点数不超过 2000 个。

13.2.7 水域边界输入

使用本功能，可以把路线经过的河流水系在三维全景模型图中显现出来，并且可以在三维动态仿真系统中真实地反映。选择本功能后，出现如下提示："水域名称（按〈Esc〉键结束）"，用户可输入水域文件名，以便于系统识别区分；"输入边界起点坐标："，用户可以在界面上单击或者可以直接输入已知水域的边界点坐标；输入下一点，直至闭合区域，到此一个闭合的水域边界输入完毕。若还有另外一块水域，请再次命名水域名称，直至闭合区域。输入完毕时，按〈Esc〉键结束，保存文件名退出。水域边界文件的扩展名为 *.sy。

13.2.8 植物区边界输入

使用本功能，可以把路线经过的植物区在三维全景模型图中显现出来，并且可以在三维动态仿真系统中真实地反映，包括植物区里植物的形状种类。选择本功能后，出现如下提示：

植物区名称(按〈Esc〉键结束)：提示输入植物区的名称，以便于系统识别区分
输入边界起点坐标：用户可以在界面上点取或者直接输入已知植物区的边界点坐标

输入下一点，直至闭合区域。到此一个闭合的植物区边界输入完毕。若还有另外一块植物区，请再次命名植物区名称。全部输入完毕，按〈Esc〉键结束，保存文件名退出。植物区边界文件的扩展名为 *.zwq。

13.2.9 建筑物位置输入

使用本功能,可以把路线经过区域的典型建筑物在三维全景模型图中显现出来,并且可以在三维动态仿真系统中真实地反映。选择本功能后,出现如下提示:

建筑物名称(按〈Esc〉键结束):输入建筑物的名称

输入建筑物位置点坐标:在界面上点取或者直接输入已知建筑物位置点坐标

输入完毕,按〈Esc〉键结束,系统提示输入保存的建筑物文件名。建筑物位置文件的扩展名为 *.jzw。

13.2.10 建筑群边界输入

使用本功能,可以把路线经过区域的成片建筑群在三维全景模型图中显现出来,并且可以在三维动态仿真系统中真实地反映。选择本功能后,出现如下提示:

建筑群名称(按〈Esc〉键结束):输入建筑群的名称,以便于系统识别区分

输入边界起点坐标:在界面上点取或者直接输入已知建筑群的边界点坐标

输入下一点,直至闭合区域。

至此一个闭合的建筑群边界就已经输入完毕。若还有另外的建筑群,请再次重复以上操作。全部输入完毕,按〈Esc〉键结束,保存文件名退出。建筑群边界文件的扩展名为 *.jzq。

13.2.11 植物点输入

使用本功能,可以把路线经过区域的典型植物点在三维全景模型图中显现出来,并且可以在三维动态仿真系统中真实地反映。选择本功能后,出现如下提示:

植物点名称(按〈Esc〉键结束):输入植物点的名称

输入植物点坐标:在界面上点取或者直接输入已知植物点坐标

全部输入完毕,按〈Esc〉键结束,系统提示用户输入保存的植物点文件名,植物点位置文件的扩展名为 *.zwd。

13.2.12 绘制等高线

使用本功能,在数字化地面模型已经构造好的基础上,可以根据要求的等高距值来绘制等高线。选择本功能后,出现如下提示:

输入等值距:输入等高线步距

输入等高线步距后按<Enter>键结束,系统自动按用户输入的等高线步距生成等高线。

13.2.13 高程分布图

1. 颜色分组文件编辑

分组文件由用户先建立高程分布文件。文件扩展名为 *.fbt,文件格式如下:

```
800  1
850  2
880  3
900  4
2000 5
```

即高程小于 800m 时，颜色号为 1（红）；高程大于等于 800m 且小于 850m 时，颜色号为 2（黄）；高程大于等于 850m 且小于 880m 时，颜色号为 3（绿）；高程大于等于 880m 且小于 2000m 时，颜色为 4（青）；高程大于等于 2000m 时，颜色号为 5（蓝）。

2. 高程分布图显示

本功能可通过颜色区分高程的分布情况，并显示相应的位图。选择本功能，弹出相应对话框，"自动分组"由系统依据高程范围（最大、最小值）和 AutoCAD1~7 的颜色标号分七组显示高程分布；"文件分组"则由用户先建立高程分布文件，读入后系统根据用户指定的颜色显示高程分布图。

3. 绘制

本功能对显示的分布图进行图形输出。

13.3 平面设计

平面设计主要由三大部分组成：

1) 外业资料录入，交点线（导线）资料录入，生成交点线文件（*.jdx）。

2) 平面线形设计，利用"交点法"针对每个交点进行曲线设计，输出平曲线文件（*.pqx）。

3) 图表输出，工程设计文件要求的各种图表生成，可通过字体设置输出矢量字体或标准 Windows 字体，图形文件为 dwg 格式，表格为 dwg 和 excel 两种格式。

平面设计过程中需要注意的问题：平面设计过程涉及两种坐标系，即数学坐标系（XY）和测量坐标系（NE）。HARD 系统的处理方法为：

1) 在通过"交点线设计"进行交互输入导线时，首先应在命令行提示下选择坐标系。

2) 交点线文件的第一行就是对坐标系的定义，其中"XY"为数学坐标系；"NE"为测量坐标系。公路工程设计选用的坐标系一般为 NE 坐标系，只有在 NE 坐标系下，才有方位角和偏角的概念。而在 XY 坐标系下只有偏向角和方向角，而不存在偏角和方位角的概念。

平面设计功能菜单如图 13-10 所示。

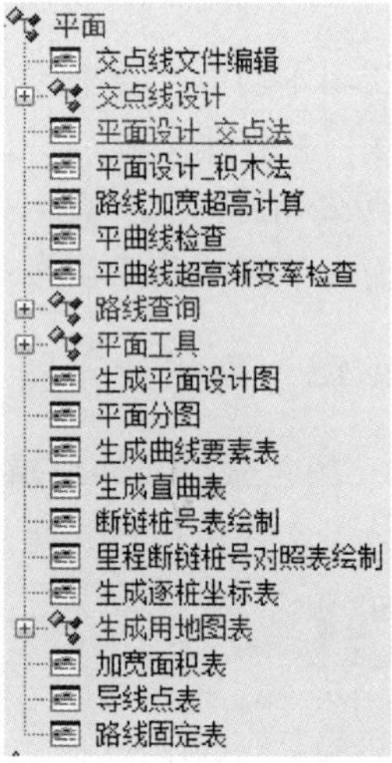

13.3.1 交点线设计

1. 交点线文件编辑

通过交点线专用编辑器交互输入外业测量得到的交点线资料，可以通过坐标、偏角与交点距、方位角与交点距三种方式输入，并存储为 *.jdx 文件，用于平面设计。

2. 二维交点线设计

在地形图上进行选线或者将外业测量得到的交点（导线）线数据录入计算机并存储成 HARD 系统承认的交点线文件，以便在平面设计中调用。

1) 方法一：依据命令行的提示进行。

数学坐标系、测量坐标系：坐标系选择，公路设计通常

图 13-10 平面设计功能菜单

使用 NE 坐标系（括号里的是系统默认的坐标系）。

点：用鼠标在屏幕上直接确定导线的起点。

Z：输入坐标，输入各个转点的坐标。

A：输入方位角，如果用户使用偏角、交点距的方式输入导线点，则起点必须输入方位角；如果没有测量数据资料，用户可自行假定，如 25d12f36m，表示 25°12′36″。

P：输入偏角。

L：输入交点距，两个转点之间的直线距离。需要注意的是：交点距不等于交点桩号的差值。

S：对前面的工作进行存储。

U：取消前一步操作。

说明：本系统的度、分、秒的输入为 d、f、m，如 45d45f45m 表示 45°45′45″。

2）方法二。直接在文件编辑器或 Windows 提供的文档编辑器中按照系统规定的格式录入交点线文件，按照项目管理确定的文件名称及文件路径存储。在利用交点法设计时，系统会自动调用该交点线文件并直接输出平曲线文件（*.pqx）。

3）方法三。直接利用"项目管理"下的交点线专用编辑器进行编辑，完成后确定，系统自动保存。

需要注意的是：一是坐标系的选择，二是交点线文件的路径、文件名的完整性与项目管理中所建立的文件路径及文件名是否对应。

3. 三维交点线设计

该功能是系统提供给用户动态交互设计的过程。

第一步：读入三维地模，执行该命令，起点位置的选择录入方式有三种：坐标的方式是直接在界面上确定；前点是指上一次交点设计操作完成后的最后一个点；文件的方式是指直接读入已经利用文档编辑器编辑好的交点线文件。

第二步：选择坐标系，XY 或 NE。

第三步：给定路线的起始桩号，在起点坐标后的空栏中可以直接输入坐标值或是在界面上确定，然后单击"确定"按钮。在这个过程中，可以自己给定偏角及偏向等参数。

第四步：平曲线设计，单击"设计"按钮，输入需要的平曲线设计参数，完成后存储交点线文件。

在此过程中可以直接在地形图上获取交点的高程、高差及坡比。

4. Pline 线形成交点线

可利用 AutoCAD 中用"Pline"命令绘制的多段线形成交点线。

5. 交点修改

对交点线进行修改。其中：

M：对选择的交点进行移动。

E：对选择的交点进行删除。

I：在所选择的交点后面插入一个交点。

S：对修改后的交点线进行存储。

13.3.2 平面设计

功能：完成路线平面线形的设计，同时完成对路线断链的处理，并自动输出"*.jdx"

"*.pqx""*.zbb""*.pmx"文件。

1. 断链处理

HARD系统对任意的断链情况均能自动处理,其方法是:进行交点法设计时,在调入交点线文件(*.jdx)或平曲线(*.pqx)的同时也调入断链文件(*.dl),系统将根据该文件在设计过程中一一完成长、短链的处理,并将处理结果保存到*.pqx中。特别注意:由于系统能够自动处理断链问题,系统中的里程和桩号的概念是严格区分的,里程是绝对的,而桩号是相对的,桩号只是一个符号。长链将引起桩号的重复,也就是说相同的两个桩号对应两个不同的里程,HARD系统在设计过程中将重复桩号的前一部分在桩号前加负号"-"以示区别,在成图成表过程中不输出"-",但会在断链处注明长短链情况。比如"长链:200=120"将引起两组120~200的桩号,为了让系统知道哪组120~200是在前面的,因此地面高(*.dmg)文件、地面线(*.dmx)文件等用户自行输入的入口数据文件,都需要在前一组120~200的桩号前加"-"。以*.dmg文件为例应写成:

-120	800.152
-160	801.101
-200	805.256
120	805.368
160	888.287
200	800.654
……	

对于*.dmx、*.cg、*.hdm等其他的入口文件也做同样的处理。

2. 平面设计

在交点设计完成后输出的交点线(*.jdx)文件为带有曲线要素的交点线文件,它增加了R、LS等参数及虚交的信息。

(1)交点法 交点法是路线设计中最常规的设计方法,下面介绍的是HARD系统采用人机对话的方式,交互完成每一个交点的设计。HARD系统以LZ1+LS1+R+LS2+LZ2(前直线+前回旋线+圆曲线+后回旋线+后直线)为一个基本型,通过各种方式的组合,可以完成公路上各种线形的组合方式,包括单圆曲线、对称型、非对称型、S形、单双卵形、复型、C形、凸形、虚交、回头曲线等。

1)单圆曲线。赋予R值;其他值赋零,单击"生成"按钮。

2)对称型。赋予R值或Ly值;赋予LS1或A1和LS2或A2,并使LS1=LS2或A1=A2,单击"生成"按钮。

3)非对称型。同2)所述,其不同之处为给定的LS1不等于LS2或A1不等于A2。

4)S形。S形曲线应由两个反向交点组成,在此称为JD1和JD2。对于JD1可以使用"对称型",也可以使用"非对称型"进行设计;对于JD2,给定LZ1=0,也就是给定JD2的前直线为0,使得两个交点之间的直线间距为0,并给定LS1、LS2或A1、A2的值;而曲线半径R值则由系统反算得出。这样由JD1和JD2共同组合的曲线形式为S形。

5)卵形。

方法一:卵形曲线应由两个同向交点组成,分别称为JD1和JD2。对于JD1给定LS1、R值,而给定LS2=0,也就是将JD1采用了非对称型的设计(即LS1+R,而没有LS2);而对于 JD2，首先给定 LZ1 = 0，这是设计卵形曲线的必要条件，其次给定 LS1 的值，同时也可给定 LS2 的值，R 值由系统反算得出。这样就得到了一个由缓和曲线+圆曲线+缓和曲线（此段为两圆公用）+圆曲线+缓和曲线的设计线形，即卵形曲线。

方法二：按照 C 形曲线进行处理，也就是将中间公用的缓和曲线分成两份进行处理，一部分放在 JD1 上，而另一部分放在 JD2 上。

方法三：利用交点法设计时同时选择两个同向交点，然后选择"卵形曲线"，并给定卵形曲线设计所需的参数，单击"生成"按钮，便可以设计出常规的卵形曲线，如图 13-11 所示。

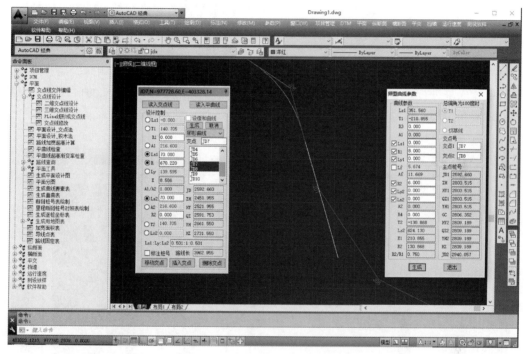

图 13-11 平面设计交点法界面

6）复型。即两个同向交点用两段半径不同的圆曲线连接。在平面设计交点法设计时选择两个同向交点，然后在交点上方对话框中选择"复型曲线"，便可以对所选交点方便地进行复型曲线设计。

7）C 形。与 S 形做法相同，不同之处为 S 形两交点偏角反方向，而 C 形为两交点同方向。

8）凸形。凸形曲线的设计要首先给定 LS1 或 A1 和 LS2 或 A2 的值，而后给定 LY = 0，这是做凸形曲线的必要条件，R 值由系统反算得到。

9）虚交。当选取的交点数目多于两个，系统认为这是虚交，会自动建立一个公共的虚交点，以供用户进行设计。

10）回头曲线。回头曲线是虚交的一种，不同的是虚交点在路线前进方向的反方向，HARD 系统会自动判断虚交中的回头曲线。

特别提示：

1）HARD 系统的平面线形设计功能为用户提供了极大的方便，当曲线设计完成后可以通过"输出文件"按钮输出平曲线文件（*.pqx），这个文件记录了设计的全过程，包括各种曲线信息、虚交点、回头曲线等。若设计没有完成，用户可以把已设计的弯道参数保存到平曲线文件中，下次可以直接读入该文件继续进行工作。

2）路线的桩号信息（包括起点桩号、断链桩号）。调入编辑好的交点线文件时，输入路线的起点桩号和断链文件，这个文件将指明断链发生的位置。当用户开始设计曲线时，系统将自动计算桩号信息，并在"输出文件"时输出到 *.pqx、*.zbb 文件中。

3）对于四级公路的设计，HARD 系统考虑了 LC 和 LS 的混合设计，原则上四级路应使用 LC 值，LC 只是超高缓和段的长度，一般在直线段上设置，其长度不计入路线长度。但是对于某些个别的弯道，用户需要设置缓和曲线 LS，其长度计入路线总长度。用户可以通过"交点法"设计界面上的"设缓和曲线"选项来针对个别的弯道进行缓和曲线 LS 的设计，这样就实现了对于同一条四级公路，缓和段 LC 与缓和曲线 LS 共同存在。

(2) 积木法　线形设计的曲线定线方法，通过线元的组合完成线形设计，一般用于立交线形的设计。HARD 系统的交点法设计和积木法设计可以互相转换，应用积木法可以对交点法的设计成果进行修改或编辑，交点法可以直观地生成利用积木法定义的曲线的交点线，两种方法交互使用，可以方便地定义立交匝道的线形设计，如图13-12所示。

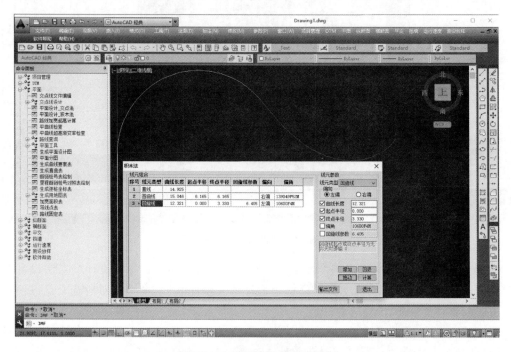

图 13-12　平面设计积木法界面

13.3.3　平曲线检查

系统依据《公路路线设计规范》对曲线设计中的参数进行检查，对违反规范的弯道指标以及相应的参数通过报告提示出来，可以方便地检查设计中的违规情况。系统只是提示违规情况，并不强行阻碍下一步的操作。

13.3.4　路线加宽超高计算

路线加宽超高计算是在平面交点设计完成后，系统依据《公路路线设计规范》自动进行路线的超高及加宽的计算。用户可以对系统自动计算的超高加宽值进行编辑修改，完成后按"确定"按钮保存成果。系统自动保存计算结果，自动输出横断面文件（*.hdm）、超高文件（*.cg）、超高图（*.cgt）文件。计算完成后点击超高图，系统自动绘制超高方式图。

13.3.5 路线查询

1）路线标注。标注桩号坐标，在界面中直观地显示出来。
2）里程桩号查询。在存在断链的情况下，可以查询桩号对应的里程。
3）法线坐标查询。可以查询路线上任意桩号法线上的坐标。
4）路线平纵横信息综合查询功能。系统提供给定桩号文件以及动态交互输入两种方式，查询路线范围内任意指定桩号点的平纵横设计数据，包括坐标、高程、横坡度等。

13.3.6 平面工具

系统提供了平面设计路线标注等功能。如对生成的平面设计图进行地物标注、等高线标注以及图形裁剪等。

13.3.7 生成平面设计图

HARD系统生成的路线平面设计图是内容最为全面的图纸。坡角线、示坡线、路幅边线、等高线、排水线、坐标标注以及曲线要素表和导线点表等一应俱全，而且由用户任意选择定制出图信息，如图13-13所示。

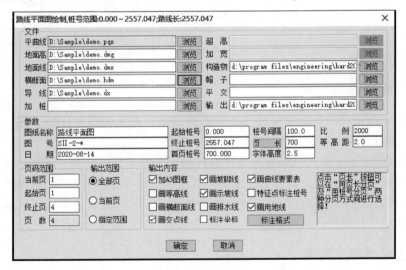

图 13-13 "路线平面图绘制"对话框

HARD系统是三维操作平台，会根据外业资料即纵断面地面高文件（*.dmg）和横断面地面线文件（*.dmx）自动生成数字化地面模型（dtm），从而自动绘制出等高线，并可使用"平面工具"中的"等高线标注"进行高程值的标注。特别需要注意的是：为使系统绘制的等高线有足够的幅面，在外业测量过程中要尽可能将横断面地面线的测量宽度大一些，这样系统根据外业资料绘制的等高线将更加趋于实际。出图时通过设定页长（如700m/

页），也可以通过点击"页长"按钮，对每页的起止桩号进行编辑，用以改变出图的页长。实现了既能指定页长又可以按桩号范围进行出图页长的控制。

通过"标注格式"，如图13-14所示，设定输出的路幅线、曲线要素表的格式等。系统依据设计习惯默认桩号标注的位置在曲线的内侧并垂直于路中线，路中线的线形默认为实线，可以通过"标注格式"中的选项对默认格式进行修改。

"标注格式"中的"旋转平移缩放"是指对分割的每张图纸进行水平旋转，使其水平布置在图框内，并依据用户设定的"横向"和"宽度"方向的比例进行比例缩放，"横向"和"宽度"方向的比例可以不同，对于低等级的公路可以适当地将"宽度"比例放大一些，这样路幅方向可以宽一些，桩号的字将不会和路幅线混在一起，使图纸版面整齐美观。

出图时可以生成当前页也可以全部生成。当选择全部生成时，系统会自动命名并逐页保存到项目管理中指定路径的dwg文件夹中。

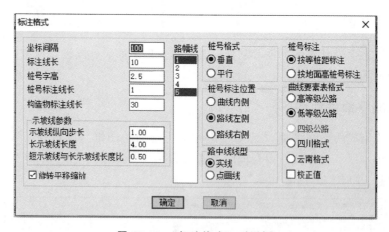

图13-14 "标注格式"对话框

13.3.8 平面分图

与"生成平面设计图"功能相同，区别在于13.3.7节地形图由DTM生成，而本功能的地形图是已经存在的dwg格式的地形图。

系统将CAD中dwg格式的地形图与路线相结合，可以完全保留原有地形图上的内容，并指定图框内地形图的绘制范围。值得注意的是：当执行平面分图命令时，参照的地形图文件在CAD中不能处于打开状态，因为打开状态的图形不可以进行内部操作。地形图的坐标一定要和路线的坐标吻合。

13.3.9 生成曲线要素表

通过左右方向的单箭头或双箭头，可以方便选择输出交点的序号，以及要素表的各种形式。

13.3.10 直曲表

根据*.pqx文件输出直曲表，依据公路等级选择是否输出坐标。对于四级公路，由于超高加宽缓和段不是在缓和曲线上完成的，所以其表格形式有所不同。

13.3.11 生成断链桩号表

根据断链（*.dl）文件生成总里程及桩号对应表。

13.3.12 生成逐桩坐标表

系统依据平面设计完成后生成的 *.pqx 文件生成坐标表，并根据公路等级或者测设的需要选取是否输出方位角。一般情况下高等级公路输出，而等级较低的公路不输出。系统可以通过设定桩号间距、加桩文件等输出用户需要的桩号坐标。

13.3.13 生成用地图表

内容：生成用地图、用地表、用地面积表、用地及青苗补偿表。

功能：根据横断面"带帽子"后生成的用地文件，生成用地的各种图表。其中"用地及青苗补偿表"将用到县乡比例文件（*.dxx）和土地分类比例文件（*.dbl）。县乡比例文件（*.dxx）和土地分类比例文件（*.dbl）可以通过"项目管理"下的专用编辑器编辑得到。

13.3.14 生成加宽面积表

系统依据加宽文件，计算生成各个弯道路面面积的增加量，为计算路面工程数量提供直观的依据。

13.3.15 生成导线点表

系统依据用户自行编辑好的导线点文件 *.dx，自动输出导线点表。

13.3.16 生成路线固定表

如图 13-15 所示，用户自行填写固定点的参数，然后单击"输出文件"，系统自动输出文件 *.jdd，并且在参数设置好之后自动输出路线固定表。

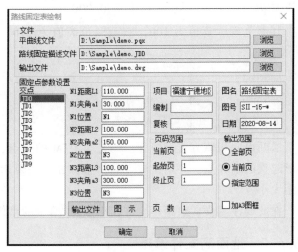

图 13-15 "路线固定表绘制"对话框

13.4 纵断面设计

HARD 系统在纵断面设计中提供交互式拉坡和竖曲线设计功能，动态显示设计中的控制参数，并可通过"航空视图"纵观全局和放大局部，使纵断面设计方便、直观、准确、合理。根据用户要求自动生成纵断面图，并可任意选择栏项、栏序及作分幅处理；根据高程设计线的位置和超高方式、加宽方式等自动生成各种路基形式的路基设计表、纵坡竖曲线表、平纵缩图、水准点表、超高计算表以及主要经济技术指标表，并且可以对工程可行性研究阶段的财务评价提供数据表格的自动计算输出等。

13.4.1 由 DTM 切纵、横断面值

功能：如果选线工作是在数字化地模即 DTM 上进行，那么在完成平面设计后可生成逐桩坐标文件（*.zbb），系统将通过这个文件中提供的桩号信息在 DTM 上插值，自动计算得到纵断面的地面高（*.dmg）和横断面地面线（*.dmx）文件，如图 13-16 所示。

可直接输入横向插值范围，也可通过文件输入，横断面插值范围文件的扩展名为*.zbj，其格式为：桩号 左范围距离值 右范围距离值，即桩号小于500.000 时，其左范围距离值为50，右范围距离值为40，桩号区间处于 500.000 ~ 600.000 时，其左范围距离值为20，右范围距离值为30，桩号区间处于 600.000 ~ 700.000 时，其左范围距离值为50，右范围距离值为50，桩号大于 800.000

图 13-16 "由 DTM 切纵断面"对话框

时，其左范围距离值为100，右范围距离值为100。

500.000	50	40
600.000	20	30
700.000	50	50
800.000	100	100

横断面的切值方式有两种：一是与 DTM 的交点，选择这种方式，系统自动判断 DTM 中地形起伏的临界点，并给出该点的信息；二是等距切值，用户可以自己给定路线横向的切值间距大小。

在此要注意横向边距不允许超出 DTM 给定的范围区域。

13.4.2 地面高文件编辑

功能：利用操作界面，交互地输入地面高，可以先调入*.zbb 文件，这样不必输桩号，为录入原始数据减少一个环节。可以通过"显示"按钮随时查看输入数据所对应的图形，在输入数据的过程中可以任意修改和插入一个桩号及其高程。通过保存得到文件扩展名为*.dmg 的文件。

操作：如果有*.zbb 文件，系统会自动调入桩号，只需输入对应的高程值，按〈Enter〉键，系统会自动跳到下一个桩号，依次输入相应的高程。如果要插入一个桩点，就将当前的桩号改成要插入的桩号并输入高程，按〈Enter〉键即可。全部输完后按"确定"按钮，得到地面高文件（*.dmg）。地面高文件也可以在海地专用编辑器中进行编辑。

13.4.3 地面高文件检查

通过此命令检查地面高文件中是否有输错的地方,系统规定两个相邻的桩号高程差大于 30m 时提示为错误,用户需在此基础上判断是否有输入错误。对于系统检查有错误的桩号,用户可查看错误报告文件,并可依据报告提示的信息通过地面高文件编辑加以修正,修正后按〈Enter〉键确定,并可通过"显示"按钮浏览结果。

13.4.4 纵断面设计控制资料

输入拉坡所需要的资料,如图 13-17 所示。

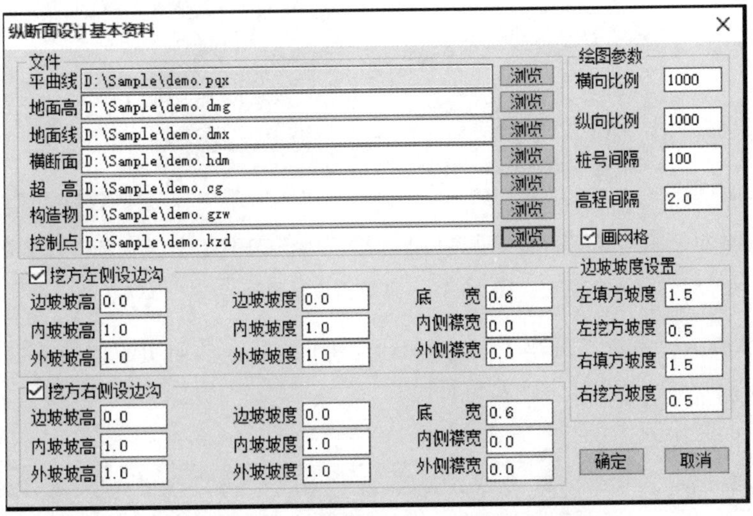

图 13-17 "纵断面设计基本资料"对话框

13.4.5 纵断面设计

HARD 系统提供动态交互式纵断面设计,用户可以自由设计也可以通过命令行的提示直接输入已经确定的参数。例如,坡度一定,系统将沿着定坡方向拉坡;或者高程一定,系统将沿着定高程方向拉坡等。纵断面设计的界面如图 13-18 所示。

用户可直接在纵断面设计窗口修改各变坡点的桩号、高程及半径,修改完成后单击"设计计算"按钮实现自动计算。

可通过单击"增加变坡点""插入变坡点""移动变坡点""删除变坡点"按钮实现增加、插入、移动或删除变坡点的操作。当对变坡点进行操作时,屏幕下方会出现以下提示:

Z:拉坡起点里程、高程。当拉坡起点的高程已经确定,可以直接输入里程和高程值,以便于定位

S:桩号

L:坡长

D:坡度

G:高程

C:高差

X:相对参考点

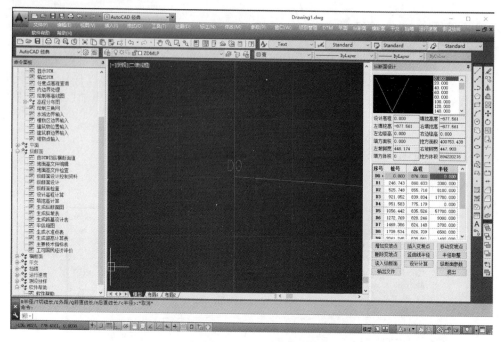

图 13-18 纵断面设计界面

如图 13-19 所示,系统在屏幕上动态地显示由于鼠标拖动而引起的所有参数变化,用户可以依据系统的动态提示进行交互式设计。

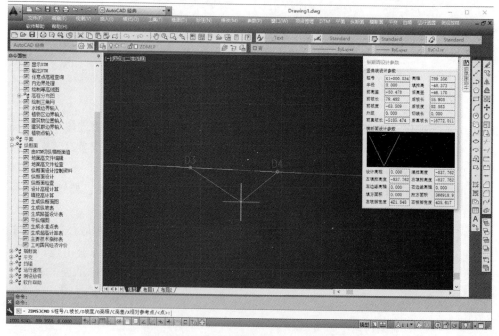

图 13-19 变坡点修改时的动态参数显示

"竖曲线半径"按钮可对拉坡线的各个变坡点进行曲线设计,系统动态显示所有设计参数,用户可以通过给定的任何已知参数进行竖曲线的设计,系统在信息窗口即时动态显示反算结果,以供设计参考。如给定半径 R 时,可自动计算外距 E、切线长 T、前直坡长 Q、后直坡长 H。

当进行竖曲线设计时,屏幕下方出现命令提示:

R:给定半径反算 E、T、Q、H
T:给定切线长反算 E、R、Q、H
E:给定外距反算 R、T、Q、H
Q:给定前直坡长反算 R、E、T、H
H:给定后直坡长反算 R、E、T、Q

当设计完成后,可单击"纵断面参数"按钮,查看设计结果。纵断面设计可以随时进行保存(*.zdm),当一次不能完成整条路的设计时,用户可以单击"输出文件"按钮保存设计。下次进行纵断面设计时,可以单击"读入纵断面"按钮将前一次保存的 *.zdm 文件打开,即可继续工作。

13.4.6 纵断面检查

系统依据《公路路线设计规范》对纵断面设计参数进行检查,并提交检查报告。可以依据检查报告对纵断面参数进行修改。对于特殊的地段,由用户自行把握。

13.4.7 设计高程计算

计算给定的批量桩点的设计高程,批量桩点可以通过"输入文件"或"输入桩号"两个按钮给出,"修正高差"是指对设计标高进行修正,如面层厚 20cm,要计算面层底面标高,修正高差输入 -0.2 即可,按"确定"按钮,可输出逐桩的标高。

13.4.8 填挖高计算

根据已设计完成的平面及纵断面数据,系统提供逐桩的填挖高度计算,以文本文件的格式输出。

13.4.9 生成纵断面图

1) 通过"标注栏设定"可以选择装配在纵断面图上要输出的栏目和顺序,并将装配方案保存下来,便于以后调用。

2) 系统默认按 A3 图框布图,纵向比例为 1∶2000,横向比例为 1∶200,每页 700m。用户可以自由定义首页图的终点桩号,这样对于首页有破桩的情况,系统可通过首页的终点桩号凑整。

3) 出图比例可自由定义,如果使用 A3 的标准图框,系统将自动依据比例计算每页的出图长度,比如纵横比例为 1∶1000 和 1∶100,那么每页长度为 350m,当纵横比例为 1∶4000 和 1∶400,那么每页长度为 1400m,以此类推。

4) 图纸各参数精度的控制通过"标注栏设定"进行定义,对标注栏中平曲线的有关内容,可以通过设置是否输出。

13.4.10 生成纵坡表

依据竖曲线设计得到的 *.zdm 文件生成纵坡竖曲线表。

13.4.11 生成路基设计表

根据高程设计线的位置和超高方式、加宽方式等,自动生成各种路基形式的路基设计表。

13.4.12 平纵缩图

系统自动将平面设计图和纵断面设计图通过该功能合并生成路线的平纵缩图。其出图比例和每页长度由用户自由定义,平面和纵断面的信息可以通过"平面图设置"和"纵断面设置"分别定义。

由于平纵缩图一般使用比较小的比例出图(如 1:50000),所以对于平纵缩图,一般输出的内容要比单独的平、纵断面设计图简略。

13.4.13 生成水准点表

依据水准点文件生成表格。水准点文件的录入可以通过"项目管理"下水准点文件的专用编辑器进行编辑。

13.4.14 生成超高计算表

依据超高、横断、纵断文件生成反映各弯道超高变化的综合表格,便于施工放样。

13.4.15 主要经济指标

输出项目的平面、纵断面及路基填挖等各项主要技术指标。设计的主要经济指标有:

1) 平曲线。路线总长(km)、平均每公里交点数(个)、平曲线最小半径(m/个)、回头曲线(个)、回头曲线最小半径(m)、平曲线长占路线总长的百分比(%)、直线最大长度(m)。

2) 竖曲线。最大纵坡(%/m/处)、最短纵坡长(m)、竖曲线占路线长的百分比(%)、平均每公里纵坡变更次数(次)、竖曲线最小半径(凸/凹)(m)。

3) 路基。平均填土高度(m)、最大填土高度(m)、最小填土高度(m)。

系统根据这些计算结果自动编制输出主要经济技术指标表(Excel格式)。

13.4.16 工程国民经济评价

HARD 系统自动计算输出工程可行性研究报告财务评价的各种表格及计算结果,如图 13-20 所示。

本功能可以独立使用,按照界面上的中文提示要求给定基本数据,并进行"土地补偿费计算"等前期计算过程,最终输出经济评价表。

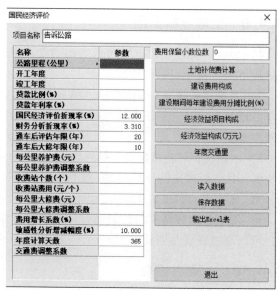

图 13-20 "国民经济评价"对话框

13.5 横断面设计

HARD 系统的横断面设计适用于各等级公路和城市道路。系统通过交互式的定义方法对路线分段定制路拱、边坡、排水沟、截水沟、挡土墙的形式和尺寸，以及扣除路槽、清理地表的数量、超挖的定制、填方换填的定制及路基包边土的土方量计算，根据设计规则自动完成各桩号的戴帽子工作。系统提供了一系列查询、编辑、修改各桩号的横断面图和设计参数的工具，可以方便地浏览各个断面，并对不合理的帽子进行交互式修改。系统还提供自动布图、自动计算填挖面积、自动进行全线土石方调配、自动生成土石方表、自动生成三维全景模型图及透视图，并为生成动态仿真图提供数据。

13.5.1 地面线文件编辑

通过操作界面交互输入外业测量所得的横断面资料，在输入之前先要调入 *.dmg 文件，以便于纵横断面资料的配合。

如图 13-21 所示，通过交互式界面输入横断面外业测量资料时，用户应首先选择地面线的输入格式，即平距和高差是相对还是绝对。例如，利用抬杆法测量的横断面地面线，其地面线格式为平距相对、高差相对，即各点的距离和高差值均是相对前一个点而言；然后对应纵断面地面高桩号输入左侧的平距，输入高差，当输完左侧数据连续按两次〈Enter〉键，系统自动跳到右侧，当右侧也输完后，连续按两次〈Enter〉键，系统自动跳到下一个桩点，全部输完后单击"存储地面线"按钮保存退出。用户也可以在 Windows 提供的文档编辑器中编辑 *.dmx 文件，但要注意文件路径及扩展名的正确性。

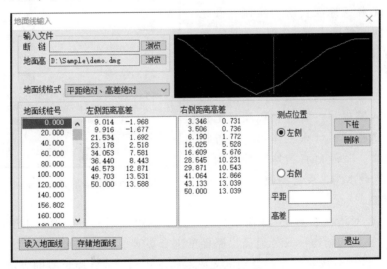

图 13-21 地面线输入对话框

13.5.2 地面线文件检查

检查输入的横断面地面线数据文件是否存在错误，对于平距和高差不成对、地面线文件未被地面高文件包含的桩号，系统将判断并形成错误报告文件，用户可以参考并修正错误。

13.5.3 基本资料

调入横断面设计所需要的资料。在这里可以输入桩号范围，换句话说，可以分段进行横断面设计。另外，如果路线全线的用地加宽（坡角线以外的用地宽）相同，可以不用填写用地加宽文件，而是通过操作界面上的用地加宽窗口直接输入加宽数值。

地质台阶文件一般不是手工填写的，它是在"帽子定制"中定制了"开挖地质台阶"，经戴帽子后自动生成的，对于生成的台阶文件，用户可以进行编辑修改，编辑修改后保存，并重复"基本资料"后戴帽子。

指定挡土墙规范数据文件，系统提供了四套挡土墙的规范数据，用户也可以自己定义规范数据文件，但其格式必须符合系统指定的格式，用户可以在系统提供的数据基础上进行修改，并换名存储。

帽子定制文件在项目首次调横断面基本资料时没有，只有进行了"帽子定制"之后才有。

对于制作三维仿真的用户，一般弯道需要加密，用户可以对弯道进行加密并戴帽子，将生成的帽子文件提交给海地三维仿真系统。

13.5.4 帽子定制

通过交互方式定义"标准帽子"，可以任意分段进行定制。

帽子定制的内容共有 10 项，用户根据需要定义其中几项，HARD 会将每个分项的定制通过文件保存起来，以便随时调用修改。对于标准帽子，如图 13-22 所示，还有 4 个选项需要选择：①开挖地质台阶的定制，开挖条件是填方地面的斜度大于 n%时，n 值一般为 20；②填方排水沟及挡水埝的面积是否计入路堤里，有些工程项目把这两项当作附属工程，不计入主体；③挖方截水沟及挡水埝的面积是否计入路堤里，有些工程项目把这两项当作附属工程，不计入主体；④设置挖方截水沟的条件，一般只有当地面的坡向指向路基，才设置截水沟，反之不设。

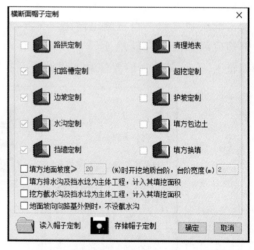

图 13-22 "横断面帽子定制"对话框

1. 路拱定制

"路拱定制"对话框如图 13-23 所示。定义路拱的组成形式，一般城市道路用得多一些（如城市道路三块板的结构、人行道高出路面的部分就要在这里定制）。系统可以将整段路按照不同的桩号区间分成若干段，分别定义成不同形式和尺寸，路拱号的界定是路幅从左向右依次为 1、2、3…。定制完成后系统会在横断面图中显示出来。对于公路的一般情况，如果没有高出路面顶的台阶部分，该项定制可以不设定。

2. 扣路槽定制

土方计算时要扣除路面结构的部分。"扣路槽定制"对话框如图 13-24 所示，单击"增加"按钮，调入区间范围的桩号，然后针对每段路幅定义扣除的深度，定制完成后单击

"确定"按钮。

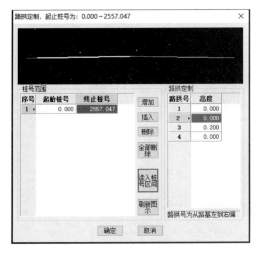

图 13-23 "路拱定制"对话框

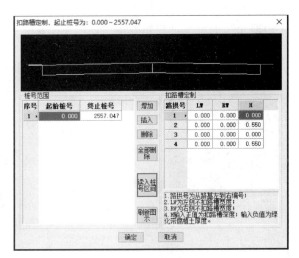

图 13-24 "扣路槽定制"对话框

3. 边坡定制

边坡分为填方左、右边坡和挖方左、右边坡。可根据设计习惯定制几种填、挖边坡方案保存起来，对于不同的路段通过"读入参数设置文件"调用不同的方案。

系统通过"当剩余坡高>某数时增设一级边坡"来控制坡高大于多少时设置多级边坡。在分段参数中，如果坡高、坡度、宽度这三项参数均相同的情况下，用户可以只定制一行的数据，系统会自动计算分级级数，加上"当剩余坡高>某数时增设一级边坡"的控制条件，如路基坡高度为 14.4m，分级的坡高为 6m，这时候加上"当剩余坡高>2m 时增设一级边坡"条件，系统会自动将级数分为 3 级，最后一级的边坡高度为 2.4m。

下面以填方左边坡定制为例，说明边坡定制过程和方法。"边坡定制"对话框如图 13-25 所示。

第一步：单击"增加"按钮输入区间的起始桩号，系统默认的区间为从起点到终点，接着单击"确认"按钮。

第二步：定义边坡的"分段参数"，也就是定义多级边坡形式，一般对高填路段为保证填方的稳定而设，系统默认的坡度为 1∶1.5。当坡高>6m 时设一横台或称为护坡道，宽度默认为 1m，如果无须分段，就设置第一段坡度参数即可，系统自动放坡到地面。对于多级边坡，用户可以在护坡道上设置水沟，通过"水沟形式"可以选择设和不设，以及水沟的浆砌形式和尺寸，接着单击"确认"按钮。

第三步：边坡防护，系统提供了多种边坡防护形式，用户可以选择并定义尺寸，定制完成后，单击"确认"按钮。

完成填方左边坡定制后，可单击"填方右边坡""挖方左边坡"和"挖方右边坡"选项卡，进行相应的定制。

填方右边坡、挖方左边坡和挖方右边坡的定制方法同上，有些形式的尺寸比较烦琐，用户可以保存成方案，定制的时候直接调入方案，可以节省很多时间。当完成整条路范围的填、挖方边坡的定制后，按"确定"按钮完成边坡的定制。

4. 水沟定制

水沟定制分为填方排水沟、挖方边沟及挖方截水沟的定制。下面以填方左排水沟的定制来说明水沟的定制过程和方法，如图 13-26 所示。

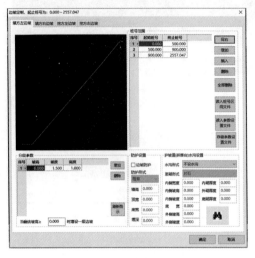

图 13-25 "边坡定制"对话框

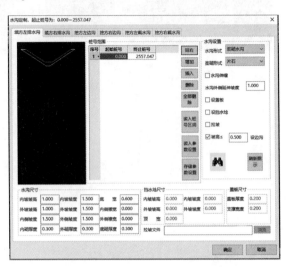

图 13-26 "水沟定制"对话框

第一步：单击"增加"按钮定义区间，输入桩号范围，系统默认从起点到终点。

第二步：选择"水沟形式"定义沟的形式及浆砌材料，水沟形式有土水沟和内（外）浆砌水沟（内砌水沟的砌石厚度不包含在路基中，而外砌的砌石厚度包含在路基中）。"水沟外侧延伸坡度"指水沟外侧坡根据地面线的变化进行伸缩的坡度，以使得面积封闭，通常该坡度值和水沟的外坡度相同，但矩形沟一般使用不同的坡度值。浆砌水沟顶可以加设盖板，盖板尺寸由用户定义。水沟外侧可以设置挡水埝。排水沟可以对沟底进行拉坡，拉坡文件可以通过"横断面"下的"排水设计图"进行设计，其格式为 *.zdm；可以针对小填方的情况设置边沟，即将小填方的情况作为挖方处理，如系统默认当填方高 <0.5m 时设边沟。

第三步：定义"水沟的尺寸"，水沟的形状通过"水沟尺寸"来设置。尺寸说明如图 13-27 所示。内、外襟边指的是水沟距两侧沟槽的距离。当完成上述三个步骤的定制后，单击"确认"按钮保存，可以在图形预览区看到已定制的形式。

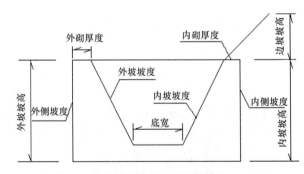

图 13-27 水沟尺寸说明

挖方边沟、挖方截水沟的形式同上。当全路段水沟定制完成后单击"确定"按钮完成水沟的设置。

5. 挡墙定制

以左下挡墙为例说明，如图 13-28 所示。

1) 单击"增加"按钮，输入区间的桩号范围并选择挡墙的形式，输入设挡墙的控制条件"填高>多少时设挡墙"。

2) 给定本段挡墙起点桩号处的填土高度（挡墙顶到路基边缘的垂直高度），终止桩号处的填土高度。系统以填土高度值来确定挡墙是路肩墙还是路堤墙，当填土高度=0，则为路肩墙，否则为路堤墙。

3) 基础的埋深（基础顶面到墙外面坡与地面线交点的垂直高度）在挡墙定制中非常重要，它是确定挡墙尺寸的重要参数。

4) 定位点指路基最外边的点或边坡与挡墙的交点，系统通过定位点"距墙顶外侧平距"来设置挡墙的位置。一般路堤墙的平距为墙的顶宽，这样墙顶的内边缘和路基边坡正好衔接。路肩墙的平距为0，这样墙顶的外边缘和路基边缘点正好衔接，而墙顶置于路基里。

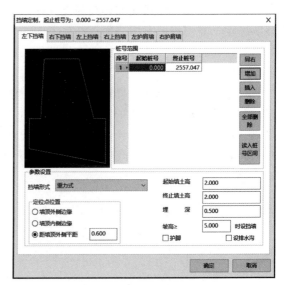

图 13-28 "挡墙定制"对话框

5) 挡墙的外侧可以设置水沟，形式和尺寸的定义在"水沟定制"中完成，其位置如果有沟底拉坡，系统将按照沟底高程设置；如果没有沟底拉坡，将紧靠挡墙放在地面以下沟深处，水沟与挡墙的距离通过"水沟定制"中的"内襟边"来设定。

6) 系统提供"护脚"设定。护脚不同于挡墙，护脚通常是定埋深和定墙高，并且定位是从下向上定，而挡墙一般是从上向下定，所以本系统护脚和挡墙分开定义。

帽子定制中的挡墙定制一般常用于初步设计或者不需要进行挡墙计算和详细出图的时候。如果要对挡墙进行详细的计算和出图，系统有单独的挡墙模块进行操作。另外自定义的挡墙，用户可以打开\Hardsoft\support目录下的挡墙数据文件（*.dq）自行编辑。

6. 清理地表定制

由于某些填挖方地段的表土不能直接在其上进行填挖方，故需要清理，用户需要给定桩号范围，清理地表区间参数，系统会将其清理，并给出选项是否"直接弃方"，直接弃方指清理的弃土不能作为填方利用，作为挖方直接弃掉，如淤泥路段。

当全部定制完成后，保存一个完整的帽子定制（*.mdz），后期可以随时将其调入并进行修改。因为戴帽子和帽子定制工作可能需要多次反复。

7. 超挖定制

"超挖定制"对话框如图 13-29 所示。用户给定桩号范围及超挖区间参数，先单击"桩号范围"选项组中的"增加"按钮给定桩号范围，再单击"超挖区间参数设置"选项组中的"增加"按钮给定区间参数，然后单击"确认"按钮确认桩号分段，最后单击"确定"按钮。该项定制主要用于城市道路或公路的改建

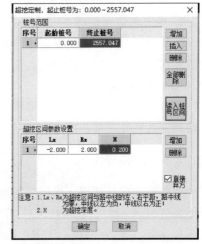

图 13-29 "超挖定制"对话框

工程，如改建工程中原路面的标高与设计标高间的高差不够铺筑一层路面结构厚度或一层土的压实厚度，需要将原有旧路面标高以下的部分挖除，以满足做结构层的厚度要求。参数设定好后系统将自动计算处理表格并在横断面图中显示。

8. 护坡定制

护坡定制主要用于坡面修筑护坡。"护坡定制"对话框如图 13-30 所示，可分别定义左侧护坡与右侧护坡。以左侧护坡为例，对话框的左下角给出了左侧护坡的示意图。先输入桩号范围，系统默认从起点到终点；再给定起始断面与终止断面的坡面参数；然后对护坡及护脚的材料进行选定，系统给定了块石、片石及混凝土三种材料；最后单击"确定"按钮，完成定制。

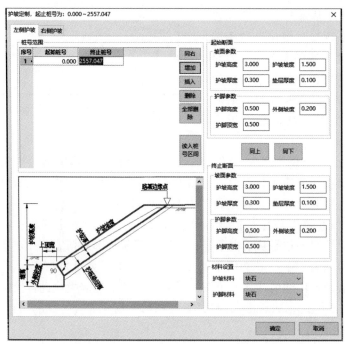

图 13-30 "护坡定制"对话框

9. 填方包边土定制

主要用于石方路基填方，用户给定左右侧桩号区间及包边土宽度，系统会自动计算处理表格并在横断面图中显示。

10. 路基换填定制

主要用于改建工程中的补坑槽或新建道路的不良路基处理。给定换填区间参数，系统会自动计算处理并在横断面图中显示。

13.5.5 戴帽子

按照有关设计规则完成帽子和地面线的结合，在此过程中系统会自动计算并生成横断面帽子文件（*.mz）、坡角线文件（*.pzx）、占地文件（*.zd）、模型边界（*.plg）、沟底高程文件（*.sg）等。HARD 系统将横断面图保存在 *.mz 中。

戴帽子过程可以通过"显示帽子"的选项进行选择。"显示"比较慢，一般不需要显示。在戴完帽子后务必备份 *.mz 文件，以防数据丢失造成不必要的麻烦。

13.5.6　帽子浏览

当完成戴帽子的工作后，HARD 提供了非常方便地浏览工具。如图 13-31 所示，可以通过设定"查询条件"查看横断面的各种信息，并且可以通过存储功能，将查询结果保存下来。例如，可以按标段查询并且按标段保存，这样在后续的工作中就可以按标段进行土石方调配，按标段累计土石方数量、按标段布图等，查询结果依然是帽子文件（*.mz），但这只是整个大帽子中的一段小帽子而已。帽子浏览功能为用户提供了每个横断面的所有相关参数，便于了解各个断面的填挖、标高等情况。

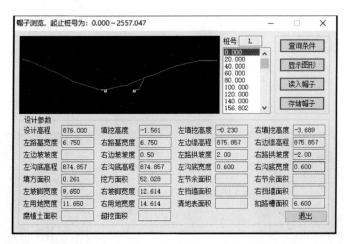

图 13-31　"帽子浏览"对话框

13.5.7　交互修改与帽子合并替换

1. 交互修改

当完成"戴帽子"后，可以通过"帽子浏览"对各个断面进行检查，对不符合设计要求的断面需要进行处理。如果一个区间不符合要求，可转回到"帽子定制"对标准帽子进行修改，然后重新"戴帽子"，这样可以批量完成修改。如果通过以上修改还有个别断面存在问题，系统提供了交互修改功能，HARD 提供了能修改横断面任意位置的工具箱，如图 13-32 所示。修改的内容包括边坡、水沟、挡墙、占地宽度、填挖面积等，修改完一个断面后单击"重算"按钮，系统将更新这个断面，修改的结果可以通过"图形区"得到浏览。当修改完全部有问题的桩号后单击"确定"按钮，系统将更新与横断面有关的全部数据文件。

2. 帽子合并替换

如图 13-33 所示，首先读入源帽子，选择要替换帽子（更改相关平纵横资料之前需要保留不变的桩号）的桩号，进入目标帽子，然后存储（要注意帽子文件名的定义，不要覆盖原有的帽子，如"111.mz"文件）；在进行更改相关平纵横资料之后重新戴帽子，再次执行该命令，先读入源帽子即重新戴帽子后的帽子文件，选择所有桩号进入目标帽子框，再次读入 111.mz 文件，选择桩号进入目标帽子框，单击"存储"按钮，这时候的帽子文件就是更改之后的最终帽子文件。

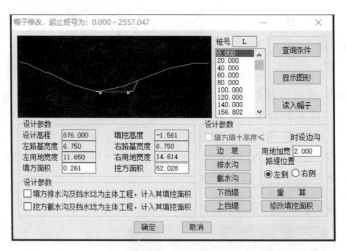

图 13-32 "帽子修改"对话框

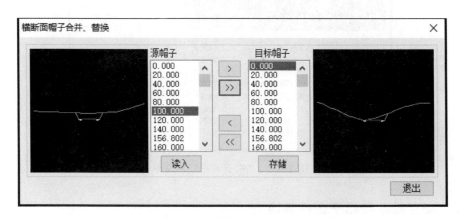

图 13-33 "横断面帽子合并、替换"对话框

13.5.8 土石方基本资料

HARD 系统提供了完全智能的土石方计算、调配、表格输出功能，如图 13-34 所示。系统提供的自动化调配功能可以完全实现各种复杂情况的调配，自动完成运距内的调配及远运、借方、弃方的调配，调配过程中充分考虑了不可跨越桩及直线运输等现实存在的问题。

调入横断面成果帽子文件（*.mz），通过起、终点桩号的设定，可以分段进行调配，设定相应的参数，如土石松实系数、体积计算法、最大及免费

图 13-34 "土石方调配基本资料"对话框

运距等。

不可跨越桩号文件（*.bkz），需要用户根据实际情况进行填写。如某路段范围是桥梁，在没有修便桥时无法对桥两侧的土方进行调配，这时就需要将不可跨越位置的起、止桩号填入文件。

执行这一步操作前必须先准备好挖方土石比例文件。

13.5.9 土石方调配计算

1. 动态土石方调配

根据调入的土石方基本资料，系统自动计算逐桩的土石方填缺和挖余数量并输出调配曲线，曲线横坐标为桩号，纵坐标为土石方累计量（调配曲线上点的切线斜率为正表示该位置有挖余，反之为填缺），桥位处由于无土石方量故为水平线。系统提供自动调配和手工调配方法（见命令行的提示），调配完成后输出调配成果文件（*.tp）。

1）动态的土方调配是 HARD 系统提供的极为方便实用的工具。

2）调配曲线，系统自动依据设定的调配约束条件计算出调配平衡点桩号，通过字母"S"存储调配成果文件（*.tp）。如果进行手动调配，需要通过字母"D"定基线，也就是从哪点开始调，按〈Enter〉键来确定，然后通过小键盘上的左右箭头（或数字 4 和 6 键）来移动十字光标，当调配曲线在十字光标所到处变为红色，表示调配基线找到了平衡点，可以按〈Enter〉键来确定这段调配区间，也可以继续按"6"向前，跳过这个平衡点。当全部调配完成后按〈S〉键输出成果文件 *.tp。

2. 远运、借方及弃方文件的生成

系统自动计算出最大运距以内调配之后各路段的填缺及挖余数量，如图 13-35 所示。系统首先对大于最大运距的挖余土石方进行调配，单击"自动调配"按钮，系统完成远运方的调配，用户可以对远运方的调配结果进行修改。如果修改了远运方的数量，那么借方和弃方文件也将发生变化，可以单击"借方弃方"按钮重新获得借方和弃方的数量。注意，借方和弃方的运距系统默认为 1000m，而实际情况完全可能不是 1000m，用户要依据实际情况来逐段给定其运距。而借方需从道路以外的地方运来土、石或者其他（如煤渣等）材料，所以用户需给定该外运材料的松实系数，以便于计算压实方面积。最后单击"确定"按钮得到需要的三个文件，用来生成土石方数量表。

3. 调配后土石方填缺挖余分布图

通过此图可以清楚地得到最大运距范围内调配之后的道路沿线土石方填缺和挖余数量。用户可以根据此图填写远运方文件（*.yyf）、借方文件（*.jf）和弃方文件（*.qf）。

1）远运。最大运距范围的土方调配完成后，挖方处的挖余量调到大于最大运距（系统默认 500m）的填缺处称为远运。

2）借方。填缺处的土方来自路线以外，如来自路线以外取土坑的数量称为借方。

3）弃方。当调配、远运利用之后剩下的土石方数量需要弃掉，这部分土石方量称为弃方。

用户手工填写上述三个文件一般比较难，所以系统在以下功能中通过自动调配来完成远运、借方和弃方文件的生成。

图 13-35 "土石方远运、借方、弃方文件生成工具"对话框

4. 生成土石方表

1) 生成土石方计算表、逐桩土石方数量,如果进行了调配系统将自动完成。

2) 公里土石方计算表、每公里土石方数量计算表,每公里进行合计。

3) 每公里土石方运量、运距表,HARD 系统依据《公路概预算定额》等将运距划分为 20m 以内、20~100m、100~500m、500m 以上四个等级,此表将反映公里的运距和运量,为公路概预算提供依据。其中运距项为加权运距。

4) 生成每公里土石方表,系统按整公里统计数量。

5) 生成土石方汇总表,系统将按照用户给定的区间文件(*.qj)进行统计成表,如可以按照标段进行,利于造价预算工作。

13.5.10 横断面布图

首先应调入 *.mz,然后设定绘图的比例,HARD 提供任意的绘图比例。设定绘图时的标注内容,其内容可以根据不同地区和单位的设计习惯确定。如图 13-36 所示,在"横断面布图"对话框中,可调整绘制图纸网格(网格可以是单个断面网格也可以是整个 A3 幅面的厘米网格)等。当设定了上述内容后,单击"页数"按钮,系统会根据用户的设置模拟布图并计算页码,用户确定输出页码的范围,然后单击"确定"按钮,系统自动完成图纸输出,并将图纸保存到项目指定的位置。

13.5.11 路基标准横断面图

根据项目管理中定义的标准横断面信息,系统自动输出路基标准横断面图,包括典型的填方断面、挖方断面、填挖断面,如图 13-37 所示。

第 13 章 公路优化设计系统 HARD

图 13-36 "横断面布图"对话框

13.5.12 输出水沟沟底高程

系统为排水设计提供的参考资料，文件格式：

桩号　左侧高程　右侧高程

如果高程为 9999.000，则表示此处没有设水沟。用户也可以参考沟底高程图形进行排水设计。

系统输出的内容还包括排水沟沟底高程图和截水沟沟底高程图。

13.5.13 生成排水设计图

具有两个功能：对于未进行排水设计的，此图可以指导用户进行排水设计；对于已经做好排水设计的，可以输出排水设计成果图。排水设计文件为 *.zdm，格式与纵断面拉坡文件一样，不同的是排水设计文件体现的是排水沟底的纵断面，用户在设计的不同阶段使用本图可以起到不同的效果。

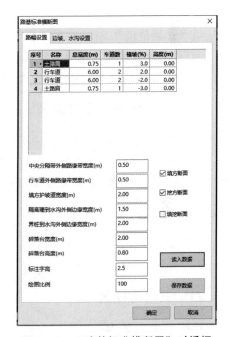

图 13-37 "路基标准横断图"对话框

13.5.14 边坡面积表

生成边坡面积，为防护的计算提供基础数据。边坡长度值采用路基边缘的长度，长度计算为精确计算。

13.5.15 路面高程表

生成路面横断面各个变化点的高程。

13.5.16 路基边坡高度表

输出路基边缘处距原地面的填挖高度，方便为防护设计提供基础性数据。

13.5.17 坡脚、坡口宽度放样表

输出坡口、坡脚的坐标和高程，有助于放样的精确性，避免开挖的浪费。

13.5.18 路基防护工程数量表

（1）水沟防护工程数量表 针对帽子定制时设定的水沟尺寸、形式及材料，生成水沟的工程数量表。水沟防护工程数量表的内容包括浆砌边沟、浆砌排水沟、浆砌截水沟、护坡道或碎落台上的浆砌水沟，以及水沟上盖板的工程数量。HARD系统提供"片石""块石"和"混凝土"三种浆砌形式，每种形式均可以定义它的组成材料及各种材料比，系统根据圬工体积总量及材料比计算各种材料的数量。

（2）边坡防护工程数量表 针对帽子定制中设定的边坡防护，输出防护数量表。各种防护形式可以使用不同的材料，并可以自由设定"材料名称"和"材料单位"。其中"单位数量"和"计量单位"表示一个计量单位此材料所占的比例。如"植草"的材料是"草皮"，它的"单位数量和计量单位"是"1"和"m^2"。

（3）挡墙防护工程数量表 针对帽子定制中设定的挡墙，输出其工程数量表。

13.5.19 路基处理工程数量表

该项功能包括地质台阶面积表、超宽碾压数量表、清理地表每公里数量统计表、路基超挖每公里数量统计表、扣路槽每公里数量统计表、绿化带种植土每公里数量统计表、路基包边土每公里数量统计表、路基换填每公里数量统计表。

13.5.20 涵洞表

对于初步设计，用户可以根据*.gzw文件生成涵洞表，系统自动计算涵洞长度，并在填方计算中扣除涵洞所占的土方量。

13.5.21 三维透视图

选择桩号生成透视图，如图13-38所示，系统可以同时生成多张透视效果图。HARD还具有全景透视图漫游功能，可在CAD操作平台上实时观察路线设计情况，如图13-39所示。

13.5.22 为HARD 3D系统输出模型文件

根据横断面设计结果为海地三维仿真系统HARD 3D输出所需的模型（*.mx）

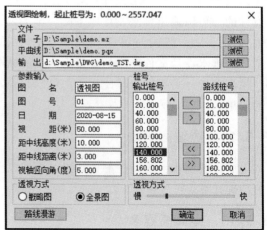

图13-38 "透视图绘制"对话框

第13章 公路优化设计系统 HARD

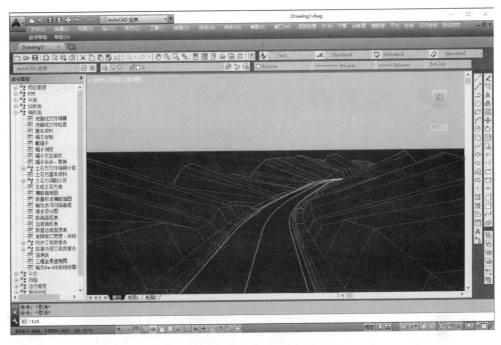

图 13-39 三维全景透视漫游效果图

文件，该文件可直接被 HARD 3D 系统调入并生成全三维仿真动画。在输出 ∗.mx 文件的同时，系统还可生成在 3DS 或 3DMAX 中进行三维动画制作的 3D 模型。

13.6 挡墙设计系统

挡墙设计系统用于完成系统中挡土墙的设计、验算及成图功能。挡墙设计的数据来源于系统平面设计结果文件 ∗.pqx 及横断面设计结果文件 ∗.mz。因此，挡墙设计和路线设计有着直接的数据接口，用户不必在挡墙设计过程中填写烦琐的数据，直接读取路线设计的成果文件即可。挡墙设计完成后系统自动更新与横断面有关的所有信息，包括 ∗.mz、∗.pdx、∗.zd 等相关文件。

13.6.1 基本资料

如图 13-40 所示，挡墙设计需要两个基本数据文件 ∗.pdx 和 ∗.mz。挡墙设计文件（∗.dq）是挡墙设计完成后系统自动生成用于存储设计结果的文件，对于已经设计过的挡墙，可以通过这个文件调入，便于进行修改或者出图。

13.6.2 挡墙设计

图 13-41 所示为"下挡墙设计"对话

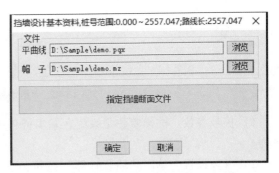

图 13-40 "挡墙设计基本资料"对话框

框，在其中输入基本参数后单击"挡墙断面设计"按钮，弹出图 13-42 所示"挡墙设计"对话框。

图 13-41 "下挡墙设计"对话框

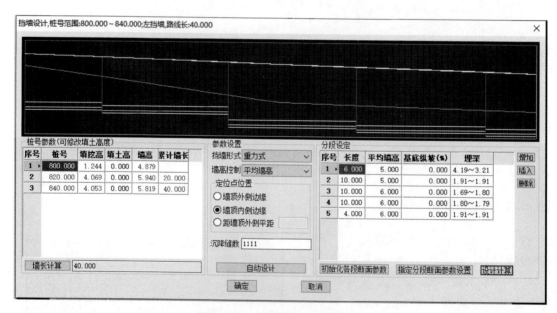

图 13-42 "挡墙设计"对话框

1）桩号参数。桩号参数是系统在基本资料中得到的，用户可以在这里修改挡墙的填土高度。

2）参数设置。单击"墙长计算"按钮，系统会计算出在所确定的桩号范围内挡墙的长度，墙长计算考虑了加宽、缓和曲线、填土高度的变化、圆曲线等因素的组合影响。选择挡墙的形式并设定在设计过程中使用平均墙高还是最大墙高进行墙高控制。沉降缝墙段数表示整个挡墙的沉降缝分成几段，以及每段设几个错台。

3）分段设定。单击"增加"按钮设定第一段墙的墙长、墙高，对于重力式挡墙还要设定台阶的数量。单击"确定"按钮进入第一段墙信息窗，这时可以单击"断面参数"按钮修改挡墙尺寸和基础参数。单击"设计计算"按钮，这段墙被显示在图形窗口里。接下来可以继续单击"增加"按钮进入第二段墙的定制。系统提供了"自动设计"功能，根据"桩号参数"等控制条件自动计算各个"分段参数"。自动设计可以很有效地控制基础埋深。

4）输出。完成全部的分段设定后单击"确认"按钮，系统输出挡墙设计的结果，以便于下次调用或修改，文件名为 *.dq。该文件的另一用处是在整条路各段挡墙设计完成后输出"挡土墙工程数量汇总表"。系统同时输出 *.mz、*.pjx、*.zd、*.plg、*.sg 等文件，这是由于设计了挡墙后，帽子的参数发生变化而引起这些文件的相关内容发生变化，如占地宽、填挖方数量等，通过输出这些文件完成关联的修改。由此可见，挡墙的设计和路线横断面设计密不可分，任何把挡墙设计和横断面设计分开的系统所设计的结果都是不精确的。

13.6.3 挡墙验算

设计完挡墙后，验算挡墙是否满足力学要求。系统会根据验算参数，自动计算出挡墙的各项结果，包括抗滑稳定系数、抗倾覆稳定系数、基底应力等，如图 13-43 所示。同时系统将图文并茂地输出验算结果，使用户一目了然。

图 13-43 "挡墙验算"对话框

13.6.4 挡土墙绘图

1）绘图参数设定。用户可以设定出图的比例、字号大小、每页输出的墙长等。对于输出的图形文件，系统依据"项目管理"中定义的文件名自动定义，用户可以参与。对于同项目中各段挡墙，用户需注意文件名不要重复，如图 13-44 所示。

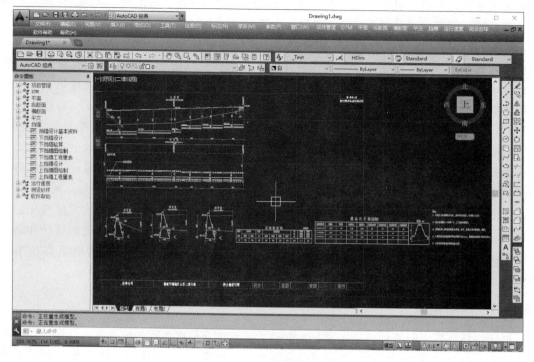

图 13-44 "挡土墙绘图"界面

2)附注。用户可以参与修改附注内容并保存成文件。

3)输出内容。系统可将挡墙内容分开或全部输出,系统依据比例关系设定页长,用户可以输出全部页也可以输出任意页。此处为常规的 Windows 操作风格。对于输出的尺寸单位,用户可以选择 m 或 cm。系统默认挡墙的两端设有锥坡,如果实际中没有锥坡,可以通过"画锥坡"选项将其去掉。

13.6.5 生成工程数量汇总表

根据各段挡墙设计后生成的 *.dq 文件,系统会自动查找文件名相同的文件进行防护工程数量的汇总。

挡墙的数据文件在系统安装目录下\support\ *.dq 文件中,用户可以根据实际断面尺寸修改并保存,计算与出图时系统会自动调用修改后的挡墙文件。

13.7 平交设计

HARD 系统的平交设计功能,充分体现了海地系列软件的可视化交互设计的特点,以及共享路线主线的数据所带来的方便,可以简单直接地进行平面交叉口的设计工作,设计过程一目了然,成果图文并茂。

第一步:单击"主线资料",弹出图 13-45 所示对话框,主线信息都已经存在的话再单击"确定"按钮,将主线的平纵横信息读入。

第二步:选择"平交设计",出现"平面交叉口设计"对话框,如图 13-46 所示。系统提供 T 形和十字形交叉两种选择。

第三步：依次填写"交叉口名称""交叉点桩号""被交线长度""交角""交叉口转角半径""被交线边坡坡度"。

1）交叉口名称。更好地识别该桩号处平面交叉口位置所在地的信息。

2）交叉点桩号。指主线的平面设计线与被交到的平面设计线的交叉点位置处主线的桩号及被交线的桩号。对于 T 形交叉，交叉点位置被交线桩号可以定为零，即被交线的桩号排序是从该位置开始往外发散。对于十字形交叉，交叉点位置被交线桩号应该是

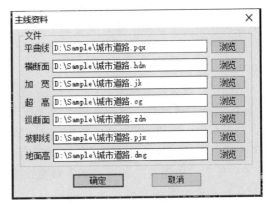

图 13-45 "主线资料"对话框

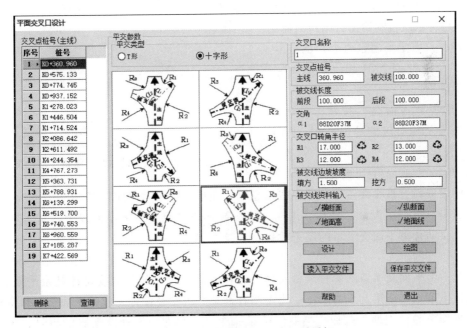

图 13-46 "平面交叉口设计"对话框

介于被交线起点与终点之间，里程值等于前段长度。

3）被交线长度。以 m 为单位。对于 T 形交叉，被交线长度是指在被交线上交叉点至被交线另一端之间的长度。对于十字形交叉，前段长度是指被交线起点至交叉点间的长度，后段长度是指交叉点至被交线终点间的长度，系统只允许被交线是直线段的情况。

4）交角。输入方式如 45°45′45″应输成 45d45f45m。对于 T 形交叉输入的交角值应是交叉点处主线平面设计线前进方向的法向与被交线平面设计线间所夹的锐角，对于十字形交叉输入的交角值应是交叉点处主线平面设计线前进方向的法向与被交线平面设计线前进方向两端间所夹的锐角 a1 及 a2（具体见界面中的图例）。

5）交叉口转角半径。以 m 为单位。T 形交叉应输入 R1、R2 值；十字形交叉应输入 R1、R2、R3、R4（具体示意见界面中的图例）。在 R 值的输入框右侧，单击进入可以动态

地进行半径大小的调整，在平交倒角半径调整界面中半径值输入框的右侧移动上下指针，可以增大或者缩小半径值，或者用键盘上的上下移动键来调整半径的大小。

6）被交线边坡坡度。填方边坡如为1∶1.5，应输入1.5，挖方边坡如为1∶0.3，应输入0.3。

第四步：被交线资料输入。

1）单击"横断面"按钮，输入被交线横断面的信息（宽度以m为单位，坡度以%为单位，左正右负，如横坡度为2%应输入2，横坡度为-2%应输入-2），单击"确定"按钮。对于十字形交叉，包括前段及后段的横断面信息。

2）单击"纵断面"按钮，输入被交线纵断面的信息。对于T形交叉，起点、终点桩号及起点的高程值系统自动给出，用户只需给出变坡点（只限定一个变坡点）的桩号、高程、半径及终点的高程；对于十字形交叉，起点、交叉点桩号、高程及终点的桩号系统自动给出，用户只需给出变坡点（只限定不超过两个）的桩号、高程、半径及终点的高程，如图13-47所示。

3）单击"地面高"按钮，输入被交线的桩号及相对应的地面高程，单击"确定"按钮。

4）单击"地面线"按钮，输入被交线地面线资料，被交线逐桩的地面线信息输入完毕后单击"确定"按钮。

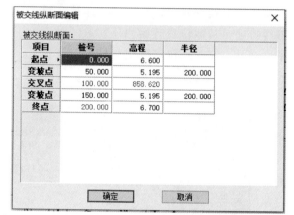

图13-47 "被交线纵断面编辑"对话框

第五步：单击"设计"按钮，出现平交参数查询界面，系统根据以上主线及被交线的资料信息自动计算平面交叉口的结果数据，在这个界面中可以查询，查询完毕单击"退出"按钮。

至此一个平面交叉口的资料准备及设计工作就完成了，如果继续设计其余平面交叉口，则重复以上第二步至第五步的操作。当需要查询某一个已经设计完成的平面交叉口资料，可以单击界面中的"查询"按钮。当要删除某一个平交口时，选择要删除的桩号，单击该界面中的"删除"按钮，此时该桩号的所有信息将被删除。若只设计一个平面交叉口，则往下执行第六步操作。

第六步：单击"保存平交文件"。这一步是在设计完所有平面交叉口之后，将本项目平面交叉口的所有原始资料数据及结果输出数据保存在一个平交文件（*.pj）中，便于重复打开平交设计时的数据准备及修改工作。如果后期需要打开该项目的平交设计信息进行修改或者查询，可以先读入主线资料，然后读入已经保存的平交文件（*.pj）。

以上操作是原始资料数据的准备及中间的设计过程，以下为出图的操作：

第七步：返回平交菜单，在菜单中单击"平面交叉一览表"按钮。

第八步：在平交菜单中单击"平交设计参数表"按钮。

第九步：在平交菜单中单击"平交工程量表"按钮。需要填写被交道路面结构的名称及相对应的结构层厚度，系统可以自动计算被交道路面结构路面部分的工程量。

表格的形式输出到 Excel，系统自动输出应保存的文件名及路径，图号的编制规则同主线，如 SI-I-＊，除了"＊"号可变，别的代码都是固定不变的，用户可根据实际情况自由定制图号，"＊"一般都是代表页号。

第十步：在平交菜单中单击"平交布置图"按钮，弹出"平交布置图"对话框，如图 13-48 所示。首先选择即将输出的交叉点桩号（只能单选），然后选择在平交布置图中要显示的横断面桩号（可以多选，按住左键不动往下拉），定制字高、比例等信息。"主线切点外输出范围"指定制平交布置图输出的主线范围。"附注"的内容可以在此编辑，也可以在写字板或别的文档编辑器中编辑，以"＊.txt"的格式保存后读入。最后单击"确定"按钮输出平交布置图。

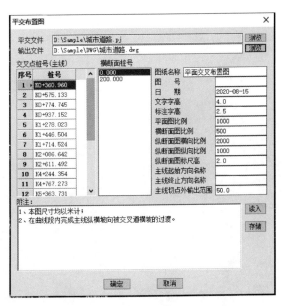

图 13-48 "平交布置图"对话框

13.8 海地三维动画仿真系统

海地公路三维仿真系统（HARD 3D）是用于公路三维模型制作的实时三维图形渲染系统。它具有使用简便、制作效率高、画面解析度高及生成的动画具有可操作性等优点。此系统可广泛用于公路工程项目的三维演示、效果图制作、项目评审等。

需要注意的是，此系统必须与海地公路优化设计系统配合使用。HARD 3D 系统的功能分为以下两大部分：

1. 三维世界模型的制作

此部分功能主要用于动态生成三维世界模型以备后期使用。操作流程如下：

1) 选择"文件"菜单中"调入 HARD 数据模型文件"项（或快捷键〈Ctrl+D〉）。此项功能用于打开 HARD 所生成的模型文件（＊.mx）并进行建模。

2) 选择"设置"菜单中"材质选定"项（或快捷键〈Ctrl+M〉）。此项功能用于选择模型中各结构或构造物的材质及贴图方式等。

3) 选择"设置"菜单中"模型渲染"项（或快捷键〈Ctrl+R〉）。此项功能用于模型贴图。

4) 选择"视图"菜单中"光源设置"项（或快捷键〈Ctrl+L〉）。此项功能用于向模型中添加光源，若不需要，可不设置此项。

5) 选择"文件"菜单中"保存世界文件"项（或快捷键〈Ctrl+S〉）。

2. 三维世界播放或演示

选择"文件"菜单中"运行 3D 世界文件"项（或快捷键〈Ctrl+W〉），打开后自动运行，如图 13-49 所示。

图 13-49　3D 仿真系统运行示意图

注意：首次打开世界文件时，若计算机速度比较快，应尽量设置模型光滑度为 1.0，这样可提高渲染精度，否则可将此数设置大一些，以提高生成速度。若计算机发声设备不能正常工作，应选择"禁止使用声音"项，否则会导致系统崩溃。在此功能下，有下列控制选项：

1) 3D 图形卡（〈Ctrl+F1〉），用于控制系统对 3D 图形加速卡的使用状况。

2) 画面设置（〈Ctrl+F2〉），用于设置图像画面质量。

3) 自动操作（〈Ctrl+F3〉），用于设置摄像机的自动化动作，即摄像机沿轨道或跟踪目标自动移动的特性。若此功能关闭，则摄像机的移动受用户控制：鼠标控制摄像机的方向，键盘的方向键控制摄像机的移动。

4) 模型控制（〈Ctrl+F4〉），用于控制系统内部五种模型运动方式和状态。

5) 停止渲染（〈Ctrl+F5〉），暂停/恢复渲染过程，从而释放/捕获鼠标。

6) 云彩运动（〈Ctrl+F6〉），用于控制模型中天空云彩的运动/停止。

7) 屏幕捕获（〈Ctrl+F7〉），用于捕获当前渲染窗口的画面，并将它保存到".\屏幕捕获"目录下。

8) 显示帧数（〈Ctrl+F8〉），用于打开/关闭渲染速度 FPS（每秒钟画面的帧数）值的显示。

9) 显示桩号信息（〈Ctrl+F9〉）。

10) 显示技术指标（〈Ctrl+F10〉）。

11) 屏幕录像（〈Ctrl+F11〉）。

12) 显示快捷键列表（〈Ctrl+F12〉）。

13) 显示导航图示（〈Ctrl+Home〉）。

14) 改变导航图示位置（〈Ctrl+End〉）。

15) 打开导航图示背景（〈Ctrl+Insert〉）。

16）切换窗口模式/全屏模式（〈Ctrl+F〉）。

17）复位相机至轨道（〈R〉），当自动模式处于关闭状态时，按〈R〉键可将摄像机复位到行车道上。

13.9 海地公路运行速度分析计算系统

海地公路运行速度分析计算系统结合公路路线的线形设计指标，对两种代表车型小客车及大货车在公路中实际的运行速度进行测算分析及计算。它依据我国的车辆驾驶特性，通过可靠的运行速度测算分析模型，结合海地公路优化设计系统，自动划分分析单元并自动计算，获得车辆在公路行驶中的实际运行速度及其变化，为公路路线线形设计的安全性分析与评价提供依据。软件操作步骤如下：

第一步：单击菜单"运行速度"→"运行速度路线资料"命令，弹出图13-50所示的对话框，平曲线文件及纵断面文件系统自动读取对应路线项目中的文件。

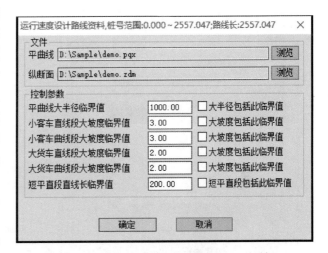

图13-50 "运行速度设计路线资料"对话框

依据《公路项目安全性评价指南》中运行速度分析路段划分的原则：

1）平曲线大半径临界值，系统默认为1000m，当平曲线半径大于1000m时，该分析路段属于平直段；小于1000m时，该分析路段属于曲线或弯坡段；"大半径包括此临界值"选项，当勾选时，平曲线半径等于1000m时的路段也属于平直段。

2）小客车直线段大坡度临界值，系统默认为3%，当直线段坡度<｜3｜%时，为平直路段，当直线段坡度>｜3｜%时，为纵坡路段，"大坡度包括此临界值"选项，当勾选时，即直线段坡度=｜3｜%时，为平直路段。

3）小客车曲线段大坡度临界值，系统默认为3%，当直线段坡度<｜3｜%时，为曲线段，当直线段坡度>｜3｜%时，为弯坡段，"大坡度包括此临界值"选项，当勾选时，即曲线段坡度=｜3｜%时，为曲线段。

4）大货车直线段大坡度临界值，系统默认为2%，当直线段坡度<｜2｜%时，为平直路段，当直线段坡度>｜2｜%时，为纵坡路段，"大坡度包括此临界值"选项，当勾选时，即直线段坡度=｜2｜%时，为平直路段。

5）大货车曲线段大坡度临界值，系统默认为2%，当直线段坡度<｜2｜%时，为曲线段，当直线段坡度>｜2｜%时，为弯坡段，"大坡度包括此临界值"选项，当勾选时，即曲线段坡度=｜2｜%时，为曲线段。

短平直段直线长临界值，系统默认为200m，当分析路段单元长度小于200m时，该路段为平直段，入口运行速度等于出口运行速度。当勾选"短平直段包括此临界值"时，即分析路段单元长度等于 200m 时，入口运行速度等于出口运行速度。

第二步：单击"运行速度设计"命令，弹出图 13-51 所示对话框。

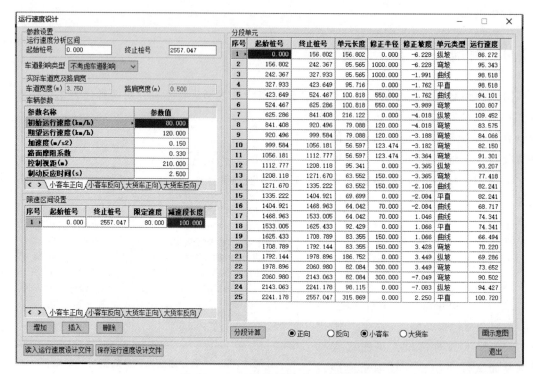

图 13-51 "运行速度设计"对话框

1）运行速度分析区间，系统默认的"起始桩号"和"终止桩号"为对应路线项目的起终点桩号，用户可以自行输入需要进行运行速度测算分析路段的起终点桩号。

2）车道影响类型，若车道的宽度不等于要求的理想宽度时（车道理想宽度为 3.75m，路肩为 0.5m），要考虑横断面宽度变化因素对运行速度模型的影响。此时，内、外、中车道的运行速度影响测算值均不同，用户可以选择具体针对哪个车道进行分析。

3）车辆的参数，包括初始运行速度、期望运行速度、加速度、路面摩阻系数、控制视距和制动反应时间。

4）初始运行速度对应设计速度的关系见表 13-1，期望运行速度及推荐加速度见表 13-2。路线项目中，对于隧道、特大桥、立交区、乡镇街道区等需要通过交通标志限制通过时的速度，系统需要输入限速区间来对运行速度进行干预。

表 13-1 初始运行速度对应设计速度关系

设计速度/(km/h)		60	80	100	120
初始运行速度/(km/h)	小客车	80	95	110	120
	大型货车	55	65	75	75

表 13-2 期望运行速度及推荐加速度关系

设计参数	小客车	大型车
期望运行速度/(km/h)	120	75
推荐加速度值/(m/s^2)	0.15~0.50	0.20~0.25

以上各项参数输入完毕后,用户单击界面右侧的"分段计算"按钮,系统依据所输入的参数,自动进行分析单元的分段处理,自动计算各分析单元的运行速度。当用户选择"正向""小客车"选项时,界面上显示的是对应小客车正向的运行速度分析计算结果;当用户选择"正向""大货车"选项时,界面上显示的是对应大货车正向的运行速度分析计算结果。

最后,用户需要单击"保存运行速度设计文件"按钮,将以上输入的参数、计算结果均保存起来,以便于下次打开时读入运行设计文件,完成以上操作后单击"退出"按钮。

第三步:单击"运行速度表"命令,系统自动默认读取运行速度项目设计文件。当用户选择"小客车""正向"选项时,对应输出的表格为小客车正向运行速度计算表;当用户选择"大货车""正向"选项时,对应输出的表格为大货车正向运行速度计算表。

第四步:单击"运行速度图"命令,系统自动默认读取运行速度项目设计文件。用户选择设置要出图的内容,系统自动保存在默认的项目文件路径中。绘图结果如图 13-52 所示。

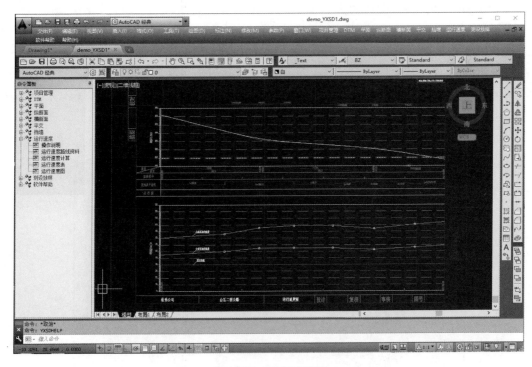

图 13-52　运行速度图

复习题

1. 平面设计的方法有哪两种?各自的基本思路是什么?
2. 二维交点线设计有哪些方法?
3. 帽子定制的主要内容有哪些?
4. 如何实现 3D 动画仿真?
5. 运行速度分析的基本步骤是什么?

运用HARD进行路线设计　第14章

本章以实际路线设计为例介绍 HARD 软件操作过程的各个步骤。

14.1　项目管理

采用 HARD 进行公路设计的第一步是在 HARD 系统中建立一个项目。在"项目管理"的下拉式菜单中选择"新建项目"命令，系统将弹出图 14-1 所示"新建项目"对话框，对话框中各项参数设置如下：

（1）项目文件　其文件名为 *.prj，HARD 系统通过项目文件保存与项目有关的各种信息。在示例中建立的目录为 D：\Sample。单击"项目文件"后的"浏览"按钮，在"输入项目文件名"对话框中选择刚才建立的目录的路径，项目文件名可以自行假定，扩展名统一采用 prj，在示例中项目文件名为 D：\Sample\Highway.prj。

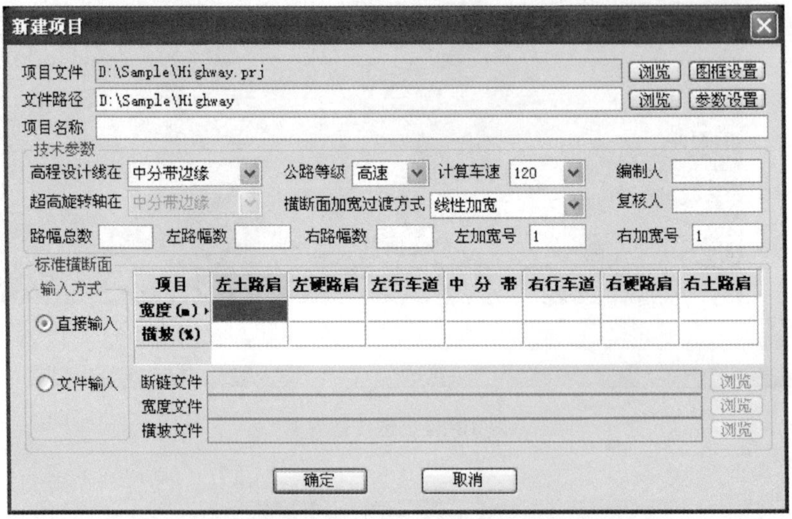

图 14-1　"新建项目"对话框

（2）文件路径　在设计过程中 HARD 系统会生成一系列文件和图纸，系统通过文件的扩展名来区分文件的性质，所以用户可以为一个项目设定一个公用文件名，这样将便于系统管理项目内的文件。如示例中的"D：\Sample\Highway"表示公用文件名为 Highway，而这些文件保存在 D：\Sample 目录下。通过这样的设定，HARD 系统会在 D：\Sample 目录下自动建立一个 dwg 和一个 Excel 的子目录用于保存系统自动生成的图纸文件和表格文件，项目中的数据文件则保存在 D：\Sample 目录中。

（3）项目名称　根据项目的实际情况填写，它将会出现在各设计图纸和设计表格中。本章以"公路设计示例"为例，如图 14-2 所示。

（4）技术参数　"技术参数"选项组中的各个参数是所做设计在技术方面全面宏观的体现。由于在示例中所做的是公路改建设计，故在"高程设计线"和"超高旋转轴"后的下拉框中应选择"路基中线"。"公路等级"和"计算车速"参数根据设计的实际情况分别从下拉框中选择"二级"和"40"。"编制人"和"复核人"文本框按实际情况填写。根据规范要求，二级公路行车道宽为 7m，即左右行车道各 3.5m，同时两侧各有 0.75m 的硬路肩，故在"路幅总数"文本框中填写"4"，"左路幅数"和"右路幅数"文本框中填写"2"。"左加宽号"和"右加宽号"文本框已由系统自动填写了"1"，它表征在进行加宽时所加宽度在一侧路幅中最里侧的部分予以体现。在本示例中，加宽数值在最里侧的行车道上予以体现。

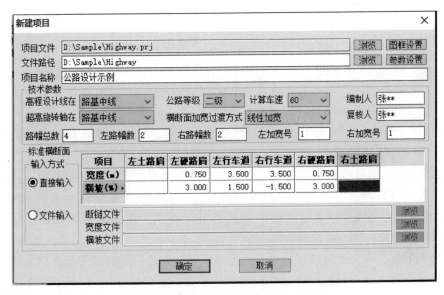

图 14-2　填写后的"新建项目"对话框

（5）标准横断面　标准横断面选项组参数可以直接输入，也可以采用数据文件输入。如果在路线全长范围内路基的宽度和横坡发生变化，如 0~100m 区间内路基宽度为（0.75+3.5+3.5+0.75）m，100~200m 区间内路基宽度变化为（1.5+3.5+3.5+1.5）m，则必须采用数据文件输入的方法。在本示例中采用直接输入的方法，直接在"左硬路肩""左行车道""右行车道"和"右硬路肩"对应的"宽度"和"横坡"中输入数值。其中，横坡数值的正负号规定如下：自左至右，如果左低右高，为正；如果左高右低，为负。

以上内容全部设置完成后，单击"确定"按钮，保存本项目信息。在 HARD 的标题栏中显示"当前项目为：二级公路设计示例（D：\Sample\Highway.prj）"的提示信息，以提示用户当前的项目名称。

在后续的设计工作中，通过选择"项目管理"中的"打开项目"命令将本项目设定为当前项目，然后进行设计工作。

14.2 平面线形设计

采用常规的手工方法进行公路平面线形设计的一般过程如下：

1) 确定路线的走向。如果采用纸上定线的方法，需要在大比例尺地形图上根据实际情况标定路线的起点、各个交点和终点，并获得上述各点的大地坐标，通过坐标反推起点、各个交点和终点之间的距离（交点间距）及各转点处的偏角。如果采用现场定线的方法，需要在现场采用经纬仪或全站仪等测量仪器通过实地测量获得起点、各个交点和终点之间的距离（交点间距）及各转点处的偏角。

2) 逐点安排半径和缓和曲线。通过上面所得到的数值，并根据实际情况逐个交点确定半径和缓和曲线的数值，计算该交点处的切线长等曲线要素，ZH、HZ 等主点桩号。

3) 绘制图纸及编制表格。需要手工绘制 A3 标准图幅的路线平面图，并且编制"直线、曲线及转角一览表"，如所设计公路为二级以上公路，则根据规范要求还需编制"逐桩坐标表"。

在 HARD 中，平面设计部分主要过程如下：

1) 外业资料录入。将在纸上定线或现场定线获得的起点、各个交点和终点之间的距离（交点间距）及各转点处的偏角等数值通过系统自带的 HEditor 等编辑软件建立交点线文件（*.jdx），以便让系统了解所设计项目的路线信息。

2) 平面线形设计。针对每个交点进行曲线设计，最终保存设计结果，由系统自动生成平曲线文件（*.pqx）。

3) 图表输出。在平曲线文件（*.pqx）存在的情况下，由系统根据不同设计要求生成各种图表。用户可以通过字体设置将图纸中的文字输出为"矢量字体"或"标准 Windows 字体"，生成的图形文件保存为 AutoCAD 软件的 dwg 格式，生成的表格可以保存为 dwg 和 Excel 两种格式。

需要指出的是，通常采用的坐标系是直角坐标系，但进行路线线形设计时采用的往往是测量直角坐标系（大地坐标系，在路线设计软件中简称测量坐标系）。从数学上讲，直角坐标系为右手系，而测量坐标系为左手系。测量坐标系采用左手系的原因是测量坐标系中的角度，也就是方位角是以正北为基准顺时针量取的，只有按左手系设置，才能直接采用三角公式进行测量计算。在其他路线 CAD 软件中，一般是将有关测量坐标互换后在数学坐标系下输入，这种做法能够满足绘图的需求，却对有关计算产生影响。在 HARD 中，系统直接建立了测量坐标系的概念，用户只需在编辑交点线文件时输入相应的"NE"字符即可。

14.2.1 编辑建立交点线文件

交点法也称为直线定线法，基本设计思想为：先确定各个弯道的交点位置，从而决定了整个路线的基本走向，然后在各个弯道内设置平曲线（包括缓和曲线和圆曲线）。交点法是目前公路主线线形设计中常用的方法，其优点是布设弯道时坐标计算不产生误差传递，同时基本参数大多数可根据要求取整。

采用交点法定义线形之前，首先要将获得的路线起点、各个交点和终点之间的距离（交点间距）及各转点处的偏角等信息以数据文件的形式输入系统，这些信息可以通过外业测量的手段获得或在纸上定线获得。

从下拉式菜单中选择"平面"→"交点线文件编辑"命令，运行 HARD 系统自带的编辑软件编辑交点线文件，如图 14-3 所示，并保存为数据文件 D:\Sample\Highway.jdx，其内容如下：

```
NE
3
QD         50000.000      50000.000      0
JD1        0              189.740        0
JD2        -20            531.520        0
JD3        -26d16f04m     620.480        0
JD4        -10d16f36m     131.980        0
ZD         8d39f12m       480.760        0
```

注意：角度（方位角、偏角）表达式格式，17d22f09m 表示 17°22′9″。

图 14-3 "交点线文件编辑"对话框

14.2.2 交点法定义线形

系统交点线数据文件确定转角处平曲线的半径和缓和曲线长，从而定义平面线形，如图 14-4 所示。

执行"平面"→"平面设计_交点法"命令后，系统左窗口右侧弹出"平面设计"对话框，单击"读入交点线"按钮，在"选择交点线文件"对话框中选择刚才建立的交点线数据文件（D:\Sample\Highway.jdx），对话框下部有"交点设计计算方法"的选项，其中有"精确计算""算法（一）""算法（二）"和"算法（三）"四个选项供选择，区别主要体现在曲线要素计算的精确程度上。

HARD 系统以 Lz1+Ls1+R+Ls2+Lz2（前直线+前回旋线+圆曲线+后回旋线+后直线）为一个基本型，通过各种方式的组合完成公路上各种线形的组合，包括单圆曲线、对称型、非

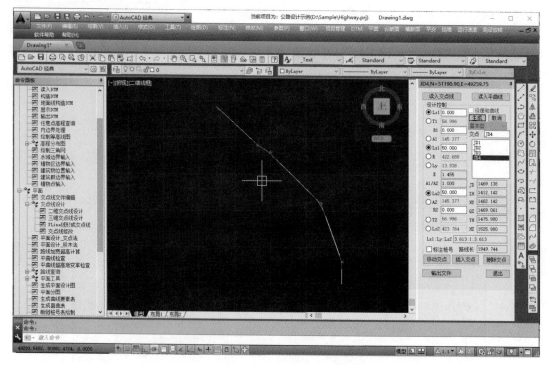

图 14-4 "交点线线形设计"窗口

对称型、S 形、卵形、复型、C 形、凸形、虚交、回头曲线等。交点法提供了上述各种类型的计算方式,而这些选择是通过数据选择按钮的组合提供的。一般常用的是已知半径 R 和缓和曲线长 Ls 的常规方法,选择将 R、Ls1、Ls2,分别填入希望的 JD1 的半径和缓和曲线长,单击"生成"按钮,则 JD1 的所有数据经过计算后都在对话框中表达出来,可以查看这些数据是否满足要求,如果不满足,可以再次输入数值,单击"生成"按钮,重新进行生成计算。如需通过切线长 T 来反算半径,则选择 LZ1,并在其中填入 0,表示本曲线的起点与上一曲线的终点间距离为 0,即用切线长来反推半径。

依次进行 JD1、JD2、JD3 和 JD4 设计,设计数据见下表 14-1。

表 14-1 曲线设计数据

交点号	半径	缓和曲线	备注
JD1	200	50	以半径和缓和曲线控制
JD2	400	55	以半径和缓和曲线控制
JD3	600	0	半径较大,可不设缓和曲线
JD4	700.736	50	以切线长和缓和曲线反算半径

以上设计全部完成后,单击"输出文件"按钮,系统弹出"输出平面文件"对话框,如图 14-5 所示,系统将重新输出交点线文件(*.jdx),此时的交点线文件已经包含了半径和缓和曲线长度等信息。同时,系统还将输出平面线文件(*.pm)、平曲线文件(*.pqx)和逐桩坐标文件(*.zbb)。输出上述各数据文件后,单击"交点设计"对话框中的"退

出"按钮,完成平面线形设计。

14.2.3 平面线检查

在公路平面线形设计中,半径、缓和曲线的选取等必须结合现场实际情况和规范进行,HARD系统提供了一个严格参照规范对所设计公路平面线形进行检查的命令。执行"平面"→"平曲线检查"命令,系统自动检查平曲线半径、缓和曲线长、曲线间直线长及平曲线长度,并生成一个检查结果文件供调整。以下为示例中检查结果文件的内容:

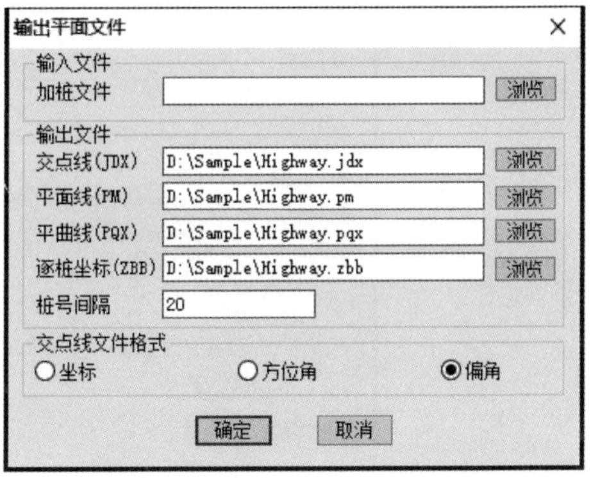

图14-5 "输出平面文件"对话框

```
计算时间:Sat Aug 15 11:37:15.566 2020
平曲线半径检查:
    平曲线半径符合规范要求。
平曲线缓和曲线长检查:
    平曲线缓和曲线长符合规范要求。
曲线间直线长检查:
    曲线间直线长符合规范要求。
平曲线曲线长度检查:
    平曲线曲线长度符合规范要求。
```

从以上检查结果中可以看出,所有检查项目均满足规范要求。如果用户对自己的设计有把握,可以省略本步操作。

14.2.4 路线超高、加宽计算

按照规范规定,如果某交点处半径小于250m,该曲线需要进行加宽;如果某交点处半径小于该等级公路不设超高的最小半径(本示例中设计速度为40km/h的二级公路该数值为600m),该曲线需要进行超高。在本示例中,交点JD1的半径为200m,缓和曲线长为50m,该圆曲线既要进行超高也要进行加宽。交点JD3的半径为600m,该圆曲线不必进行超高也不必进行加宽。而交点JD2和交点JD4的半径小于不设超高最小半径600m但大于不设加宽最小半径250m,故这两个交点进行超高但不加宽。在手工设计过程中,需要逐点检查半径的数值,以确定该曲线是否需要进行超高或加宽,同时还应根据规范要求,确定超高值和加宽值。HARD提供了超高加宽判断和计算的功能,以便完成以上的烦琐过程。

执行"平面"→"路线加宽超高计算"命令后,系统弹出"超高加宽计算"对话框,如图14-6所示。

在"控制参数"选项组中依据设计的实际情况对"加宽类别"进行选择,同时可通过"加宽值编辑""超高值编辑"命令对加宽值和超高控制半径进行编辑,完成编辑后先单击"计算"按钮,再单击"编辑"按钮,检查无误后,单击"确定"按钮,系统自动生成以下文件:加宽后横断面文件(*.hdm,示例中为D:\Sample\Highway.hdm)、超高后横坡文件(*.cg,示例中为D:\Sample\Highway.cg)、加宽文件(*.jk,示例中为D:\Sample\

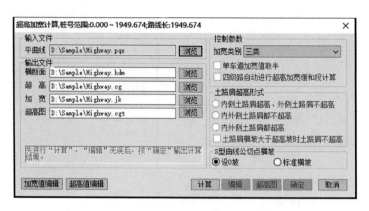

图 14-6 "超高加宽计算"对话框

Highway.jk)、加宽后横断面文件(*.cgt,示例中为 D：\Sample\Highway.cgt)。以下为加宽后横断面文件(示例中为 D：\Sample\Highway.hdm) 的内容：

0.000	0.7500	3.5000	3.5000	0.7500
129.396	0.7500	3.5000	3.5000	0.7500
179.396	0.7500	4.3000	3.5000	0.7500
199.209	0.7500	4.3000	3.5000	0.7500
249.209	0.7500	3.5000	3.5000	0.7500
1949.674	0.7500	3.5000	3.5000	0.7500

其中每行数据的第 1 个数据表征桩号，第 2~5 个数据分别表征路基横断面从左至右每部分的宽度。例如，第 2 行数据表征在桩号为 129.396 的位置上，路基横断面宽度从左至右依次为：左硬路肩 0.75m、左行车道 3.5m、右行车道 3.5m、右硬路肩 0.75m。第 3 行数据表征在桩号为 179.396 的位置上，路基横断面宽度从左至右依次为：左硬路肩 0.75m、左行车道 4.3m、右行车道 3.5m、右硬路肩 0.75m。由此看出，路线在桩号 129.396 和桩号 179.396 之间进行了加宽，加宽发生在左侧行车道，由直线、曲线及转角一览表中得知，129.396 和 179.396 分别是交点 JD1 的 ZH 和 HY 点，HARD 系统是通过以上数据文件反映了所设计的路线在何处加宽以及加宽的具体数值。

以下为超高后横坡文件(在示例中为 D：\Sample\Highway.cg)的内容：

0.000	3.0000	2.0000	-2.0000	3.0000
129.396	3.0000	2.0000	-2.0000	3.0000
162.729	3.0000	2.0000	2.0000	-3.0000
179.396	4.0000	4.0000	4.0000	4.0000
199.209	4.0000	4.0000	4.0000	4.0000
215.876	3.0000	2.0000	2.0000	-3.0000
249.209	3.0000	2.0000	-2.0000	3.0000
599.483	3.0000	2.0000	-2.0000	3.0000
654.483	2.0000	2.0000	2.0000	2.0000
782.867	2.0000	2.0000	2.0000	2.0000
837.867	3.0000	2.0000	-2.0000	3.0000
1949.674	3.0000	2.0000	-2.0000	3.0000

其中每行数据的第 1 个数据表征桩号，第 2 个至第 5 个数据分别表征路基横断面从左至

右每部分的坡度。例如，第 2 行数据表征在桩号为 129.396 的位置上，路基横断面坡度从左至右依次为：左硬路肩 3%、左行车道 2%、右行车道-2%、右硬路肩-3%（即普通的双向横坡）。第 3 行数据表征在桩号为 162.729 的位置上，路基横断面横坡从左至右依次为：左硬路肩 3%、左行车道 2%、右行车道 2%、右硬路肩-3%（超高至单向路拱横坡 2%时）。第 4 行数据表征在桩号为 179.396 的位置上，路基横断面横坡从左至右依次为：左硬路肩 4%、左行车道 4%、右行车道 4%、右硬路肩 4%（超高至单向设计横坡 4%时）。由此看出，路线在桩号 129.396 和桩号 179.396 之间进行了超高，由直线、曲线及转角一览表中得知，129.396 和 179.396 分别是交点 JD1 的 ZH 和 HY 点，HARD 系统通过以上数据文件反映所设计的路线在何处超高及超高的具体数值。

14.2.5　生成平面设计图

平面设计的一个重要成果就是平面设计图，HARD 提供了一个自动生成平面设计图的命令。自动生成的平面设计图纸表达信息清楚、图形规范，完全满足设计和施工的要求。

执行"平面"→"生成平面设计图"命令后，系统弹出"路线平面图绘制"对话框，用户可以在对话框中对一些选项进行修改，如图 14-7 所示。在"文件"选项组里，目前仅有平曲线文件和横断面文件，而其他的如地面高程、地形情况和构造物位置等都还不能反映。可以在全部设计完成后并且所有数据文件都齐全的情况下再运行本命令重新生成平面设计图。在"参数"选项组里，可以对图纸名称、图号和日期进行修改，同时规定生成图纸起始桩号位置和终止桩号位置。由于每页绘制范围是一个固定的长度，如果路线的起始桩号不是整数，会造成以后每页的起始桩号和终止桩号都不是整数，为保证从第二页开始每页的起始桩号和终止桩号都是整数，用户还可以修改首页桩号。如路线的起始桩号是 123.45，每页绘制 700m 范围，则第二页的起始桩号和终止桩号就分别是 823.45 和 1523.45，这样会给用户识图造成很大的麻烦，可以将首页桩号更改为 700，这样第二页的起始桩号和终止桩号就分别成为 700 和 1400。此外，用户还可以对桩号间隔、页长、字体高度等选项进行设置。在"输出内容"选项组中，可以对是否加 A3 图框、是否画曲线要素表等进行更改，以满足要求。

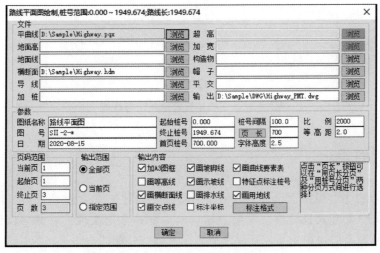

图 14-7　"路线平面图绘制"对话框

14.2.6 生成直线、曲线及转角一览表

平面设计的另一个重要成果是直线、曲线及转角一览表。

执行"平面"→"生成直曲表"命令后，系统弹出图 14-8 所示对话框，对桩号范围、公路等级等项目进行简单设置即可。

14.2.7 生成逐桩坐标表

对于二级以上的公路设计，为方便施工时采用全站仪等先进的测量仪器按大地坐标进行放样，规范规定设计文件中应包含逐桩坐标表。

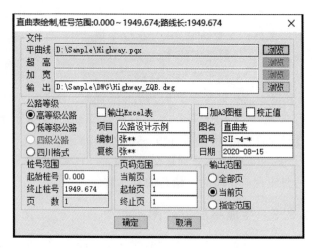

图 14-8 "直曲表绘制"对话框

执行"平面"→"生成逐桩坐标表"命令后，系统弹出图 14-9 对话框，对桩号范围、是否输出方位角等项目进行简单设置即可，系统可自动将结果输出到 Excel 表格。

至此，已经生成了平面设计图、直线、曲线及转角一览表和逐桩坐标表，它们都保存在系统默认的目录下，在本示例中为 D:\Sample\DWG\，用户只需连接打印机或绘图仪，就可将其打印输出。

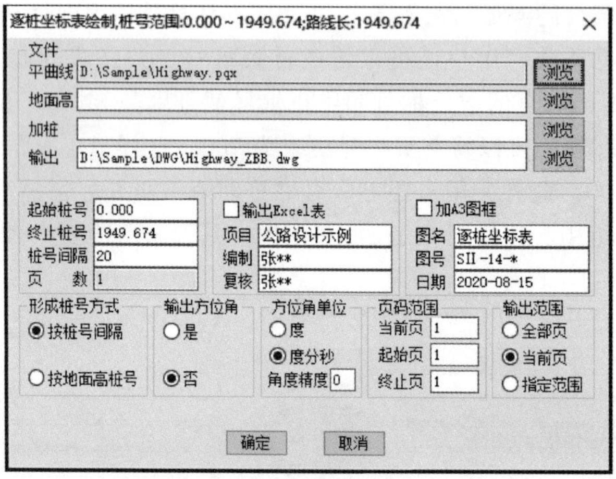

图 14-9 "逐桩坐标表绘制"对话框

14.3 纵断面设计

在 HARD 系统中，纵断面设计主要依据"交互式设计"和"纵断面设计图表生成"两大模块依次展开。交互式设计模块主要包括编制地面高数据文件、纵断面设计及竖曲线设计；纵断面设计图表模块中主要包括纵断面成图及纵坡竖曲线表、路基设计表的编制等。

采用常规的手工方法进行公路纵断面设计的一般过程如下：

1) 点绘地面线。如果平面设计采用纸上定线的方法，则可以从大比例地形图中获得各中桩处的地面高程；如果平面设计采用现场定线的方法，则可以由外业实地测量获得各中桩处的地面高程。获得中桩地面高程后，在米格纸上按照一定的比例（一般水平距离比例1：2000，垂直高度比例1：200）将各中桩的地面高程点绘在米格纸上，供下一步拉坡时使用。

2) 拉坡及竖曲线设计。在点绘好地面线的米格纸上，综合考虑地形、排水和经济性等因素进行路线纵断面坡度和坡长的设计。在坡度和坡长设计完成后，再对每一变坡点进行竖曲线设计。

3) 绘制路线纵断面设计图。在 A3 标准图纸上按一定比例（一般水平距离比例1：2000，垂直高度比例1：200）绘制路线纵断面设计图，并计算设计高程和填挖高，填写在设计图中。

4) 编制纵坡竖曲线表和路基设计表。

在 HARD 中，纵断面设计部分主要过程如下：

1) 外业资料录入。将在纸上定线或现场定线获得各中桩处地面高程等数值，通过系统自带的 HEditor 等编辑软件建立地面高文件（*.dmg）。

2) 纵断面设计。在系统给定的交互环境中进行拉坡和竖曲线设计，最终保存设计结果，由系统自动生成纵断面文件（*.zdm）。

3) 图表输出。在纵断面文件（*.zdm）存在的情况下，由系统生成设计文件要求的各种图表。用户还可以通过字体设置将图纸中的文字输出为"矢量字体"或"标准 Windows 字体"，生成的图形文件保存为 AutoCAD 软件的 dwg 格式，生成的表格可以保存为 dwg 和 Excel 两种格式。

14.3.1 输入地面高文件

在采用 HARD 进行纵断面设计时，必须向计算机提供原始资料，这个原始资料就是地面高数据文件（*.dmg）。可以通过 HARD 系统自带的 HEditor 编辑软件（也可以采用 Edit 等其他编辑软件）建立地面高数据文件（*.dmg）。在本示例中，该数据文件保存在系统默认的 D:\Sample 目录中，该数据文件的主名采用 Highway（可自行规定，但必须与"项目管理"中规定的文件主名相同），扩展名采用 dmg（必须采用，以区别不同的数据文件）。

从下拉式菜单中选择"项目管理"→"文件编辑"命令，运行 HARD 系统自带的 HEditor 编辑软件编辑地面高文件。

从下拉式菜单中选择"纵断面"→"输入地面高文件"命令，系统会弹出图 14-10 所示的"地面高输入"对话框。如果系统在平面设计阶段已经生成逐桩坐标文件（*.zbb），系

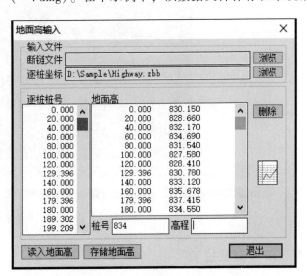

图 14-10 "地面高输入"对话框

统会自动调入该文件并读取桩号，只需在"地面高输入"对话框中桩号后对应的地面高表格中输入相应的高程值，按〈Enter〉键，系统就会自动跳到下一个桩号，依次输入相应的高程。如果要插入一个桩点，就将当前的桩号改成要插入的桩号并输入高程，按〈Enter〉键即可插入。在输入数据的过程中，用户可以任意修改和插入一个桩号及其高程。最后单击"存储地面高"按钮，保存地面高数据文件（*.dmg）。

14.3.2 地面高文件检查

地面高文件的输入过程非常烦琐且容易出错，可以通过"地面高文件检查"命令检查地面高文件中存在错误的地方。在实际地形中，很少会出现两个相邻桩号的地面高程相差悬殊的情况，因此 HARD 系统规定两个相邻的桩号高程之差应小于 35m，一旦超过该范围就提示该桩号的地面高程错误，但不影响后续的设计，如果实际地形如此这个输入数据就是正确的。从下拉式菜单中选取"纵断面"→"地面高文件检查"命令，系统自动按上述的要求对输入的地面高文件进行检查，并自动生成错误信息文件。

14.3.3 确定纵断面控制资料

纵断面设计需要综合考虑平面和纵断面，使二者具有良好的"平纵配合"。在进行纵断面设计前，必须选定平曲线文件和地面高文件。从下拉式菜单中选取"纵断面"→"纵断面设计控制资料"命令，系统弹出对话框，一般情况下，直接选取系统默认的文件和参数即可。单击"确定"命令后，系统在屏幕中心自动点绘各中桩的地面高程，如图 14-11 所示。

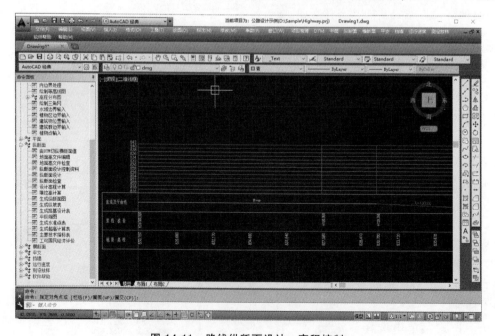

图 14-11 路线纵断面设计—高程控制

14.3.4 交互拉坡

交互拉坡就是在系统点绘的地面线上进行拉坡设计。从下拉式菜单中选取"纵断面"→

"纵断面设计",在设计窗口右侧弹出对话框,如图 14-12 所示,其中有"增加变坡点""插入变坡点""移动变坡点"和"删除变坡点"四个拉坡命令,单击"增加变坡点"按钮,HARD 系统会在对话区提示:

/Z 起点桩号高程/<起点>:

如果确定了拉坡设计线的起点位置,系统会在对话区提示用户:

S 桩号/L 坡长/D 坡度/G 高程/C 高差/X 相对参考点/U 取消/<点>:

用户可以依据不同选项进行下一步设计。在命令行有动态的随光标移动的所有参数显示,可以依据系统的动态提示进行交互式的拉坡。进行交互拉坡时,可以打开"航空视图",通过该视图可以放大任意局部并可纵观全局,这样会使拉坡工作变得轻松自如。

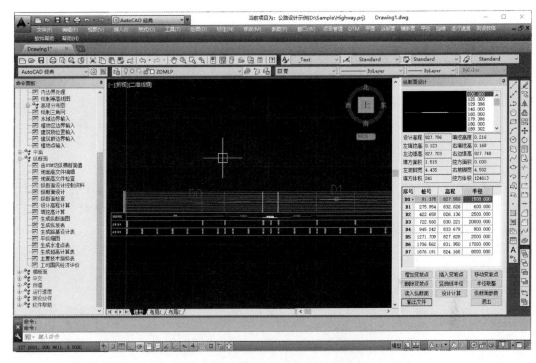

图 14-12 路线纵断面设计—拉坡设计

当交互拉坡结束后,系统会在对话区询问用户"是否存储纵断面文件(Y/N)?"选择存储纵断面文件,在键盘上输入 Y,并在出现的对话框中为要存储的纵断面文件(*.zdm)指定存储位置。在本示例中,应选择存储在系统默认的目录 D:\Sample 中,该数据文件的内容如下:

91.375	827.5589	0
275.954	832.6259	0
422.659	826.1358	0
722.560	830.2211	0
945.242	833.6789	0
1271.709	827.6278	0
1706.562	831.9500	0
1876.191	824.1678	0

该数据文件每行数据的第一个数据代表变坡点的桩号，第二个数据代表变坡点的高程，第三个数据代表变坡点的竖曲线半径，第一组数据和最后一组数据因为分别代表拉坡设计线的起点和终点，故竖曲线半径应该是 0，而中间各组数据因为还未进行竖曲线设计，所以该数值也暂时为 0。

14.3.5 竖曲线设计

从下拉式菜单中选取"纵断面"→"纵断面设计"命令，在弹出的对话框中选择"竖曲线半径"命令，HARD 系统在对话区提示：

请选择变坡点：

单击将对其设计的变坡点（可以打开航空视图），这时系统在对话区提示：

R 半径/T 切线长/E 外距/M 移动/I 插入/C 删除/S 存储：

用户可以输入 R、T、E 中任意一项，若键入 T，表示以切线长 T 来控制竖曲线，移动鼠标，拉出一条水平线，表示 T 长，同时在下面的状态区动态显示对应的 R、T、E 值，左击确认。也可直接用键盘输入 T 值。若键入 E，表示要以外距 E 来控制竖曲线，移动鼠标，拉出一条竖直线，表示 E 长，同时在下面的状态区动态显示对应的 R、T、E 值，左击确认。也可直接用键盘输入 E 值。若键入 R，直接输入半径值。若所选变坡点处已存在竖曲线，则系统自动删除原竖曲线，生成新的竖曲线。

当所有设计完成后，可单击任何一个变坡点，根据命令行的提示保存经过竖曲线设计后重新生成的纵断面文件（*.zdm）。在本示例中，应当将该文件存储在系统默认的目录 D:\Sample 中，该数据文件的内容如下：

91.375	827.5589	1500.00000000
275.954	832.6259	600.00000000
422.659	826.1358	2500.00000000
722.560	830.2211	20800.00000000
945.242	833.6790	900.00000000
1271.709	827.6278	2000.00000000
1706.562	831.9500	17000.00000000
1876.191	824.1678	8000.00000000

同拉坡设计后生成的纵断面文件相比，除起点和终点，所有变坡点的竖曲线半径信息都已经在数据文件中给予了体现。

拉坡设计和竖曲线设计是一个非常烦琐的过程，也可以将由系统点绘的地面线打印出来，在其上采用手工的方法进行拉坡设计和竖曲线设计，再将设计结果自行编制纵断面数据文件输入系统中，为后续工作做准备。

14.3.6 纵断面检查

公路纵断面设计中的坡度、坡长、竖曲线半径选取等必须结合现场实际情况和规范进行，HARD 系统提供了一个严格参照规范对设计公路纵断面进行检查的命令。执行"纵断面"→"纵断面检查"命令后，系统自动检查坡度、坡长、竖曲线半径、竖曲线长度及合成坡度，并生成一个检查结果文件，方便对设计进行调整。在本例中生成的检查结果如下：

计算时间:Sat Aug 15 12:17:41.81 2020
纵坡坡度检查：
　　纵坡坡度符合规范要求。
纵坡坡长检查：
　　纵坡坡长符合规范要求。
竖曲线半径检查：
　　在变坡点 1 处(K0+254.447~K0+297.461)的半径(600.000)小于规范中规定的一般最小半径(700)；
竖曲线曲线长度检查：
　　在变坡点 4 处(K0+929.913~K0+960.571)的曲线长(30.657)小于规范中规定的最小曲线长(35)；
竖曲线合成坡度检查：
　　竖曲线合成坡度符合规范要求。

对检查后不符合规范要求的项目，用户进行相应修改。如果用户对自己的设计有把握，可以省略本步操作。

14.3.7　统计主要技术指标

在平面设计和纵断面设计已经完成的情况下，需要统计设计的主要技术指标，如最小半径、最大纵坡、最大坡长等。系统提供了一个快速统计路线设计主要技术指标的命令。从下拉式菜单中选择"纵断面"→"主要技术指标表"命令，系统会弹出"主要技术指标"对话框，如图 14-13 所示。

选取设计的平曲线文件、纵断面文件和地面高文件并单击"确定"按钮，系统会自动统计本设计的主要技术指标，并生成一个报告文件。在本示例中，文件内容如下：

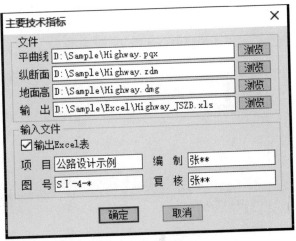

图 14-13　"主要技术指标"对话框

```
计算时间:Sat Aug 15 13:27:09.531 2020
        设计主要经济指标
一、平曲线
1. 路线总长(KM):1.950
2. 平均每公里交点数(个):3.077
3. 平曲线最小半径(米/个):200.000/1
4. 回头曲线(个):
5. 回头曲线最小半径(米):
6. 平曲线长占路线总长(%):31.885
7. 直线最大长度(米):445.625
二、竖曲线
1. 最大纵坡(%/米/处):4.588/169.629/1
2. 最短纵坡长(米):146.705
3. 竖曲线占路线长(%):70.809
```

4. 平均每公里纵坡变更次数(次):4.482
5. 竖曲线最小半径(凸/凹)(米):600.000/2000.000
6. 竖曲线增长系数:1.00229
三、路基
1. 平均填土高度(米):0.757
2. 最大填土高度(米):2.158
3. 最小填土高度(米):0.216

14.3.8 生成纵断面图

纵断面设计的一个重要成果就是纵断面设计图,系统提供了一个自动生成纵断面设计图的命令。纵断面设计图包含构造物、地质情况等很多信息,在系统自动生成纵断面设计图前,应当先编制所需的构造物文件和地质状况文件。分别运行"项目管理"→"文件编辑"中的"构造物文件编辑"和"地质状况文件编辑"功能,并根据设计资料输入构造物与地质信息。相应的编辑窗口如图 14-14 和图 14-15 所示。

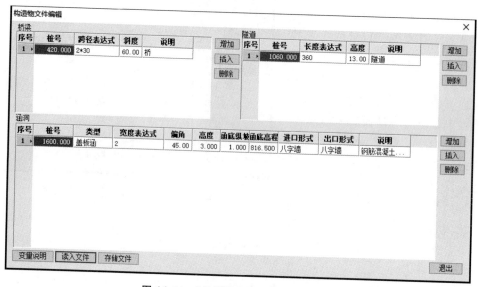

图 14-14 "构造物文件编辑"对话框

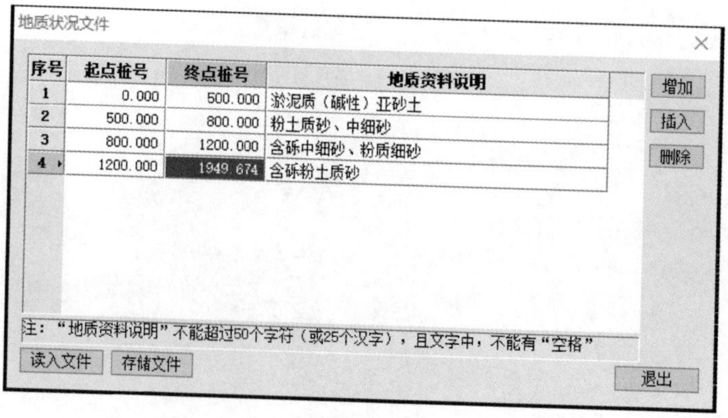

图 14-15 "地质状况文件"对话框

生成的构造物文件（D：\Sample\Highway.gzw）内容如下：

1600.000 13 2 3.000 45.000 八字墙 1.000 816.500 钢筋混凝土盖板涵
420.000 21 2 * 30 60.000 桥
1060.000 31 360 13.000 隧道

生成的地质状况文件（D：\Sample\Highway.dzk）内容如下：

0.000 500.000 淤泥质(碱性)亚砂土
500.000 800.000 粉土质砂、中细砂
800.000 1200.000 含砾中细砂、粉质细砂
1200.000 1949.674 含砾粉土质砂

这两个文件编制完成后，执行"纵断面"→"生成纵断面图"命令后，系统弹出图14-16所示对话框，可以在对话框中对一些参数进行修改。

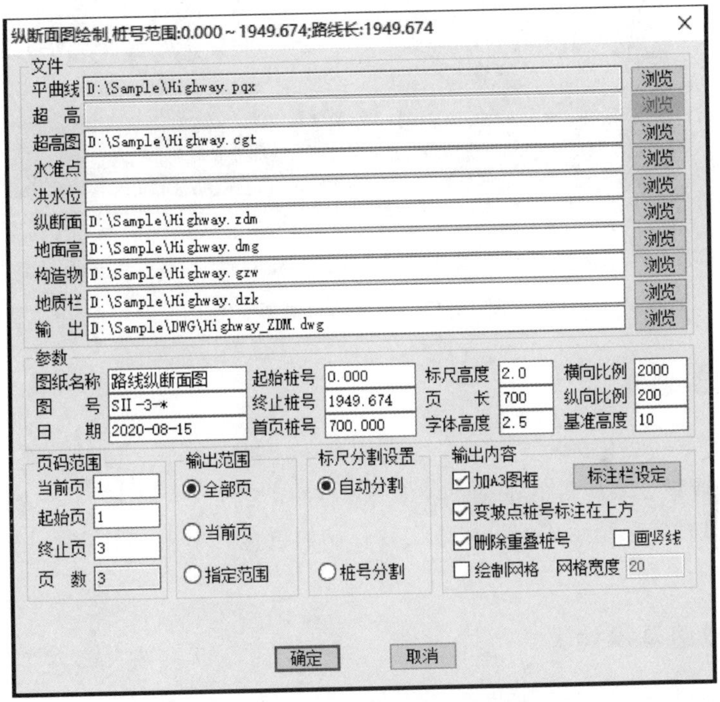

图14-16 "纵断面图绘制"对话框

在"文件"选项组里，可以重新规定生成纵断面设计图所需的各个数据文件。在"参数"选项组里，可以对图纸名称、图号和日期进行修改，同时规定所生成图纸起始桩号位置和终止桩号位置。还可以对标尺高度、页长、字体高度等选项进行设置。在"分割设置"中，用户可以选择"自动分割"或"桩号分割"，如果在一页图纸表达的长度范围内各中桩的地面高程（或设计高程）相差悬殊，以至于无法在同一标尺上进行表达，就需要对其进行分割，即采用不同起点高程的标尺分别表达。在"输出内容"选项组中，可以对是否加A3图框、变坡点桩号标注位置等进行更改，以满足设计要求。单击"标注栏设定"按钮，系统会弹出"纵断面图标注栏设定"对话框，在"标注内容及顺序"中从上到下即为生成图纸中标注栏的顺序，用户可以对其进行修改。

执行完上述操作后，生成的*.dwg纵断面图保存在"D：\Sample\DWG"文件夹中，绘图结果如图14-17所示。

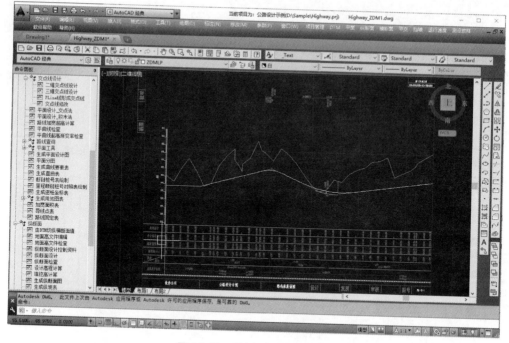

图14-17 示例项目纵断面图

14.3.9 生成纵坡表

执行"纵断面"→"生成纵坡表"命令后，系统会弹出一个对话框，在"文件"选项组中，可以规定生成纵坡表所需的平曲线文件和纵断面文件（一般情况下选择系统默认的文件即可），还可以规定系统生成的纵坡表文件存储的位置。单击"确定"按钮后，系统自动生成纵坡表。

14.3.10 生成路基设计表

执行"纵断面"→"生成路基设计表"命令后，系统会弹出一个对话框，在"类型选择"选项组中，可以对路基设计表中表达某中桩处横断面上各点高程的表达方式（绝对高程：中桩处横断面上各点高程均为绝对高程；相对高程：中桩处横断面上各点高程均为相对于该中桩地面高程的相对高程）进行选择，同时对加宽过渡方式（线性加宽或四次抛物线加宽，一般采用线性加宽）进行选择。在"文件"选项组中，可以规定生成路基设计表所需的平曲线文件、纵断面文件、横断面文件和超高文件等（一般情况下选择系统默认的文件即可），还可以规定系统生成的路基设计表文件存储的位置。单击"确定"按钮后，系统自动生成路基设计表。

14.3.11 生成平纵缩图

在高等级公路设计中，除提供平面设计图和纵断面设计图外，还需要提供平面设计和纵断面设计合成在一起的平纵缩图,以便更好地考察路线的平纵协调情况。执行"纵断面"→"平纵缩图"命令后,系统会弹出图 14-18 所示对话框,可以分别在"总控信息""平面图设置""纵断面设置"选项卡进行相应参数设置,设置完成后,单击"确定"按钮,系统自动生成平纵缩图。

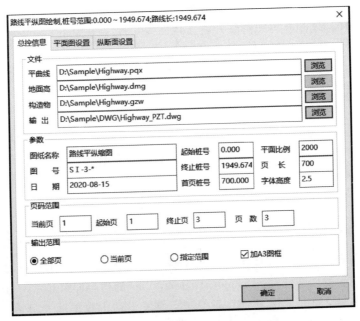

图 14-18 "路线平纵图绘制"对话框

14.4 横断面设计

在 HARD 系统中,横断面设计主要依据标准横断面设计(帽子定制)和横断面设计图表的生成两大模块依次展开。系统通过交互设计方式对路线分段定义分隔带、边坡、排水沟、截水沟、挡土墙的形式及扣除路槽、清理地表的尺寸,根据设计规则自动完成各桩号的戴帽子,并提交设计报告,查询各桩号的横断面图和设计参数并可进行编辑修改。系统还提供自动布图、计算填挖面积、进行土石方调配、生成土石方表,自动生成三维全景模型图、透视图、动态仿真图等。

采用常规的手工方法进行公路横断面设计的一般过程如下:

1)点绘中桩处地形情况。如果平面设计采用纸上定线的方法,则可以从大比例地形图中获得各中桩处左右各一定范围内的地形情况;如果平面设计采用现场定线的方法,则可以由外业实地测量获得各中桩处左右各一定范围内的地形情况。获得以上资料后,在米格纸上按照一定的比例(一般为 1:200 或 1:400)将各中桩处左右各一定范围内的地形情况点绘在米格纸上,以便供下一步"戴帽子"时使用。

2)"戴帽子"。在已经点绘好地形情况的米格纸上,综合考虑地形、排水和经济性等因素进行路线横断面设计,并计算每一桩号处的填方面积和挖方面积。此过程工作量巨大,比较烦琐,容易出错。

3) 绘制路线横断面设计图和编制土石方表。在A3标准图纸上按一定比例（一般为1∶200或1∶400）绘制路线的横断面设计图，并且根据每一桩号的填方面积、挖方面积及桩号间隔计算土石方数量，进行调配并编制土石方表。

在HARD系统中，纵断面设计部分主要过程如下：

1) 外业资料录入。将在纸上定线或现场定线获得的各中桩处左右各一定范围内的地形情况通过系统自带的HEditor等编辑软件建立地面线文件（*.dmx），以便系统了解路线经过位置的地形信息。

2) 帽子定制。在系统给定的交互环境中对标准横断面（帽子）进行设计，最终保存设计结果，由系统自动生成帽子定制文件（*.mdz）。

3) "戴帽子"并输出图表。在帽子定制文件（*.mdz）和地面线文件（*.dmx）已经存在的情况下，由系统自动为每一中桩"戴帽子"，并允许用户根据实际情况进行修改，同时生成设计文件要求的各种图表。用户还可以通过字体设置将图纸中的文字输出为"矢量字体"或"标准Windows字体"，生成的图形文件保存为AutoCAD软件的dwg格式，生成的表格可以保存为dwg和Excel两种格式。

14.4.1 输入地面线文件

从下拉式菜单中选择"项目管理"→"文件编辑"命令，运行系统自带的HEditor编辑软件编辑地面线文件。数据文件D:\Sample\Highway.dmx的内容即可显示。

这个地面线数据文件是采用HARD系统进行路线设计中数据输入量最大的一个数据文件，HARD系统提供了在交互界面中输入地面线数据的命令。从菜单中选择"横断面"→"地面线文件编辑"命令，系统弹出"地面线"对话框，如图14-19所示。在已经存在地面高文件的情况下，系统自动调入地面高文件中的桩号信息，同时在输入中桩处左右地形情况的同时采用缩略图的形式生成地面地形情况，以便用户对所输入数据进行检查。

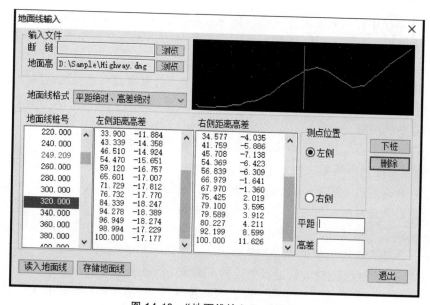

图14-19 "地面线输入"对话框

14.4.2 地面线文件检查

地面线文件的输入过程是非常烦琐的，而且容易出错，可以通过"地面线文件检查"命令检查地面线文件中是否存在输入错误，以及是否出现与地面高文件的桩号信息不相匹配的情况。从下拉式菜单中选择"横断面"→"地面线文件检查"命令，系统自动按上述要求对输入的地面线文件进行检查，并自动生成错误信息文件。

14.4.3 基本资料输入

在横断面的设计过程中需要参考已经完成的平面和纵断面的设计结果。从下拉式菜单中选择"横断面"→"基本资料"命令，系统将自动弹出图14-20所示的对话框。

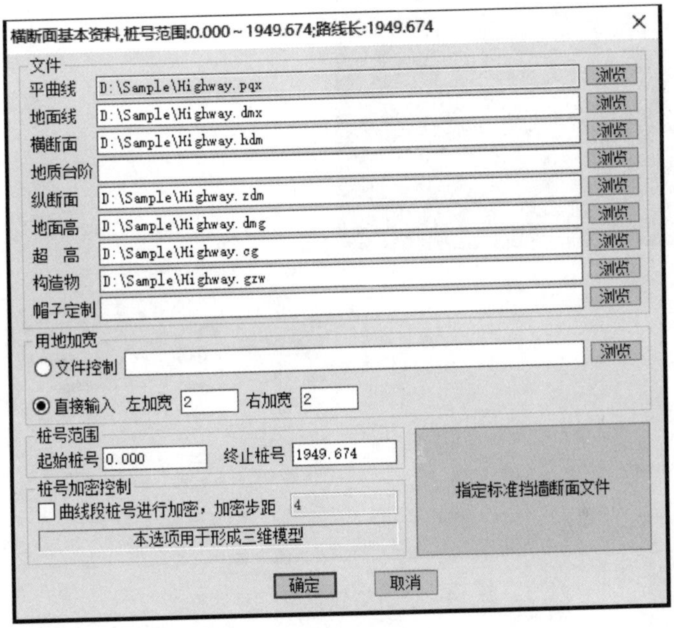

图14-20 "横断面基本资料"对话框

在"文件"选项组中，可以修改已经生成的平曲线文件等各数据文件的路径和名称（一般情况下选系统默认的路径和名称即可）。需要指出的是，如果路线全线的用地加宽（坡角线以外的用地宽）相同，可以不用填写用地加宽文件，而是通过操作界面上的用地加宽窗口直接输入。如本示例中的用地加宽在路线全长上均为左右各2m，则可以不必编写用地加宽文件，在"参数"选项组中直接输入2m的数字即可。

14.4.4 帽子定制

帽子定制的含义就是确定标准横断面的尺寸，以便为后续自动"戴帽子"做准备。从下拉菜单中选择"横断面"→"帽子定制"命令，系统将自动弹出一个对话框，帽子定制的内容包括分路拱定制、扣路槽定制、边坡定制、水沟定制、挡墙定制、清理地表定制、超挖定制、护坡定制、填方包边土定制和填方换填定制10项内容。设计中可以对其逐个进行定制，也可以根据实际情况仅定制其中的几项内容。在本示例中，仅进行边坡定制、水沟定制和扣路槽定制。

1. 边坡定制

单击"边坡定制"按钮,系统弹出图 14-21 所示的边坡定制对话框。该对话框中包括"填方左边坡""填方右边坡""挖方左边坡""挖方右边坡"四个选项卡,用户可以分别进行详细的设计。

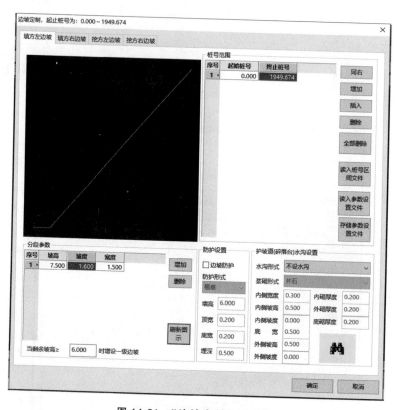

图 14-21 "边坡定制"对话框

以填方左边坡为例,选择"填方左边坡"选项卡。在"桩号范围"选项组中,可以通过桩号分组对不同的桩号范围(不同的路段)设置不同的填方左边坡形式。在本示例中,不对桩号进行分组,即在路线的全长范围内采用统一的填方左边坡形式。

在"桩号范围"选项组中,单击"增加"按钮,系统自动将设计路线的起点和终点确定为桩号范围的起始桩号和终止桩号。此时,"分段参数"选项组中的"坡高""坡度""宽度"分别被系统自动赋予了"6.0""1.5"和"1.0"的数值,它代表填方左边坡采用 1∶1.5 的坡度,当边坡的高度超过 6.0m 需设置一个护坡道,护坡道的宽度为 1.0m。可以根据设计的实际情况对上述数据进行修改。如修改为"7.5""1.6"和"1.5",代表填方左边坡采用 1∶1.6 的坡度,当边坡的高度超过 7.5m 需设置一个护坡道,护坡道的宽度为 1.5m。一般情况下,如果路线纵断面设计中填挖高度比较小,而在设置"坡高"中设置的数值又远远大于这个填挖高度,则护坡道不会出现在设计中,护坡道的宽度数值已经没有任何实际意义。

用户还可以对采用何种形式防护进行选择,也可以对护坡道(碎落台)的水沟设置进行选择。在对护坡道（碎落台）的水沟进行设置时，单击右下角的望远镜图标，系统会图示"内侧宽度""内侧坡高"等数值的具体含义。

用户对填方左边坡、填方右边坡、挖方左边坡和挖方右边坡的定制完成后，单击"确定"按钮，返回"帽子定制"对话框。

2. 水沟定制

单击"水沟定制"按钮，系统弹出图 14-22 所示的"水沟定制"对话框。该对话框中包括"填方左排水沟""填方右排水沟""挖方左边沟""挖方右边沟""挖方左截水沟""挖方右截水沟"六个选项卡，用户可以分别进行详细的设计。

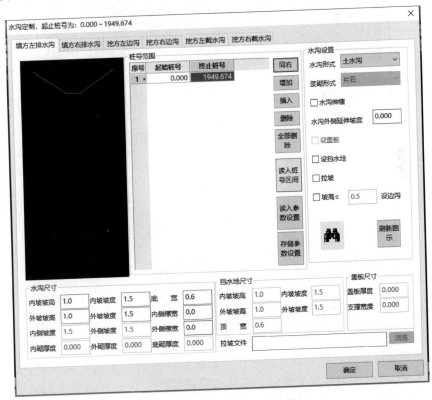

图 14-22 "水沟定制"对话框

以填方左排水沟为例，选择"填方左排水沟"选项卡。在"桩号范围"选项组中，可以通过桩号分组对不同的桩号范围（不同的路段）设置不同的填方左排水沟形式。在本示例中，不对桩号进行分组，即在路线的全长范围内采用统一的填方左排水沟形式。

在"桩号范围"选项组中，单击"增加"按钮，系统自动将所设计路线的起点和终点确定为桩号范围的起始桩号和终止桩号。此时，在"水沟尺寸"选项组中的"内坡坡高""内坡坡度"等分别被系统自动赋予了不同的数值，可以根据设计的实际情况进行修改。单击右下角的望远镜图标，系统会图示"内坡坡高""内坡坡度"等数值的具体含义。在"水沟设置"组中，用户可以对水沟形式、浆砌形式及是否设置挡土埝、是否单独进行拉坡设计等进行设定。

用户对填方左排水沟、填方右排水沟、挖方左边沟、挖方右边沟、挖方左截水沟和挖方右截水沟的定制完成后,单击"确定"按钮,返回"帽子"定制对话框。

3. 扣路槽定制

单击"扣路槽定制"按钮,系统弹出"扣路槽定制"对话框,如图14-23所示。在确定了桩号范围后,只需在路拱号对应的深度数值框中填入相应的数值即可。在本示例中,路线全长范围内的行车道部分扣除了0.2m深的路槽,系统在进行土石方计算时将自动予以扣除。待扣路槽定制完成后,单击"确定"按钮就可以返回"帽子定制"对话框。

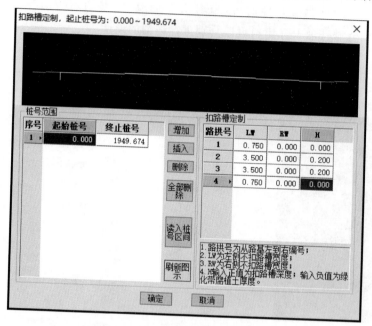

图 14-23 "扣路槽定制"对话框

边坡定制、水沟定制和扣路槽定制全部完成后,把定制情况采用数据文件的形式予以保存。单击"帽子定制"对话框中的"存储帽子定制"按钮,系统弹出保存数据文件的对话框,将帽子定制信息保存。该数据文件保存在系统默认的 D:\Sample 目录中,该数据文件的主名采用 Highway(可自行规定,但必须与"项目管理"中规定的文件主名相同),扩展名采用 mdz(必须采用,以区别不同的数据文件)。

14.4.5 戴帽子

从下拉式菜单中选取"横断面"→"戴帽子"命令,系统自动按照有关设计规范的要求完成帽子和地面线的结合,在此过程中系统会自动计算并生成横断面帽子文件 *.mz、坡脚线文件 *.pjx、占地文件 *.zd、模型边界 *.plg 和沟底高程文件 *.sg 等。

戴帽子过程可以通过"显示帽子"的选项进行显示。

14.4.6 帽子浏览与交互修改

当完成戴帽子工作后,系统提供了非常方便的浏览工具,从下拉式菜单中选择"横断面"→"帽子浏览"命令,可以通过设定"查询条件"查看横断面的各种信息,该功能为用户提供了每个横断面的所有相关参数,便于了解各个断面的填挖、标高等情况。

如果感觉某个桩号的横断面设计有问题，可以从下拉式菜单中选择"横断面"→"交互修改"命令，这是系统提供的能修改横断面任意位置的工具箱，如图 14-24 所示。修改的内容包括边坡、水沟、挡墙、占地宽度、填挖面积等，修改完一个断面后单击"重算"按钮，系统将更新这个断面，修改的结果可以通过"图形区"浏览，当修改完全部问题桩号后单击"确定"按钮，系统将更新与横断面有关的全部数据文件。

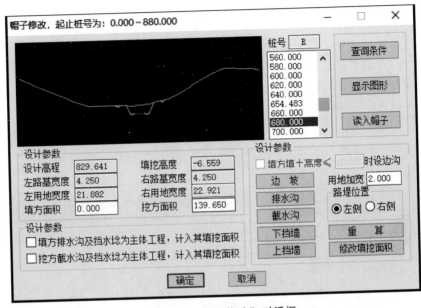

图 14-24　"帽子修改"对话框

14.4.7　横断面布图

从下拉式菜单中选择"横断面"→"横断面布图"命令，显示图 14-25 所示的"横断面

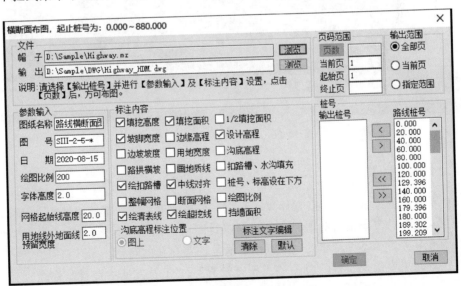

图 14-25　"横断面布图"对话框

布置"对话框。首先向系统输入帽子文件（*.mz）的位置，然后设定绘图比例和标注等内容，确定绘制图纸网格（网格可以是单个断面网格也可以是整个 A3 幅面的米厘网格）。当设定了上述的内容后，单击"页数"按钮，系统会根据用户的设置模拟布图并计算出页码数，用户确定输出页码的范围，然后单击"确定"按钮，系统自动完成图纸的输出，并将图纸保存到项目指定的位置。

14.4.8 三维全景模型图与透视图

从下拉式菜单中选择"横断面"→"三维全景透视图"命令，根据横断面设计结果生成三维全景图，同时为 HARD 3D 输出所需的数据 *.mx 文件，该文件可直接被 HARD 3D 系统调入并生成全三维仿真动画。在输出 *.mx 文件的同时，系统还生成可在 3DS 或 3DMAX 中进行三维动画制作的 3D 模型。

从下拉式菜单中选择"横断面"→"三维全景透视图"命令，选择立地点桩号生成透视图，系统可以同时生成多张三维全景透视效果图，如图 14-26 所示。

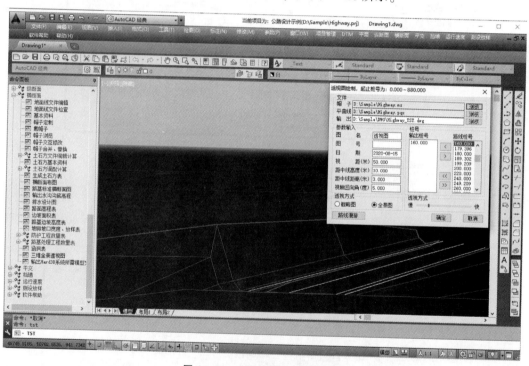

图 14-26 三维全景透视效果图

14.4.9 土石方计算

HARD 系统提供了智能的土石方计算、调配、表格输出功能，系统提供的自动化调配功能可以完全实现各种复杂情况的调配，自动完成运距内的调配及远运、借方、弃方的调配，调配过程中充分考虑了不可跨越桩以及直线运输等现实存在的问题。

从下拉式菜单中选择"横断面"→"土石方计算"→"土石方基本资料"命令，弹出"土石方调配基本资料"对话框，如图 14-27 所示。调入横断面成果帽子（*.mz）文件，通过起、终点桩号的设定，可以分段进行调配，设定相应的参数，如土石松实系数、体积计算方法、最大及免费运距、填土优先还是填石优先等。

从下拉式菜单中选择"横断面"→"土石方调配计算"→"动态土石方调配"命令，根据调入的土石方基本资料，系统自动计算逐桩的土石方填缺和挖余数量并输出调配曲线，曲线横坐标为桩号，纵坐标为土石方累计量，桥位处由于无土石方量故为水平线。系统提供自动调配和手工调配方法，调配完成后输出调配成果文件（*.tp）。

从下拉式菜单中选择"横断面"→"土石方计算"→"生成土石方表"命令，系统可以生成土石方计算表、公里土石方计算表、每公里土石方运量、运距表、每公里土石方表、土石方汇总表等。

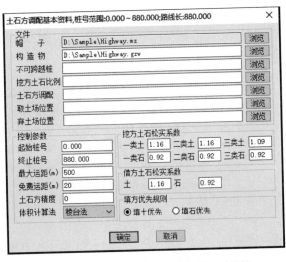

图 14-27 "土石方调配基本资料"对话框

14.5 测设放样

在采用 HARD 系统进行了路线设计后，一个重要的问题就是如何将设计成果通过中桩的形式体现在实际的地面上，这就涉及测设放样。系统可以帮助用户生成路线的测设放样数据，包括"切线支距法""偏角法""极坐标法"和"全站仪放样"四种方法。以"切线支距法"为例，从下拉式菜单中选取"测设放样"→"切线支距法"命令，系统弹出图 14-28 所示对话框。用户可以对一些参数进行修改，如立镜点位置、桩号间隔、交点等，单击"计算"按钮，系统会自动计算外业测设用数据。

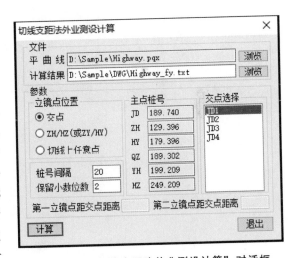

图 14-28 "切线支距法外业测设计算"对话框

―――――― 复习题 ――――――

1. 根据第 13、14 章的介绍，上机操作 HARD 提供的 10 种帽子定制内容。
2. 根据本章示例进行上机操作，并运用 HARD 3D 进行三维动画设计。

参 考 文 献

［1］ 茹正波．AUTOCAD 2005 及天正 TARCH 6.5 建筑应用教程［M］．北京：机械工业出版社，2006．
［2］ 李建成，王广斌．BIM 应用．导论［M］．上海：同济大学出版社，2015．
［3］ 王君明，马巧娥．AutoCAD 2010 教程［M］．郑州：黄河水利出版社，2011．
［4］ 李刚健．AutoCAD 2010 建筑制图教程［M］．北京：人民邮电出版社，2011．
［5］ 欧新新，崔钦淑．建筑结构设计与 PKPM 系列程序应用［M］．北京：机械工业出版社，2010．
［6］ 张宇鑫，张燕．建筑结构 CAD 应用教程［M］．上海：同济大学出版社，2006．
［7］ 陈超核，赵菲，肖天鎏，等．建筑结构 CAD：PKPM 应用与设计实例［M］．北京：化学工业出版社，2012．
［8］ 张同伟．土木工程 CAD［M］．2 版．北京：机械工业出版社，2014．
［9］ 张同伟，张孝存．PKPM 结构设计应用［M］．北京：机械工业出版社，2016．
［10］ 乌兰．PKPM 结构设计应用与实例［M］．南京：江苏人民出版社，2012．
［11］ 张同伟，张孝廉．建筑 CAD［M］．北京：机械工业出版社，2018．
［12］ 张宇鑫，刘海成，张星源．PKPM 结构设计应用［M］．上海：同济大学出版社，2010．